21世纪高等学校计算机专业实用规划教材

数字逻辑与VHDL逻辑设计

（第2版）

盛建伦 编著

清华大学出版社

北京

内 容 简 介

本书是根据计算机类专业教学的需要编写的,既考虑到计算机专业对数字逻辑课程的要求与其他电子、电气信息类专业的不同,也考虑到与计算机组成原理等后继课程的衔接。全书内容包括数字逻辑基础、逻辑门电路、VHDL 语言基础、组合逻辑电路、触发器、时序逻辑电路、用 VHDL 设计逻辑电路、半导体存储器、可编程逻辑器件、脉冲波形的产生与整形、数/模与模/数转换等内容。本书系统地介绍了用 VHDL 设计组合逻辑、触发器、寄存器和时序逻辑的方法,以及设计性实验课题等。本书的重点内容有丰富的例题和习题,还有配套的习题解答,便于自学。

本书可作为计算机科学与技术、网络工程、软件工程等专业的教材,也可供有关专业的工程技术人员参考。

图书在版编目(CIP)数据

数字逻辑与 VHDL 逻辑设计/盛建伦编著. —2 版. —北京:清华大学出版社,2016(2024.1重印)
  21 世纪高等学校计算机专业实用规划教材
  ISBN 978-7-302-42981-4

Ⅰ. ①数… Ⅱ. ①盛… Ⅲ. ①数字逻辑-逻辑设计-高等学校-教材 ②VHDL 语言-程序设计-高等学校-教材 Ⅳ. ①TN79 ②TP312

中国版本图书馆 CIP 数据核字(2016)第 024843 号

责任编辑:刘　星
封面设计:何凤霞
责任校对:梁　毅
责任印制:宋　林

出版发行:清华大学出版社
　　　　网　　　址:https://www.tup.com.cn,https://www.wqxuetang.com
　　　　地　　　址:北京清华大学学研大厦 A 座　　　　　　邮　　编:100084
　　　　社 总 机:010-83470000　　　　　　　　　　　　邮　　购:010-62786544
　　　　投稿与读者服务:010-62776969,c-service@tup.tsinghua.edu.cn
　　　　质量反馈:010-62772015,zhiliang@tup.tsinghua.edu.cn
　　　　课件下载:https://www.tup.com.cn,010-62795954
印 装 者:天津鑫丰华印务有限公司
经　　销:全国新华书店
开　　本:185mm×260mm　　印　　张:16.5　　　　字　　数:412 千字
版　　次:2012 年 8 月第 1 版　　2016 年 1 月第 2 版　　印　　次:2024 年 1 月第 8 次印刷
印　　数:5101~5400
定　　价:49.00元

产品编号:067722-02

出版说明

　　随着我国改革开放的进一步深化,高等教育也得到了快速发展,各地高校紧密结合地方经济建设发展需要,科学运用市场调节机制,加大了使用信息科学等现代科学技术提升、改造传统学科专业的投入力度,通过教育改革合理调整和配置了教育资源,优化了传统学科专业,积极为地方经济建设输送人才,为我国经济社会的快速、健康和可持续发展以及高等教育自身的改革发展做出了巨大贡献。但是,高等教育质量还需要进一步提高以适应经济社会发展的需要,不少高校的专业设置和结构不尽合理,教师队伍整体素质亟待提高,人才培养模式、教学内容和方法需要进一步转变,学生的实践能力和创新精神亟待加强。

　　教育部一直十分重视高等教育质量工作。2007年1月,教育部下发了《关于实施高等学校本科教学质量与教学改革工程的意见》,计划实施"高等学校本科教学质量与教学改革工程(简称'质量工程')",通过专业结构调整、课程教材建设、实践教学改革、教学团队建设等多项内容,进一步深化高等学校教学改革,提高人才培养的能力和水平,更好地满足经济社会发展对高素质人才的需要。在贯彻和落实教育部"质量工程"的过程中,各地高校发挥师资力量强、办学经验丰富、教学资源充裕等优势,对其特色专业及特色课程(群)加以规划、整理和总结,更新教学内容、改革课程体系,建设了一大批内容新、体系新、方法新、手段新的特色课程。在此基础上,经教育部相关教学指导委员会专家的指导和建议,清华大学出版社在多个领域精选各高校的特色课程,分别规划出版系列教材,以配合"质量工程"的实施,满足各高校教学质量和教学改革的需要。

　　本系列教材立足于计算机专业课程领域,以专业基础课为主、专业课为辅,横向满足高校多层次教学的需要。在规划过程中体现了如下一些基本原则和特点。

　　(1)反映计算机学科的最新发展,总结近年来计算机专业教学的最新成果。内容先进,充分吸收国外先进成果和理念。

　　(2)反映教学需要,促进教学发展。教材要适应多样化的教学需要,正确把握教学内容和课程体系的改革方向,融合先进的教学思想、方法和手段,体现科学性、先进性和系统性,强调对学生实践能力的培养,为学生知识、能力、素质协调发展创造条件。

　　(3)实施精品战略,突出重点,保证质量。规划教材把重点放在公共基础课和专业基础课的教材建设上;特别注意选择并安排一部分原来基础比较好的优秀教材或讲义修订再版,逐步形成精品教材;提倡并鼓励编写体现教学质量和教学改革成果的教材。

　　(4)主张一纲多本,合理配套。专业基础课和专业课教材配套,同一门课程有针对不同层次、面向不同应用的多本具有各自内容特点的教材。处理好教材统一性与多样化,基本教材与辅助教材、教学参考书,文字教材与软件教材的关系,实现教材系列资源配套。

　　(5)依靠专家,择优选用。在制定教材规划时要依靠各课程专家在调查研究本课程教材建设现状的基础上提出规划选题。在落实主编人选时，要引入竞争机制，通过申报、评审确定主题。书稿完成后要认真实行审稿程序，确保出书质量。

繁荣教材出版事业，提高教材质量的关键是教师。建立一支高水平教材编写梯队才能保证教材的编写质量和建设力度，希望有志于教材建设的教师能够加入到我们的编写队伍中来。

21 世纪高等学校计算机专业实用规划教材

联系人：魏江江 weijj@tup.tsinghua.edu.cn

前 言

本书是专门为计算机科学与技术专业的数字逻辑课程教学编写的。考虑到计算机科学与技术专业对数字逻辑课程的要求与其他电气信息类专业有所不同,本书在编写时本着"强调逻辑、弱化电子,突出集成电路的外部特性而不是其内部电路,着重于用 VHDL 设计计算机的部件和计算机系统,而不是用中小规模集成电路构成数字系统"的思想,对内容的取舍有以下安排:

(1) 把如何用硬件描述语言 VHDL 设计逻辑电路与传统的逻辑设计方法有机地融合起来,达到入门快、概念清晰、易学易用的目的。

(2) 在直接后继课程计算机组成原理中有详细讨论的有符号数的编码和运算、ALU 等内容没有包含在本书中,以减少不必要的重复。

(3) 对于在计算机的时序系统中用到的多谐振荡器和单稳态触发器,在计算机接口电路中常用的施密特触发器、数/模转换器和模/数转换器等内容都有简单介绍。

(4) 74 系列和 4000 系列中小规模集成电路的引脚排列等内容没有包含在本书中。

(5) 标题加星号"＊"的部分为可选章节,教师可根据需要决定是否要讲。

本书可用于 64 学时(含 12 学时实验)教学,也可用于 48 学时(含 8 学时实验)教学。对于 48 学时教学,可采取不讲可编程逻辑电路、脉冲波形的产生和整形电路、数/模与模/数转换电路、TTL 门电路等内容的安排。

本书第 2 版不仅纠正了第 1 版中由于校对疏忽遗留的错误,并补充了一些习题,还增加了第 10 章"数字逻辑实验",介绍基于 VLSI 的"数字逻辑"实验技术和设计性实验课题。

若采用本书作为计算机类专业的数字逻辑课程教材,建议实验教学完全放弃传统的实验箱,改用 VHDL 设计和仿真的形式,实现与后续课程计算机组成原理和计算机系统结构的实验教学的无缝对接。教师可根据学时情况,参考本书第 10 章给出的设计性实验课题,选做其中的一些实验。

本书的编写有许多新的尝试,加之作者的经验和水平有限、时间仓促,难免存在缺点和错误,殷切希望各方面的读者多提宝贵意见,并将发现的错误和不当之处及早向本书作者反馈,电子邮箱是 jlsheng@163.com。

最后,感谢郭立智对本书的文字编排等提出的宝贵建议和为书稿所做的工作。

盛建伦

2015 年 10 月于青岛

目　　录

第1章 数字逻辑基础

内容提要：作为全书的基础，本章包括两方面内容：一是计算机和数字系统中常用的进位计数制和码制；二是数字系统分析设计的数学方法——逻辑代数。在扼要介绍了逻辑代数的基本公式、常用公式、重要定理和逻辑函数的表示方法之后，重点讲述了如何运用这些公式、定理和方法化简逻辑函数。

1.1 数制和码制

1.1.1 进位计数制

数制（Number System）有进位计数制和非进位计数制之分。在生活中常用的进位计数制有十进制、二十四进制和六十进制等。

进位计数制就是按进位进行计数。进位计数制有两个要素：基数和权。

基数（Radix）指的是计数所用的不同数码的个数。例如，十进制的基数是 10，有 0，1，…，9 共 10 个不同的数码。计数时是逢十进一。

权（Weight）指的是不同数位上的数码代表的数量级。例如，十进制数在第 n 个数位上的权是 10^n。

基数为 r 的任意进制数 N 可表示为：

$$(N)_r = k_n \cdot r^n + k_{n-1} \cdot r^{n-1} + \cdots + k_0 \cdot r^0 + k_{-1} \cdot r^{-1} + \cdots + k_{-m} \cdot r^{-m}$$

$$= \sum_{i=n}^{-m} k_i \cdot r^i$$

除十进制（Decimal）外，在计算机系统中常用的进位计数制还有二进制、八进制和十六进制等。不同进位计数制之间可以相互转换。

1. 二进制

二进制（Binary）只有 0 和 1 两个数码，计数时是逢二进一。由于容易找到有两个稳定状态的元件来表示 0 和 1，而要想找到有三个以上稳定状态的元件是非常困难的，因此现代计算机内部的数都采用二进制表示。二进制数的一个位叫做"bit（比特）"。

二进制数可以用在数的后面紧跟一个大写字母 B 的方法表示，这里 B 是代表二进制的标志，不是一位数。也可用把二进制数放在括号里并在括号外加下角标 2（表示基数为 2）的方法表示。例如：

$$(1001.101)_2 = 1001.101B$$

表 1.1 和表 1.2 给出了部分二进制数不同数位的权与十进制数的对应关系。

表 1.1　二进制整数不同数位的权及其对应的十进制数

小数点前的数位	12	11	10	9	8	7	6	5	4	3	2
权	2^{12}	2^{11}	2^{10}	2^9	2^8	2^7	2^6	2^5	2^4	2^3	2^2
十进制数	4096	2048	1024	512	256	128	64	32	16	8	4

表 1.2　二进制小数不同数位的权及其对应的十进制数

小数点后的数位	1	2	3	4	5	6	7
权	2^{-1}	2^{-2}	2^{-3}	2^{-4}	2^{-5}	2^{-6}	2^{-7}
十进制数	0.5	0.25	0.125	0.0625	0.03125	0.015625	0.0078125
分数	1/2	1/4	1/8	1/16	1/32	1/64	1/128

对于很大的二进制数,还可以用 K、M、G、T 等表示。$1K = 2^{10}$,$1M = 2^{20}$,$1G = 2^{30}$,$1T = 2^{40}$。

2. 八进制

计算机内部是用二进制做运算的,但是人读/写由一长串 0 和 1 组成的二进制数很不方便。随着汇编语言的出现,八进制(Octal)被引入计算机系统中。八进制有 $0,1,\cdots,7$ 共 8 个不同的数码,计数时是逢八进一。由于 O 和 0 的书写难以区分,因此用大写字母 Q 代替 O 作为八进制的标志。八进制数的两种表示方法为:

$$(27.3)_8 = 27.3Q$$

3. 十六进制

十六进制(Hexadecimal)计数时是逢十六进一。由于人类只创造了 0~9 这 10 个不同的数码,而十六进制需要 16 个不同的数码,因此规定用大写字母 A,B,C,D,E,F 分别代表 10,11,12,13,14 和 15 这 6 个数码。用大写字母 H 作为十六进制的标志。十六进制数的两种表示方法为:

$$(A4F.8B)_{16} = 0A4F.8BH$$

在计算机系统中采用十六进制当然也是为人提供方便,原因是计算机学科采用了"字节(Byte)"这一标准单位。一位八进制数是 3 个二进制位,一个字节是 8 个二进制位,用八进制就不方便表示了。而一位十六进制数是 4 个二进制位,两位十六进制数刚好是一个字节。

1.1.2　不同计数制间的转换

不同进位计数制之间相互转换的方法有所不同,根据各转换方法的特点可归纳成 5 大类。

1. 二进制与八进制、十六进制数之间的转换

二进制与八进制、十六进制数之间转换的方法很简单,只需从小数点起向左、右分组按数位对应关系直接写出。

三位二进制数对应一位八进制数,例如:

$$(1011.0101)_2 = (13.24)_8$$
$$(162.24)_8 = (1110010.0101)_2$$

四位二进制数对应一位十六进制数,例如:
$$(11011.01011)_2 = (1B.58)_{16}$$
$$(4A.CF)_{16} = (1001010.11001111)_2$$

2. 任意进制数转换成十进制数

无论什么进制的数都可按下面的公式转换成十进制数:
$$(N)_r = k_n \cdot r^n + k_{n-1} \cdot r^{n-1} + \cdots + k_0 \cdot r^0 + k_{-1} \cdot r^{-1} + \cdots + k_{-m} \cdot r^{-m}$$
$$= \sum_{i=n}^{-m} k_i \cdot r^i$$

此方法就是把基数为 r 的任意进制数 N 按权展开相加。例如:
$$(237)_8 = 2 \times 8^2 + 3 \times 8^1 + 7 \times 8^0$$
$$(1AD)_{16} = 1 \times 16^2 + 10 \times 16^1 + 13 \times 16^0$$

3. 十进制整数转换成二进制整数

要把十进制数转换成二进制数,必须把整数和小数分开,按不同的规则进行转换。

十进制整数转换成二进制整数的方法是除 2(基)取余法。具体方法是将被转换的十进制整数反复除以基数 2,直到商为 0。每除一次,提取余数(1 或 0)作为转换成的二进制数的一个位,最先得到的是最靠近小数点的位。

例 1-1　将十进制数 47 转换为二进制数。

解:用除 2 取余法。

转换结果是 $(47)_{10} = (101111)_2$。

4. 十进制小数转换成二进制小数

十进制小数转换成二进制小数的方法是乘 2(基)取整法。具体做法是将被转换的十进制小数反复乘以基数 2,每乘一次,提取乘积的整数部分(1 或 0)作为转换成的二进制数的一个位,最先得到的是最靠近小数点的位。

例 1-2　将十进制数 0.37 转换为二进制数,要求精度为 1%。

解:根据表 1.2,二进制小数第 7 位的 1 等于十进制小数的 0.0078125,小于 1%。因此,本题只要求出 7 位二进制小数就可满足题目要求。

用乘 2 取整法：

$$
\begin{array}{r}
0.37 \\
\times \quad 2 \\
\hline
0.74 \\
\times \quad 2 \\
\hline
1.48 \\
0.48 \\
\times \quad 2 \\
\hline
0.96 \\
\times \quad 2 \\
\hline
1.92 \\
0.92 \\
\times \quad 2 \\
\hline
1.84 \\
0.84 \\
\times \quad 2 \\
\hline
1.68 \\
0.68 \\
\times \quad 2 \\
\hline
1.36
\end{array}
$$

·········· 整数部分=0，k_{-1}位 ◄——— 最靠近小数点的位

·········· 整数部分=1，k_{-2}位

·········· 整数部分=0，k_{-3}位

·········· 整数部分=1，k_{-4}位

·········· 整数部分=1，k_{-5}位

·········· 整数部分=1，k_{-6}位

·········· 整数部分=1，k_{-7}位

转换结果是 $(0.37)_{10} = (0.0101111)_2$。

值得注意的是，大部分的十进制小数并不能精确地转换成二进制小数，因而存在转换误差。即十进制小数不一定能用有限位的二进制小数精确表示。这是计算机系统的一个不可消除的误差来源。

利用表 1.1 和表 1.2 可以非常快速地将一些十进制数转换成二进制数。

5. 十进制数转换成八进制、十六进制数

原理上，要把十进制数转换成八进制、十六进制数，整数可采用除基取余法，小数可采用乘基取整法。但是，当基数是 8 或 16 时，做除基取余/乘基取整并不方便。所以，先把十进制数转换成二进制数，再写出八进制、十六进制数可能是更为简便的方法。

1.1.3 二进制数的运算

二进制运算的规则非常简单：

$$0 \pm 0 = 0 \qquad 0 \pm 1 = 1 \qquad 1 \pm 0 = 1 \qquad 1 + 1 = 10 \qquad 1 - 1 = 0$$

$$0 \times 0 = 0 \qquad 0 \times 1 = 0 \qquad 1 \times 0 = 0 \qquad 1 \times 1 = 1$$

$$0 \div 1 = 0 \qquad 1 \div 1 = 1$$

加法如果有进位，是逢二进一。减法如果不够减，有借位，从高位借来的是 2。

多位二进制数的加、减、乘、除运算的方法与十进制数的加、减、乘、除运算的方法类似，但规则简单得多。运算规则简单就使得完成算术运算的逻辑电路简单，这也是在计算机中采用二进制进行运算的原因之一。读者可以自行练习多位二进制数的加、减、乘、除运算，这里就不给例子了。

1.1.4 编码

在计算机和数字系统中，数是用某种代码表示的。除了表示数以外，代码还用来表示其

他符号、文字或任何特定的对象。由于表示任何对象的代码都是用一串 0 或 1 组成的,看起来与二进制数一样,但其实不是数,因此称为二进制形式的代码,或简称为二进制代码。

编制代码的规则称为"码制"。由若干位代码组成的一个字叫"码字",一种码制可有若干种码字的组合。N 位二进制形式的代码有 2^N 个不同的码字,最多可以表示 2^N 个不同的对象。

如果一种码制的每个位都有确定的权,就称这种编码为"有权码",否则称为"无权码"。下面介绍几种常用的码制。

1. 二-十进制编码(BCD 码)

在计算机中,十进制数可以某种二进制形式的编码表示,称做"二-十进制编码",简称 BCD 码(Binary Coded Decimal)。一位十进制数有 0~9 这 10 种状态,需要至少 4 位二进制代码来表示。4 位二进制代码有 $2^4 = 16$ 个码字,从中任意选 10 个就可以构成一种 BCD 码,所以 BCD 码有多种编码方案。常见的 BCD 码编码方案如表 1.3 所示。其中,8421 码、2421 码和 5211 码属于有权码(恒权码),余三码和余三循环码属于无权码。

表 1.3 常见的 BCD 码

十进制数	8421 码	余三码	2421 码	5211 码	余三循环码
0	0000	0011	0000	0000	0010
1	0001	0100	0001	0001	0110
2	0010	0101	0010	0100	0111
3	0011	0110	0011	0101	0101
4	0100	0111	0100	0111	0100
5	0101	1000	1011	1000	1100
6	0110	1001	1100	1001	1101
7	0111	1010	1101	1100	1111
8	1000	1011	1110	1101	1110
9	1001	1100	1111	1111	1010
权	8421	无	2421	5211	无

8421 码是计算机系统中最常用的一种 BCD 码。由于 8421 码是与自然二进制数的前 10 个数相同,因此又称为 NBCD 码。在计算机中可以直接对 8421 BCD 码做加法运算,这样做的好处是可以避免十进制小数转换成二进制小数的转换误差。

余三码(Excess-3 Code)虽然是一种无权码,但由于其每个码字与 8421 码有简单的对应关系,因此也可以进行加法运算。

观察表 1.3 可以发现,同一个码字在不同的码制中可以代表不同的对象。例如,代码 0100 在 8421 BCD 码中表示 4,在余三码中表示 1,在 5211 码中表示 2。同一个对象在不同的码制中可能用不同的代码表示。例如,数字 7 的 8421 BCD 码是 0111,余三码是 1010,2421 码是 1101。

2. 格雷码

格雷码(Gray Code)是一种无权码,采用绝对编码方式。格雷码可以利用其反射性来构成。一位格雷码:0,1。在后面按相反顺序重复这两个数:0,1,1,0。然后,在前一半的左边增加 0,后一半的左边增加 1,得到二位格雷码:00,01,11,10。用同样的方法可得到三位格雷码:000,001,011,010,110,111,101,100。依次类推,可构成多位格雷码。表 1.4 给出

数字逻辑基础

了 1～5 位的格雷码。

表 1.4　格雷码的编码

十进制数	Gray code	十进制数	Gray code	十进制数	Gray code
0	0	20	11110	40	111100
1	1	21	11111	41	111101
2	11	22	11101	42	111111
3	10	23	11100	43	111110
4	110	24	10100	44	111010
5	111	25	10101	45	111011
6	101	26	10111	46	111001
7	100	27	10110	47	111000
8	1100	28	10010	48	101000
9	1101	29	10011	49	101001
10	1111	30	10001	50	101011
11	1110	31	10000	51	101010
12	1010	32	110000	52	101110
13	1011	33	110001	53	101111
14	1001	34	110011	54	101101
15	1000	35	110010	55	101100
16	11000	36	110110	56	100100
17	11001	37	110111	57	100101
18	11011	38	110101	58	100111
19	11010	39	110100	59	100110

　　格雷码又称为循环码,因为其编码的每个位都按一定规律循环。例如,右起第一位按 0110 循环,右起第二位按 00111100 循环等。读者可自己总结出其他位的循环规律。

　　格雷码的一个重要特点是任意两个相邻码字之间只有一个位不同。如果计数器按格雷码计数,则从一个数变化到另一个数时不会出现两个位同时向相反方向变化的情况,这样就避免了竞争-冒险的发生。

3. 奇偶校验码

　　在数字系统内,由于电路故障或电磁干扰等原因,数据在存取或传送过程中可能产生错误。为了能够发现或纠正这类错误,常采用具有能发现某些错误,或具有能确定错误的性质和准确的出错位置乃至能自动纠正错误的能力的编码方法,即数据校验码(Error Detection Code)。奇偶校验码是一种常用的数据校验码。

　　奇偶校验码(Parity Check Code)的编码方法是给 n 位的合法编码增加一个奇偶校验位。任何一位出错(包括校验位)都会使代码的奇偶性改变,从而被发现。

　　校验位可以放在最高数据位的左边,也可以放在最低数据位的右边,但是在一个系统中必须有统一规定。

　　若 $n+1$ 位的奇偶校验码中 1 的个数为奇数,称为奇校验;1 的个数为偶数,称为偶校验。或者说,当 n 位信息代码中有偶数个 1,则偶校验附加的校验位为 0,而奇校验的校验位为 1。以校验位在左边为例,若数据代码是 10010,则其奇校验码是 110010,偶校验码是 010010。

奇偶校验能发现一位或者奇数个位同时出错,但不能发现偶数个位同时出错,也没有纠错能力。由于多个数位同时出错的概率很小,且完成奇偶校验的逻辑电路也很简单,因此奇偶校验码广泛应用于存储器读/写检查、数据传输过程中的检查等。

4. ASCII 码

ASCII 码(American Standard Code for Information Interchange,美国标准信息交换码)是由美国国家标准局(ANSI)制定的一种编码。它已被国际标准化组织(ISO)定为国际标准,称为 ISO 646 标准。ASCII 码用 7 个二进制位表示一个字符,共定义了 128 个符号。其中有 33 个控制符,包括 LF(换行)、CR(回车)等;95 个可打印字符,包括 0~9 这 10 个数字、26 个大写英文字母、26 个小写英文字母,以及一些标点符号、运算符号等。表 1.5 是 ASCII 码表。

表 1.5 ASCII 码表

$b_3 b_2 b_1 b_0$ ＼ $b_6 b_5 b_4$	000	001	010	011	100	101	110	111
0000	NUL	DLE	SP	0	@	P	`	p
0001	SOH	DC1	!	1	A	Q	a	q
0010	STX	DC2	"	2	B	R	b	r
0011	ETX	DC3	#	3	C	S	c	s
0100	EOT	DC4	$	4	D	T	d	t
0101	ENQ	NAK	%	5	E	U	e	u
0110	ACK	SYN	&	6	F	V	f	v
0111	BEL	ETB	'	7	G	W	g	w
1000	BS	CAN	(	8	H	X	h	x
1001	HT	EM	)	9	I	Y	i	y
1010	LF	SUB	*	:	J	Z	j	z
1011	VT	ESC	+	;	K	[	k	{
1100	FF	FS	,	<	L	\	l		
1101	CR	GS	—	=	M	]	m	}
1110	SO	RS	.	>	N	^	n	~
1111	SI	US	/	?	O	_	o	DEL

观察表 1.5 不难发现一些规律,数字 0~9 的 ASCII 码是 30H~39H,大写英文字母的 ASCII 码是 41H~5AH,小写英文字母的 ASCII 码是 61H~7AH。

由于计算机的存储器字长是字节的整数倍,一个 7 位的 ASCII 字符放在计算机的存储器中要占 8 个位。标准的 ASCII 码把空出的 b_7 位定为 0。在数字系统中也可以把 b_7 位用做奇偶校验位。

1.2 逻辑代数的基本运算

现在广泛应用于数字系统的分析和设计的逻辑代数(Logic Algebra)是 1849 年由英国数学家乔治·布尔(George Boole)首先提出的,又称为布尔代数(Boolean Algebra)。

逻辑代数也和普通代数一样用字母表示变量,称为逻辑变量(Logic Variable)。在二值逻辑中,每个逻辑变量的取值只有 0 和 1 两种可能。这里的 0、1 不表示数量大小,只代表两种不同的逻辑状态:假(False)和真(True)。

1.2.1 逻辑代数的三种基本运算

逻辑代数的基本运算有与(AND)、或(OR)、非(NOT)三种。

只有决定事物结果的全部条件同时具备时,结果才会发生,这种因果关系叫做逻辑与,也可叫做逻辑相乘。

在决定事物结果的诸条件中只要有任何一个满足,结果就会发生,这种因果关系叫做逻辑或,也可叫做逻辑相加。

只要条件具备了,结果便不发生,而此条件不具备时,结果一定发生,这种因果关系叫做逻辑非,也可叫做逻辑求反。

如果以 A、B 表示导致事物结果的原因,并以 1 表示条件具备,0 表示条件不具备;以 Y 表示事物的结果,并以 1 表示事物发生,0 表示事物不发生,则可以列出以 0、1 表示的与、或、非逻辑关系的图表,如表 1.6~表 1.8 所示。这种图表称为逻辑真值表,或简称为真值表(Truth Table)。

表 1.6	与逻辑运算的真值表	
A	B	Y
0	0	0
0	1	0
1	0	0
1	1	1

表 1.7	或逻辑运算的真值表	
A	B	Y
0	0	0
0	1	1
1	0	1
1	1	1

表 1.8	非逻辑运算的真值表
A	Y
0	1
1	0

在逻辑代数中,用"·"表示与逻辑运算,用"+"表示或逻辑运算,用变量或表达式上面的"—"表示非逻辑运算。因此,变量 A 和 B 进行与逻辑运算可写成 $Y=A \cdot B$,A 和 B 进行或逻辑运算可写成 $Y=A+B$,对 A 进行非逻辑运算可写成 $Y=\overline{A}$。与运算和或运算可以是多元运算。表 1.6 和表 1.7 给出的是二元逻辑运算的真值表,读者可以尝试列出三变量、四变量与逻辑运算和或逻辑运算的真值表。

实现逻辑运算关系的基本单元电路称为门电路。实现与逻辑功能的逻辑电路(Logic Circuit)称为与门(AND Gate),实现或逻辑功能的逻辑电路称为或门(OR Gate),实现非逻辑功能的逻辑电路称为非门(NOT Gate)或叫做反相器(Inverter)。

在逻辑电路图中用图形符号(Logic Symbol)来表示与、或、非运算以及相应的与门、或门、非门等门电路,如图 1.1 所示。图形符号上的小圆圈表示非运算。

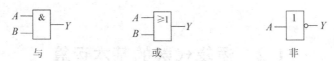

图 1.1 与、或、非的图形符号

1.2.2 复合逻辑运算

实际的逻辑问题往往不仅仅是简单的与、或、非,还需要用与、或、非的复合运算来解决。常见的复合逻辑运算有与非(NAND)、或非(NOR)、与或非(AND -OR-Invert)、异或(Exclusive-OR)、同或(Exclusive-NOR)等,这些复合逻辑运算的真值表如表 1.9 ～表 1.13 所示。图 1.2 给出了这些复合逻辑运算的图形符号。

表 1.9　与非逻辑的真值表

A	B	Y
0	0	1
0	1	1
1	0	1
1	1	0

表 1.10　或非逻辑的真值表

A	B	Y
0	0	1
0	1	0
1	0	0
1	1	0

表 1.11　与或非逻辑的真值表

A	B	C	D	Y
0	0	0	0	1
0	0	0	1	1
0	0	1	0	1
0	0	1	1	0
0	1	0	0	1
0	1	0	1	1
0	1	1	0	1
0	1	1	1	0
1	0	0	0	1
1	0	0	1	1
1	0	1	0	1
1	0	1	1	0
1	1	0	0	0
1	1	0	1	0
1	1	1	0	0
1	1	1	1	0

表 1.12　异或逻辑的真值表

A	B	Y
0	0	0
0	1	1
1	0	1
1	1	0

表 1.13　同或逻辑的真值表

A	B	Y
0	0	1
0	1	0
1	0	0
1	1	1

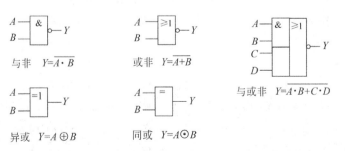

与非　$Y=\overline{A \cdot B}$　　或非　$Y=\overline{A+B}$　　与或非　$Y=\overline{A \cdot B+C \cdot D}$

异或　$Y=A \oplus B$　　同或　$Y=A \odot B$

图 1.2　复合逻辑运算的图形符号

从表 1.9 可以看出，与非逻辑是先进行 A、B 的与运算，再将与运算的结果求反。所以，与非是与运算和非运算的组合，即 $Y=\overline{A \cdot B}$。同样的，或非逻辑是或运算和非运算的组合，即 $Y=\overline{A+B}$。与或非逻辑则是先进行 A 与 B、C 与 D 的运算，再对两个与运算的结果做或运算和非运算，即 $Y=\overline{A \cdot B+C \cdot D}$。

异或运算的运算符是 $\oplus$。异或逻辑的特点是若 A、B 两个变量的值相同，结果为 0；若 A、B 两个变量的值不同，结果为 1（"相同为 0，不同为 1"），即 $Y=A \cdot \overline{B}+\overline{A} \cdot B=A \oplus B$。异或运算是二元逻辑运算。

同或运算的运算符是 $\odot$。同或其实就是异或非逻辑。同或逻辑的特点是"相同为 1，不同为 0"，即 $Y=\overline{A} \cdot \overline{B}+A \cdot B=\overline{A \oplus B}$。同或运算也是二元逻辑运算。

为了简化书写，允许将 $A \cdot B$ 简写成 AB，略去逻辑相乘的运算符号"$\cdot$"。

异或门常用于加法器和奇偶校验电路。奇数个 1 的连续异或运算的结果是 1；偶数个 1 的连续异或运算的结果是 0。

1.3 逻辑代数的基本公式和常用公式

1.3.1 基本公式和常用公式

逻辑代数的基本公式也叫布尔恒等式。表 1.14 给出了常量运算的基本公式。表 1.15 给出了变量运算的基本公式。

表 1.14 逻辑代数中常量运算的基本公式

序号	公　式	序号	公　式
1	$0 \cdot 0=0$	5	$1+1=1$
2	$1 \cdot 1=1$	6	$0+0=0$
3	$0 \cdot 1=0$	7	$1+0=1$
4	$\overline{0}=1$	8	$\overline{1}=0$

表 1.15 逻辑代数中变量运算的基本公式

序号	公　式	序号	公　式
1	$0 \cdot A=0$	10	$1+A=1$
2	$1 \cdot A=A$	11	$0+A=A$
3	$A \cdot A=A$	12	$A+A=A$
4	$A \cdot \overline{A}=0$	13	$A+\overline{A}=1$
5	$A \cdot B=B \cdot A$	14	$A+B=B+A$
6	$A \cdot (B \cdot C)=(A \cdot B) \cdot C$	15	$A+(B+C)=(A+B)+C$
7	$A \cdot (B+C)=A \cdot B+A \cdot C$	16	$A+(B \cdot C)=(A+B) \cdot (A+C)$
8	$\overline{A \cdot B}=\overline{A}+\overline{B}$	17	$\overline{A+B}=\overline{A} \cdot \overline{B}$
9	$\overline{\overline{A}}=A$		

式(1)、式(2)和式(10)、式(11)给出了变量与常量之间的运算规则。

式(3)和式(12)是同一变量的运算规则,又称为重叠律。

式(4)和式(13)是变量与其反变量之间的运算规则,又称为互补律。

式(5)和式(14)是交换律,式(6)和式(15)是结合律,式(7)和式(16)是分配律。

式(8)和式(17)是德·摩根定理(De Morgan's laws),又称为反演律。德·摩根定理是在逻辑函数的化简和变换中使用频度很高的公式。

式(9)是还原律。它表明一个变量经过两次求反之后还原为其本身。

1.3.2 若干常用公式

表 1.16 中给出的常用公式都是利用基本公式导出的,在化简逻辑函数时可以直接运用这些导出公式。

表 1.16　若干常用公式

序号	公　　式
18	$A+A \cdot B=A$
19	$A+\overline{A} \cdot B=A+B$
20	$A \cdot B+A \cdot \overline{B}=A$
21	$A \cdot (A+B)=A$
22	$A \cdot B+\overline{A} \cdot C+B \cdot C=A \cdot B+\overline{A} \cdot C$　　$A \cdot B+\overline{A} \cdot C+B \cdot C \cdot D=A \cdot B+\overline{A} \cdot C$
23	$A \cdot \overline{A \cdot B}=A \cdot \overline{B}$　　$\overline{A} \cdot \overline{A \cdot B}=\overline{A}$

下面运用逻辑代数的基本公式证明表 1.16 中的常用公式。

(1) 式(18)　$A+A \cdot B=A$

证:$A+A \cdot B=A \cdot (1+B)=A \cdot 1=A$

(2) 式(19)　$A+\overline{A} \cdot B=A+B$

证:$A+\overline{A} \cdot B=(A+\overline{A}) \cdot (A+B)=1 \cdot (A+B)=A+B$

(3) 式(20)　$A \cdot B+A \cdot \overline{B}=A$

证:$A \cdot B+A \cdot \overline{B}=A \cdot (B+\overline{B})=A \cdot 1=A$

(4) 式(21)　$A \cdot (A+B)=A$

证:$A \cdot (A+B)=A \cdot A+A \cdot B=A+A \cdot B=A \cdot (1+B)=A \cdot 1=A$

(5) 式(22)　$A \cdot B+\overline{A} \cdot C+B \cdot C=A \cdot B+\overline{A} \cdot C$

证:
$$A \cdot B+\overline{A} \cdot C+B \cdot C=A \cdot B+\overline{A} \cdot C+B \cdot C \cdot (A+\overline{A})$$
$$=A \cdot B+\overline{A} \cdot C+A \cdot B \cdot C+\overline{A} \cdot B \cdot C$$
$$=A \cdot B \cdot (1+C)+\overline{A} \cdot C \cdot (1+B)$$
$$=A \cdot B+\overline{A} \cdot C$$

可进一步推出　$A \cdot B+\overline{A} \cdot C+B \cdot C \cdot D=A \cdot B+\overline{A} \cdot C$

(6) 式(23)　$A \cdot \overline{A \cdot B}=A \cdot \overline{B}$ 和 $\overline{A} \cdot \overline{A \cdot B}=\overline{A}$

证:$A \cdot \overline{A \cdot B}=A \cdot (\overline{A}+\overline{B})=A \cdot \overline{A}+A \cdot \overline{B}=A \cdot \overline{B}$

$\overline{A} \cdot \overline{A \cdot B}=\overline{A} \cdot (\overline{A}+\overline{B})=\overline{A} \cdot \overline{A}+\overline{A} \cdot \overline{B}=\overline{A} \cdot (1+\overline{B})=\overline{A}$

1.4　逻辑代数的基本定理

1.4.1　代入定理

代入定理是这样表述的：在任何一个包含变量 A 的逻辑等式中，若以另外一个逻辑式代入式中所有 A 的位置，则等式依然成立。

利用代入定理可以很容易地把逻辑代数的基本公式和常用公式推广到多变量的形式。

例 1-3　用代入定理证明德·摩根定理也适用于多变量的情况。

解：已知二变量的德·摩根定理为：

$$\overline{A \cdot B} = \overline{A} + \overline{B} \quad 及 \quad \overline{A + B} = \overline{A} \cdot \overline{B}$$

现以 $B \cdot C$ 代入左边等式中 B 的位置，同时以 $B + C$ 代入右边等式中 B 的位置，得到：

$$\overline{A \cdot (B \cdot C)} = \overline{A} + \overline{B \cdot C} = \overline{A} + \overline{B} + \overline{C}$$

$$\overline{A + (B + C)} = \overline{A} \cdot \overline{B + C} = \overline{A} \cdot \overline{B} \cdot \overline{C}$$

1.4.2　反演定理

反演定理是这样表述的：对于任意一个逻辑式 Y，如果把其中所有的"·"换成"+"，"+"换成"·"，0 换成 1，1 换成 0，原变量换成反变量，反变量换成原变量，得到的结果就是 $\overline{Y}$。

用反演定理可以很方便地求出逻辑函数的反函数。

在运用反演定理时还需注意遵守以下规则：

(1) 仍需遵守"先括号内，后括号外，先乘后加"的运算顺序。

(2) 不属于单个变量上的反号应保留不变。

例 1-4　已知逻辑函数 $Y = A \cdot (\overline{B} + C) + C \cdot D$，求 $\overline{Y}$。

解：根据反演定理可写出：

$$\overline{Y} = (\overline{A} + B \cdot \overline{C}) \cdot (\overline{C} + \overline{D})$$
$$= \overline{A} \cdot \overline{C} + B \cdot \overline{C} + \overline{A} \cdot \overline{D} + B \cdot \overline{C} \cdot \overline{D}$$
$$= \overline{A} \cdot \overline{C} + B \cdot \overline{C} + \overline{A} \cdot \overline{D}$$

例 1-5　已知逻辑函数 $Y = \overline{\overline{\overline{A \cdot \overline{B} + C} + \overline{D}} + C}$，求 $\overline{Y}$。

解：根据反演定理可写出：

$$\overline{Y} = \overline{\overline{\overline{(\overline{A} + B) \cdot \overline{C}} \cdot D} \cdot \overline{C}}$$

1.4.3　对偶定理

对偶定理是这样表述的：若两逻辑式相等，则它们的对偶式也相等。

对偶式指的是对于任何一个逻辑式 Y，若将其中的"·"换成"+"，"+"换成"·"，0 换成 1，1 换成 0，则得到一个新的逻辑式 Y'，Y' 就是 Y 的对偶式。显然 Y 和 Y' 互为对偶式。

例如：

若 $Y = A(B + C)$，则 $Y' = A + BC$；

若 $Y = \overline{\overline{A} \cdot B + \overline{C} \cdot D}$，则 $Y' = \overline{(A+B) \cdot (\overline{C}+D)}$；

若 $Y = \overline{\overline{A} \cdot B + \overline{C+D}}$，则 $Y' = \overline{(\overline{A}+B)\overline{CD}}$。

有时直接证明两个逻辑式相等比较麻烦，但其对偶式的证明比较简单，可以先证明其对偶式相等，再利用对偶定理就得到原式相等。

如果观察一下表 1.14 和表 1.15 就不难发现，表中每行左、右两边的两个公式就是对偶式。

1.5　逻辑函数及其表示方法

1.5.1　逻辑函数的表示方法

如果以逻辑变量作为输入，以逻辑运算结果作为输出，那么当输入变量的取值确定后，输出的取值便随之而定。输入与输出之间就是一种函数关系，称为逻辑函数。写为：

$$Y = F(A, B, C, \cdots)$$

由于逻辑变量的取值只有 0 和 1 两种，逻辑运算结果也只有 0 和 1 两种可能，因此逻辑函数是二值函数。

任何一个具体的因果关系都可以用一个逻辑函数来描述。常用的逻辑函数的表示方法有逻辑真值表、逻辑函数式、逻辑图、卡诺图、波形图和硬件描述语言等。各种表示方法可以相互转换。

1. 逻辑真值表

将输入变量的所有可能的取值下对应的输出值都找出来列成表格，就得到该逻辑函数的真值表(Truth Table)。N 个变量的真值表有 2^N 行。真值表唯一地表示了一个逻辑函数。如果两个逻辑函数的真值表相同，则这两个逻辑函数相等。

真值表的特点是直观明了，可以直接看出输出逻辑函数与输入变量之间的逻辑关系，把一个实际问题抽象成数学函数时最方便。但是，当变量比较多时显得过于烦琐，也不能用公式定理进行运算。

2. 逻辑函数式

把输出逻辑函数与输入变量之间的逻辑关系写成与、或、非等运算的组合形式，就得到了逻辑函数表达式(Logic Expression)。

逻辑函数式的特点是简洁方便，便于用公式定理进行运算变换。但是，当逻辑函数比较复杂时，难以直接从变量取值看出逻辑函数的值。

3. 逻辑图

根据逻辑函数表达式将逻辑函数用相应的图形符号画成图，就得到逻辑图(Logic Diagram)。逻辑图是制作数字电路的依据。

4. 卡诺图

卡诺图(Karnaugh map)是一种用方格图形表示逻辑函数的方法。将 n 变量的全部最小项各用一个小方块表示，并将具有逻辑相邻性的最小项在几何位置上也相邻地排列起来，所得到的图形称为 n 变量的卡诺图。

卡诺图与真值表完全对应，是化简不超过 5 个逻辑变量的逻辑函数的最常用、最方便的数学工具。

5. 波形图

波形图(Waveform Diagram)是用高、低电平表示输入逻辑变量不同取值与其输出逻辑函数值之间关系的图形方法。波形图用直观的图形表示出抽象的逻辑关系,能够表现输出与输入在时间序列上的变化关系。

6. 硬件描述语言

EDA技术的发展推动了在数字逻辑设计中应用形式语言描述逻辑关系、数字系统的功能和结构。硬件描述语言(Hardware Description Language)的成熟使 VLSI、微处理器和数字系统设计的"硬件设计软件化"成为现实。目前应用较多的硬件描述语言有 VHDL、Verilog 等。

下面通过几个例子说明如何用真值表、逻辑函数表达式、逻辑图和波形图表示逻辑函数。

例 1-6 某体育比赛设一名主裁判和两名副裁判。比赛规则为:只有当主裁判和一名副裁判同时认定动作合格,成绩才有效。试求出表示该逻辑函数的真值表。

解:以 A 代表主裁判,B、C 分别代表副裁判,Y 代表评判的成绩。则 Y 是 A、B、C 的二值函数,$Y = F(A,B,C)$。

规定输入变量 A、B、C 的值为1时表示投赞成票,为0时表示投反对票。Y 的值为1时表示比赛成绩有效,为0时表示比赛成绩无效。按照题目所给的规则列出真值表,如表 1.17 所示。

表 1.17　例 1-6 的真值表

A	B	C	Y	A	B	C	Y
0	0	0	0	1	0	0	0
0	0	1	0	1	0	1	1
0	1	0	0	1	1	0	1
0	1	1	0	1	1	1	1

列真值表的时候,为了确保输入变量的所有可能的取值无一遗漏,最好按照自然二进制数递增的顺序把输入变量的取值一一列出。然后再逐个分析对应输入变量的每个取值输出的函数值是什么。

例 1-7 试根据表 1.17 写出其逻辑函数表达式。

解:根据真值表写逻辑函数表达式的方法是:

(1) 找出真值表中使输出函数 $Y=1$ 的那些输入变量取值的组合。

(2) 每组输入变量取值的组合对应一个乘积项,其中取值为1的写入原变量,取值为0的写入反变量。

(3) 将这些乘积项相加,就得到 Y 的逻辑函数表达式。

根据表 1.17 的真值表,按照上述方法可写出逻辑函数式:

$$Y = A \cdot B \cdot \bar{C} + A \cdot \bar{B} \cdot C + A \cdot B \cdot C$$

例 1-8 试根据例 1-7 的逻辑函数式画出逻辑图。

解:为了使设计出的逻辑电路尽可能简单,在画逻辑图之前应该先对逻辑函数式进行化简。

$$Y = A \cdot B \cdot \bar{C} + A \cdot \bar{B} \cdot C + A \cdot B \cdot C$$
$$= A \cdot B + A \cdot \bar{B} \cdot C$$
$$= A \cdot B + A \cdot C$$

根据化简后的逻辑函数表达式可画出逻辑图(如图1.3(a)所示)。

如果将该逻辑函数式再做变换,还可再少用一个逻辑门。变换后的逻辑图如图1.3(b)所示。

$$Y = A \cdot B + A \cdot C = A \cdot (B + C)$$

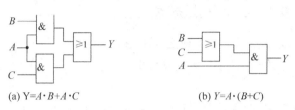

(a) $Y = A \cdot B + A \cdot C$ (b) $Y = A \cdot (B + C)$

图1.3　例1-8的逻辑图

例1-9　试根据例1-7的逻辑函数式画出波形图。

解: 画波形图是把输入变量的所有取值用高低电平形式画成图,并画出输入变量的每一个取值下逻辑函数的输出。本例当 A、B 同时为1,或 A、C 同时为1的时候,Y 的值是1。

波形图的横轴是时间,纵轴是电平。

也可根据该逻辑函数的真值表画波形图,如图1.4所示。

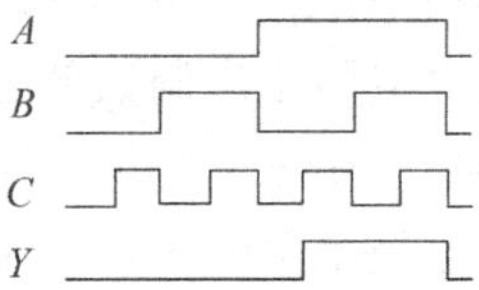

图1.4　$Y = A \cdot B + A \cdot C$ 的波形图

例1-10　已知逻辑函数 $Y = \overline{\overline{AC} \cdot \overline{\overline{B}C} \cdot \overline{\overline{A}B\overline{C}}}$,求它的真值表。

解: 本题的逻辑函数是与非-与非表达式,直接求它的真值表不是很方便,最好先把它变换成与或表达式。如果与或表达式中任何一个或项的值是1,则函数 Y 的值就是1。对本题的逻辑函数运用德·摩根定理,得到 $Y = \overline{\overline{AC} \cdot \overline{\overline{B}C} \cdot \overline{\overline{A}B\overline{C}}} = AC + \overline{B}C + \overline{A}B\overline{C}$。列出的真值表如表1.18所示。

表1.18　逻辑函数 $Y = AC + \overline{B}C + \overline{A}B\overline{C}$ 的真值表

A	B	C	AC	$\overline{B}C$	$\overline{A}B\overline{C}$	Y
0	0	0	0	0	0	0
0	0	1	0	1	0	1
0	1	0	0	0	1	1
0	1	1	0	0	0	0
1	0	0	0	0	0	0
1	0	1	1	1	0	1
1	1	0	0	0	0	0
1	1	1	1	0	0	1

如果逻辑函数式比较复杂,根据输入变量直接求输出的函数值有时比较困难,可把表达式中间的各个或项的值分别求出,然后做它们的或运算就得到 Y 的值。

数字逻辑基础

例 1-11 已知逻辑图(见图 1.5),求它的逻辑函数式。

解:对于多级的逻辑电路,可以从前(输入)向后(输出)逐级找出各个中间点的逻辑函数式,最后写出总的输出逻辑函数式。本例可以先找出中间点 $\overline{B} \cdot C$、$\overline{A \cdot B \cdot \overline{C}}$ 和 $\overline{A + \overline{B} \cdot C}$,然后就可以写出图 1.5 的逻辑函数式 $F = \overline{\overline{\overline{A \cdot B \cdot \overline{C}} + \overline{A + \overline{B} \cdot C}} + C}$。

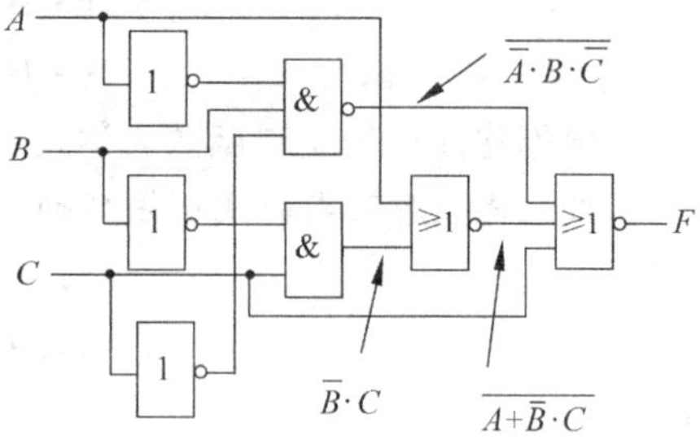

图 1.5　例 1-11 的逻辑图

1.5.2　逻辑函数的两种标准形式

逻辑函数有两种标准形式:最小项之和的形式(标准与或式)和最大项之积的形式(标准或与式)。

1. 最小项

在 n 变量逻辑函数中,若乘积项(与项)包含 n 个因子,而且这 n 个变量均以原变量或反变量的形式在乘积项中出现一次,则称该乘积项为该组变量的最小项(Minterm),记为 m。

例如 A、B、C 三个变量的最小项有 8 个(即 2^3 个)。n 个变量的最小项应有 2^n 个。

输入变量的每一组取值都使一个对应的最小项的值等于 1。例如,在三变量 A、B、C 的最小项中,当 $A=0$、$B=1$、$C=0$ 时,$\overline{A}B\overline{C}=1$。如果把 $\overline{A}B\overline{C}$ 的取值 010 看为一个二进制数,则它对应的十进制数就是 2。因此,可把使每个最小项为 1 的输入变量的取值看作一个二进制数 i,把该最小项记为 m_i。把 n 个变量的 2^n 个最小项记为 $m_0 \sim m_{n-1}$。这样就得到了三变量最小项的编号表,如表 1.19 所示。

表 1.19　三变量最小项的编号表

最小项	使最小项为 1 的变量取值			对应的十进制数	编号
	A	B	C		
$\overline{A} \cdot \overline{B} \cdot \overline{C}$	0	0	0	0	m_0
$\overline{A} \cdot \overline{B} \cdot C$	0	0	1	1	m_1
$\overline{A} \cdot B \cdot \overline{C}$	0	1	0	2	m_2
$\overline{A} \cdot B \cdot C$	0	1	1	3	m_3
$A \cdot \overline{B} \cdot \overline{C}$	1	0	0	4	m_4
$A \cdot \overline{B} \cdot C$	1	0	1	5	m_5
$A \cdot B \cdot \overline{C}$	1	1	0	6	m_6
$A \cdot B \cdot C$	1	1	1	7	m_7

最小项有以下性质:

(1) 在输入变量任一取值下,有且仅有一个最小项的值为 1;

(2) 全体最小项之和为 1;

(3) 任意两个最小项之积为 0。

如果两个最小项只有一个因子不同,称这两个最小项具有相邻性。

例如,最小项 $\overline{A} \cdot B \cdot C$ 和 $\overline{A} \cdot B \cdot \overline{C}$ 只有第 3 个因子不同,所以它们具有相邻性。相邻的最小项之和可以合并,消去一对因子,只留下公共因子。

$$\overline{A} \cdot B \cdot C + \overline{A} \cdot B \cdot \overline{C} = \overline{A} \cdot B \cdot (C + \overline{C}) = \overline{A} \cdot B$$

2. 最大项

在 n 变量逻辑函数中，若 M 为 n 个变量之和，而且这 n 个变量均以原变量或反变量的形式在 M 中出现一次，则称 M 为该组变量的最大项（Maxterm）。n 个变量的最大项应有 2^n 个。

输入变量的每一组取值都使一个对应的最大项的值等于 0。例如，在三变量 A、B、C 的最大项中，当 $A=1$、$B=1$、$C=0$ 时，$\bar{A}+\bar{B}+C=0$。如果把使最大项为 0 的变量取值看作一个二进制数 i，并且将它对应的十进制数作为最大项的编号，则最大项可记为 M_i。把 n 个变量的 2^n 个最大项记为 $M_0 \sim M_{n-1}$。这样就得到了三变量最大项的编号表，如表 1.20 所示。

表 1.20　三变量最大项的编号表

最大项	使最大项为 0 的变量取值			对应的十进制数	编号
	A	B	C		
$A+B+C$	0	0	0	0	M_0
$A+B+\bar{C}$	0	0	1	1	M_1
$A+\bar{B}+C$	0	1	0	2	M_2
$A+\bar{B}+\bar{C}$	0	1	1	3	M_3
$\bar{A}+B+C$	1	0	0	4	M_4
$\bar{A}+B+\bar{C}$	1	0	1	5	M_5
$\bar{A}+\bar{B}+C$	1	1	0	6	M_6
$\bar{A}+\bar{B}+\bar{C}$	1	1	1	7	M_7

最大项有以下性质：

（1）在输入变量任一取值下，有且仅有一个最大项的值为 0；

（2）全体最大项之积为 0；

（3）任意两个最大项之和为 1；

（4）只有一个变量不同的两个最大项的乘积等于各相同变量之和。

比较表 1.19 和表 1.20 可以发现，最大项与最小项之间有这样的关系：

$$M_i = \overline{m_i}$$

3. 逻辑函数的最小项之和的形式

任何逻辑函数都可唯一的表示成最小项之和（Sum-of-Products Form，SOP）的形式，称为标准与或式。从真值表直接写出的逻辑函数正是标准与或式。利用公式可将任何一个逻辑函数化为最小项之和的形式。

例如，逻辑函数为 $Y = \overline{\bar{A} \cdot B} \cdot \bar{C}$，则可化为：

$$Y = (A+\bar{B}) \cdot \bar{C} = A \cdot \bar{C} + \bar{B} \cdot \bar{C}$$
$$= AB \cdot \bar{C} + A \cdot \bar{B} \cdot \bar{C} + \bar{A} \cdot \bar{B} \cdot \bar{C}$$
$$= m_6 + m_4 + m_0 = \sum m_i (i=0,4,6)$$

也可简写成 $\sum m(0,4,6)$ 或 $\sum (0,4,6)$ 的形式。

4. 逻辑函数的最大项之积的形式

任何逻辑函数都可唯一的表示成最大项之积（Product-of-Sums Form，POS）的形式，称为标准或与式。利用公式可将任何一个逻辑函数化为最大项之积的形式。如果已知逻辑函数的最小项之和的形式,可以很容易地写出其最大项之积的形式。

设逻辑函数 $Y = \sum m_i$,则在 $\sum m_i$ 之外的那些最小项之和就是 $\bar{Y}$,即 $\bar{Y} = \sum_{k \neq i} m_k$,可推出 $Y = \bar{\bar{Y}} = \overline{\sum_{k \neq i} m_k}$。

运用反演律可将上式变换成最大项之积的形式:

$$Y = \overline{\sum_{k \neq i} m_k} = \prod_{k \neq i} \overline{m_k} = \prod_{k \neq i} M_k$$

例如,逻辑函数 $Y = \overline{\bar{A} \cdot B \cdot \bar{C}}$ 的最小项之和的形式为 $Y = \sum m_i (i = 0,4,6)$,则其最大项之积的形式为:

$$Y = \prod_{k \neq i} M_k = M_1 \cdot M_2 \cdot M_3 \cdot M_5 \cdot M_7$$

$$= (A + B + \bar{C}) \cdot (A + \bar{B} + C) \cdot (A + \bar{B} + \bar{C}) \cdot (\bar{A} + B + \bar{C}) \cdot (\bar{A} + \bar{B} + \bar{C})$$

1.5.3 逻辑函数的卡诺图表示法

1. 卡诺图

卡诺图是 1952 年由 Edward W. Veitch 发明后又由 Maurice Karnaugh 进一步改进成的。

以 2^n 个小方块分别代表 n 变量的所有最小项,并将它们排列成矩阵,而且使几何位置相邻的两个最小项在逻辑上也是相邻的(只有一个变量不同),就得到表示 n 变量全部最小项的卡诺图。图 1.6 中分别给出了二变量至五变量的卡诺图。

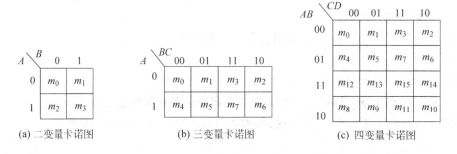

(a) 二变量卡诺图 　　　　(b) 三变量卡诺图 　　　　(c) 四变量卡诺图

(d) 五变量卡诺图

图 1.6　二变量至五变量的卡诺图

卡诺图中,大矩形左侧和上边标注的数字表示使对应小方格内的最小项为1的变量取值,这些取值也组成该最小项的编号。

只有一个变量不同的两个最小项是逻辑相邻的。卡诺图用直观的几何图形的形式把最小项的逻辑相邻表现为几何上的相邻。每个小方格与边邻接的其他小方格都是逻辑相邻的。把卡诺图沿水平或垂直中心线对折,相互重合的小方格也是逻辑相邻的。即逻辑相邻的最小项在几何上是相接、相对、相重的。因此,卡诺图中任何一行或一列两端的小方格是逻辑相邻的,相对的两个边是逻辑相邻的,4 个角也是逻辑相邻的。在 n 变量卡诺图中,每个小方格与 n 个小方格逻辑相邻。

为了保证在卡诺图中几何相邻的最小项一定是逻辑相邻的,变量取值的顺序必须按循环码排列,而不能按自然二进制数的顺序排列。以三变量为例,变量取值的顺序是 000,001,011,010,110,111,101,100。

2. 用卡诺图表示逻辑函数

(1) 真值表→卡诺图。

卡诺图与真值表是完全对应的。在真值表中为 1 的最小项在卡诺图中也为 1。因此,只要对照真值表,在卡诺图中找到代表对应的最小项的小方格,填入 1 或 0 就行了。

例 1-12 已知逻辑函数的真值表如表 1.21 所示,试求其卡诺图。

表 1.21 例 1-12 的真值表

A	B	C	Y	A	B	C	Y
0	0	0	1	1	0	0	0
0	0	1	0	1	0	1	1
0	1	0	0	1	1	0	0
0	1	1	1	1	1	1	1

解:将表 1.21 的真值表按每个最小项的对应关系填入卡诺图,结果如图 1.7 所示。

(2) 逻辑函数的最小项表示→卡诺图。

如果所给的逻辑函数是最小项之和的形式,只要把该逻辑函数的每个最小项在卡诺图中对应的小方格中填入 1,其他的小方格中填入 0 就行了。

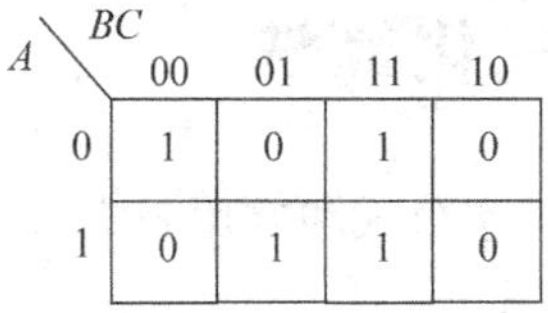

图 1.7 表 1.21 对应的卡诺图

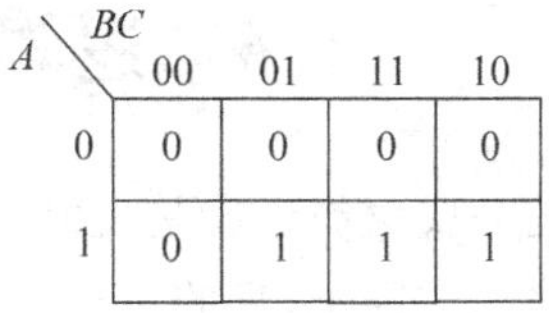

图 1.8 例 1-13 逻辑函数的卡诺图

例 1-13 试求逻辑函数 $Y=A \cdot B \cdot \overline{C}+A \cdot \overline{B} \cdot C+A \cdot B \cdot C$ 的卡诺图。

解:题目所给的逻辑函数有三个最小项 m_5、m_6 和 m_7。在卡诺图中把这三个最小项对应的小方格中填入 1,其他的小方格中填入 0,结果如图 1.8 所示。

(3) 一般的逻辑函数表达式→卡诺图。

任何形式的逻辑函数都可以运用逻辑代数的公式化成最小项之和的形式,然后就可填入卡诺图了。

例 1-14 试求逻辑函数 $Y=\overline{A} \cdot \overline{B} \cdot \overline{C}D+\overline{A}B\overline{D}+ACD+A\overline{B}$ 的卡诺图。

解:首先把逻辑函数化成最小项之和的形式。

$$Y = \overline{A} \cdot \overline{B} \cdot \overline{C}D + \overline{A}B\overline{D} + ACD + A\overline{B}$$

$$= \overline{A} \cdot \overline{B} \cdot \overline{C}D + \overline{A}B\overline{D}(C+\overline{C}) + ACD(B+\overline{B}) + A\overline{B}(C+\overline{C})(D+\overline{D})$$

$$= \overline{A} \cdot \overline{B} \cdot \overline{C}D + \overline{A}BC\overline{D} + \overline{A}B\overline{C} \cdot \overline{D} + ABCD + A\overline{B}CD$$

$$\quad + A\overline{B} \cdot \overline{C}D + A\overline{B}C\overline{D} + A\overline{B} \cdot \overline{C} \cdot \overline{D}$$

$$= m_1 + m_6 + m_4 + m_{15} + m_{11} + m_9 + m_{10} + m_8$$

则该逻辑函数的卡诺图如图 1.9 所示。

其实，只要逻辑函数是与或表达式就可以很容易地做出卡诺图，并不一定要变换成最小项之和的形式。

例 1-15 试求逻辑函数 $Y = \overline{\overline{AC} \cdot \overline{\overline{B}C} \cdot \overline{A\overline{B}\overline{C}}}$ 的卡诺图。

解：首先把该逻辑函数化成与或表达式：

$$Y = \overline{\overline{AC} \cdot \overline{\overline{B}C} \cdot \overline{A\overline{B}\overline{C}}} = AC + \overline{B}C + A\overline{B}\overline{C}$$

表达式中的最小项可在卡诺图中对应的一个小方格中填入 1。不是最小项的乘积项按其变量取值（原变量取 1，反变量取 0），在卡诺图中对应的若干个小方格中填入 1。乘积项 AC 对应的是卡诺图中 $A=1$ 的行和 $C=1$ 的列相交的两个小方格中。乘积项 $\overline{B}C$ 对应的是卡诺图中 $BC=01$ 的列的两个小方格中。结果如图 1.10 所示。

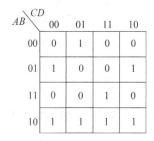

图 1.9 例 1-14 逻辑函数的卡诺图

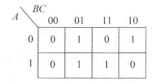

图 1.10 例 1-15 逻辑函数的卡诺图

1.6 逻辑函数的公式化简法

逻辑函数的公式化简法就是反复应用逻辑代数的基本公式和常用公式消去函数式中多余的乘积项和多余的因子，目的是得到最简的逻辑函数式。

同一个逻辑函数可以有多种不同的表示形式。例如，逻辑函数 $Y = A \cdot \overline{B} \cdot \overline{C} + \overline{A} \cdot C + B \cdot C$ 是与或表达式，它还可以表示成：

$$Y = \overline{\overline{A \cdot \overline{B} \cdot \overline{C} + \overline{A} \cdot C + B \cdot C}} \qquad \text{与或非表达式}$$

$$= \overline{\overline{A \cdot \overline{B} \cdot \overline{C}} \cdot \overline{\overline{A} \cdot C} \cdot \overline{B \cdot C}} \qquad \text{与非-与非表达式}$$

$$= \overline{(\overline{A}+B+C) \cdot (A+\overline{C}) \cdot (\overline{B}+\overline{C})} \qquad \text{或与非表达式}$$

$$= \overline{\overline{A}+B+C} + \overline{A+\overline{C}} + \overline{\overline{B}+\overline{C}} \qquad \text{或非或表达式}$$

常见的逻辑函数表示形式还有或与、或非-或非、与或非表达式等。直接从真值表写出的逻辑函数式是与或表达式，用卡诺图化简后得到的也是与或表达式，所以与或表达式是一种最为常用的逻辑函数表示形式。一般来说，要判断逻辑函数式是否是最简的，只要看它对应的卡诺图就清楚了。因此，下面在讨论逻辑函数的化简时，只讨论如何化简到最简的与-

或逻辑式。对最简的与-或逻辑式进行变换可以得到其他形式的逻辑函数式,但是变换后的结果不一定仍然是最简的。所谓最简的与-或逻辑式指的是逻辑函数包含的乘积项已经最少,而且每个乘积项的因子也最少。

公式化简法没有固定的步骤,需根据逻辑函数式的具体情况灵活选择最佳的方法。下面介绍一些常用的化简方法。

1. 并项法

利用公式 $A \cdot B + A \cdot \bar{B} = A$ 可以将两项合并为一项,并消去因子 B 和 $\bar{B}$。A 和 B 都可以是任何复杂的逻辑式。

例 1-16 利用并项法化简下列逻辑函数式:

$$Y_1 = A\overline{\overline{BCD\bar{E}}} + A\overline{BCD\bar{E}}$$

$$Y_2 = \bar{A}CD + A\overline{BE} + \bar{A} \cdot \overline{BE} + ACD$$

$$Y_3 = \overline{AB\bar{C}} + A\bar{C} + \bar{B} \cdot \bar{C}$$

$$Y_4 = B\bar{C}D + BC\bar{D} + B\bar{C} \cdot \bar{D} + BCD$$

解:

$Y_1 = A(\overline{\overline{BCD\bar{E}}} + \overline{BCD\bar{E}}) = A$

$Y_2 = \bar{A}CD + \bar{A} \cdot \overline{BE} + A\overline{BE} + ACD = \bar{A}(CD + \overline{BE}) + A(\overline{BE} + CD) = CD + \overline{BE}$

$Y_3 = \overline{AB\bar{C}} + (A + \bar{B})\bar{C} = \overline{AB\bar{C}} + (\overline{A+\bar{B}})\bar{C} = \overline{AB\bar{C}} + (\overline{AB})\bar{C} = \bar{C}$

$Y_4 = B\bar{C}(D + \bar{D}) + BC(\bar{D} + D) = B\bar{C} + BC = B$

2. 吸收法

利用公式 $A + A \cdot B = A$ 可将 AB 项消去。A 和 B 可以是任何复杂的逻辑式。

例 1-17 利用吸收法化简下列逻辑函数式:

$$Y_1 = (\overline{\bar{A}B} + C)ABD + AD$$

$$Y_2 = AB + AB\bar{C} + AB\bar{D} + AB(\bar{C} + D)$$

$$Y_3 = A + \overline{\bar{A} \cdot \overline{BC}}(\bar{A} + \overline{\bar{B} \cdot \bar{C}} + CD) + BC$$

解:

$$Y_1 = ((\overline{\bar{A}B} + C)B)AD + AD = AD$$

$$Y_2 = AB + AB(\bar{C} + \bar{D} + (\bar{C} + D)) = AB$$

$$Y_3 = (A + BC) + (A + BC)(\bar{A} + \overline{\bar{B} \cdot \bar{C}} + CD) = A + BC$$

3. 消项法

利用公式 $AB + \bar{A}C + BC = AB + \bar{A}C$ 或 $AB + \bar{A}C + BCD = AB + \bar{A}C$ 将 BC 或 BCD 消去。其中,A、B、C、D 可以是任何复杂的逻辑式。

例 1-18 利用消项法化简下列逻辑函数式:

$$Y_1 = AC + A\bar{B} + \overline{\bar{B} + C}$$

$$Y_2 = AB\bar{C}D + \overline{AB}E + \bar{A}CDE$$

$$Y_3 = \bar{A} \cdot \bar{B}C + ABC + \overline{AB}\bar{D} + A\bar{B} \cdot \bar{D} + \overline{ABC}D + BC\bar{D} \cdot \bar{E}$$

解:

$$Y_1 = AC + A\bar{B} + \bar{B} \cdot \bar{C} = AC + \bar{B} \cdot \bar{C}$$

$$Y_2 = (A\bar{B})C\bar{D} + (\overline{A\bar{B}})E + (C\bar{D})E\bar{A} = A\bar{B}C\bar{D} + \overline{A\bar{B}}E$$

$$Y_3 = (\bar{A}\cdot\bar{B} + AB)C + (\bar{A}B + A\bar{B})\bar{D} + BC\bar{D}(\bar{A} + \bar{E})$$

$$= (\overline{A \oplus B})C + (A \oplus B)\bar{D} + C\bar{D}(B(\bar{A} + \bar{E}))$$

$$= (\overline{A \oplus B})C + (A \oplus B)\bar{D} = \bar{A}\cdot\bar{B}C + ABC + \bar{A}B\bar{D} + A\bar{B}\cdot\bar{D}$$

4. 消因子法

利用公式 $A + \bar{A}\cdot B = A + B$ 可将其中的 $\bar{A}$ 消去。A 和 B 可以是任何复杂的逻辑式。

例 1-19 利用消因子法化简下列逻辑函数式:

$$Y_1 = AB\bar{C} + \bar{A}$$

$$Y_2 = A\bar{B} + A + \bar{A}B$$

$$Y_3 = AC + \bar{A}B + \bar{C}B$$

解:

$$Y_1 = AB\bar{C} + \bar{A} = B\bar{C} + \bar{A}$$

$$Y_2 = A\bar{B} + A + \bar{A}B = A\bar{B} + A + B = A + B$$

$$Y_3 = AC + \bar{A}B + \bar{C}B = AC + (\bar{A} + \bar{C})B = AC + \overline{AC}B = AC + B$$

5. 配项法

利用公式 $A + A = A$ 可以在逻辑函数式中重复写入某一项,便于与另一项配合进行化简。

利用公式 $A + \bar{A} = 1$ 可以在逻辑函数式中的某一项上乘以 $(A + \bar{A})$,然后拆成两项分别与其他项合并。

例 1-20 利用配项法化简下列逻辑函数式:

$$Y_1 = \bar{A}B\bar{C} + \bar{A}BC + ABC$$

$$Y_2 = A\bar{B} + \bar{A}B + B\bar{C} + \bar{B}C$$

解:

$$Y_1 = \bar{A}B\bar{C} + \bar{A}BC + ABC + \bar{A}BC = \bar{A}B(\bar{C} + C) + BC(A + \bar{A}) = \bar{A}B + BC$$

$$Y_2 = A\bar{B} + \bar{A}B(C + \bar{C}) + B\bar{C} + (A + \bar{A})\bar{B}C$$

$$= A\bar{B} + \bar{A}BC + \bar{A}B\bar{C} + B\bar{C} + A\bar{B}C + \bar{A}\cdot\bar{B}C$$

$$= (A\bar{B} + A\bar{B}C) + (B\bar{C} + \bar{A}B\bar{C}) + (\bar{A}BC + \bar{A}\cdot\bar{B}C)$$

$$= A\bar{B} + B\bar{C} + \bar{A}C$$

以上用公式化简逻辑函数的例子往往还可有其他解法,读者可以尝试用各种不同的方法化简逻辑函数。对于复杂的逻辑函数,需要注意观察其特点,灵活运用不同公式,才能得到最简结果。

例 1-21 用公式法化简逻辑函数:

$$Y = ABC + \bar{B}C + B\bar{D} + C\bar{D} + A(B + \bar{C}) + \bar{A}\cdot BC\bar{D} + A\bar{B}DE$$

解:

$$Y = ABC + \bar{B}C + B\bar{D} + C\bar{D} + A(B + \bar{C}) + \bar{A}\cdot BC\bar{D} + A\bar{B}DE$$

$$= ABC + \bar{B}C + B\bar{D} + C\bar{D} + A(\overline{\bar{B}C}) + A\bar{B}DE$$

$$= ABC + \bar{B}C + B\bar{D} + C\bar{D} + A + A\bar{B}DE$$

$$= A + \bar{B}C + B\bar{D} + C\bar{D}$$

$$= A + \bar{B}C + B\bar{D}$$

1.7 逻辑函数的卡诺图化简法

用卡诺图化简逻辑函数的原理是具有相邻性的最小项可合并,消去不同的因子。

1. 合并最小项的规则

(1) 两个相邻最小项可合并为一项,消去一对因子。

(2) 4 个排成矩形的相邻最小项可合并为一项,消去两对因子。

(3) 8 个排成矩形的相邻最小项可合并为一项,消去三对因子。

合并后的结果只包含公共因子。

上面的规则可归纳为:2^n 个排成矩形的相邻最小项可合并为一项,消去 n 对因子,合并后的结果只包含公共因子。图 1.11 和图 1.12 给出了最小项相邻的若干典型情况。

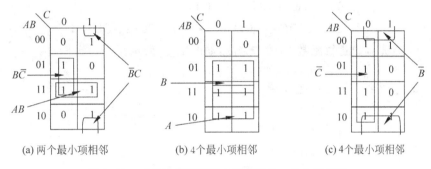

(a) 两个最小项相邻   (b) 4 个最小项相邻   (c) 4 个最小项相邻

图 1.11　三变量卡诺图最小项相邻的一些典型情况

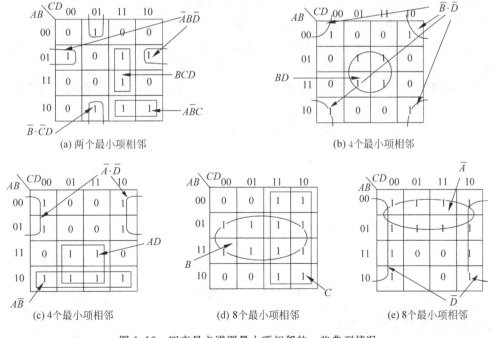

(a) 两个最小项相邻   (b) 4 个最小项相邻

(c) 4 个最小项相邻   (d) 8 个最小项相邻   (e) 8 个最小项相邻

图 1.12　四变量卡诺图最小项相邻的一些典型情况

第 1 章

数字逻辑基础

2. 卡诺图化简法的步骤

用卡诺图化简逻辑函数时的一般步骤如下：

(1) 用卡诺图表示逻辑函数；

(2) 找出可合并的最小项，并在卡诺图中用矩形框标出；

(3) 选取化简后的乘积项；

(4) 将化简后的乘积项相加得到化简后的逻辑函数。

3. 卡诺图化简的原则

(1) 化简后的乘积项应包含函数式的所有最小项，即覆盖图中所有的 1。

(2) 合并后乘积项的数目最少，即圈成的矩形个数最少。

(3) 每个乘积项因子最少，即圈成的矩形最大。

例 1-22 用卡诺图法化简下列逻辑函数：

$$Y_1 = A\overline{C} + \overline{A}C + B\overline{C} + \overline{B}C$$

$$Y_2 = ABC + A\overline{C}D + \overline{C} \cdot \overline{D} + A\overline{B}C + \overline{A}C\overline{D}$$

解：(1) 首先画出逻辑函数 Y_1 的卡诺图，如图 1.13 所示。

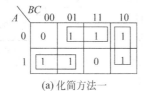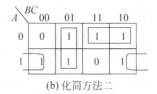

(a)化简方法一　　　　　　(b)化简方法二

图 1.13　Y_1 的卡诺图

然后找出可合并的最小项，并在卡诺图中用矩形框标出。有时将哪些最小项合并其实可以有不同的方式，并且将得到不同的化简结果。

本例按照图 1.13(a)的方式化简的结果是 $Y_1 = A\overline{B} + \overline{A}C + B\overline{C}$。按照图 1.13(b)的方式化简的结果是 $Y_1 = A\overline{C} + \overline{A}B + \overline{B}C$。

两个结果都是正确的最简逻辑函数式。这个例子告诉我们，一个逻辑函数化简的结果有时是不唯一的。

(2) 画出逻辑函数 Y_2 的卡诺图，如图 1.14 所示。

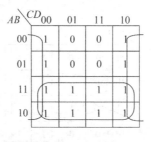

图 1.14　Y_2 的卡诺图

化简的结果是 $Y_2 = A + \overline{D}$。

上面都是通过合并卡诺图中的 1 得到化简的逻辑函数的。如果把卡诺图中的 0 合并，

就可以得到该逻辑函数的反函数。例如,本例的Y_2用合并卡诺图中的 0 的方法,可得到:

$$\overline{Y_2} = \overline{A}D$$

则 $Y_2 = \overline{\overline{Y_2}} = \overline{\overline{A}D} = A + \overline{D}$。

结果是一样的。有时候用这样的方法可能比用合并卡诺图中的 1 更省事。

1.8　具有无关项的逻辑函数及其化简

1.8.1　约束项、任意项和逻辑函数式中的无关项

在进行数字系统分析、设计时,可能会遇到一些特殊的(如输入变量存在优先权的)逻辑问题,在输入变量的某些取值下函数值是 0 是 1 都可以,不影响电路功能。在这些取值下为 1 的最小项称为任意项。

有时逻辑函数的输入变量的取值不是任意的,某些取值可能是不允许出现的。对输入变量取值的限制称为约束,在这些取值下为 1 的最小项称为约束项。把这一组输入变量称为具有约束的变量。由于约束项是不允许出现的,因此其值应该恒等于 0。

逻辑函数中的约束项和任意项可以写入函数式,也可不包含在函数式中,因此把约束项和任意项统称为无关项。在逻辑函数式中,无关项用 $\sum d(\cdots)$ 或 $\sum d_i$ 表示。

例 1-23　用三个逻辑变量 A、B、C 分别表示一台电动机的控制命令。$A=1$ 表示电动机正转,$B=1$ 表示反转,$C=1$ 表示停止。由于电动机在任何时候只能执行其中的一个命令,因此不允许两个以上的变量同时为 1。即 A、B、C 的取值只有 001、010 和 100 这三种情况是合法的,其他取值都是不允许出现的错误状况,因此 A、B、C 是一组具有约束的变量(互相排斥的变量)。表 1.22 是这个问题的真值表。在真值表中用×表示约束项。

表 1.22　例 1-23 的真值表

A	B	C	F	A	B	C	F
0	0	0	0	1	0	0	1
0	0	1	1	1	0	1	×
0	1	0	1	1	1	0	×
0	1	1	×	1	1	1	×

根据表 1.22 可写出该问题的逻辑函数式。有约束的逻辑函数不仅要写出逻辑函数式,还要把约束条件也表示出来。约束条件是约束项之和恒等于 0 的表达式。

$$\begin{cases} Z = \overline{A} \cdot \overline{B}C + \overline{A}B\overline{C} + A\overline{B} \cdot \overline{C} \\ \overline{A}BC + A\overline{B}C + AB\overline{C} + ABC = 0 \quad \text{约束条件} \end{cases}$$

1.8.2　具有无关项的逻辑函数的化简

化简具有无关项的逻辑函数时,合理地利用无关项可得到更简单的化简结果。下面以例 1-23 的逻辑函数为例,讨论怎样利用无关项进行逻辑函数的化简。

首先画出例 1-23 的逻辑函数的卡诺图,如图 1.15 所示。在卡诺图中约束项也用×

表示。

显然,如果不利用约束项,这个逻辑函数已经不能化简了。利用约束项化简的方法是把与卡诺图中为 1 的最小项相邻因而可以合并的约束项画到矩形圈中并看为 1,没有被合并的约束项看为 0。本题化简后的结果为:

$$Z = A + B + C$$

例 1-24 试化简逻辑函数 $Z = AC + \overline{A} \cdot \overline{B}C$。已知约束条件为 $\overline{B} \cdot \overline{C} = 0$。

解:首先画出逻辑函数的卡诺图,如图 1.16 所示,并在图中把可以合并的最小项及约束项圈起来。

化简后的结果是 $Z = AC + \overline{B}$。

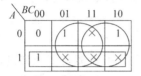

图 1.15 例 1-23 的卡诺图

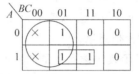

图 1.16 例 1-24 的卡诺图

例 1-25 已知具有无关项的逻辑函数的真值表如表 1.23 所示,试化简该逻辑函数。

表 1.23 例 1-25 的真值表

A	B	C	D	Y	A	B	C	D	Y
0	0	0	0	1	1	0	0	0	1
0	0	0	1	0	1	0	0	1	1
0	0	1	0	1	1	0	1	0	$\times$
0	0	1	1	0	1	0	1	1	$\times$
0	1	0	0	0	1	1	0	0	$\times$
0	1	0	1	1	1	1	0	1	$\times$
0	1	1	0	0	1	1	1	0	$\times$
0	1	1	1	1	1	1	1	1	$\times$

解:首先画出逻辑函数的卡诺图,如图 1.17 所示,并在图中把可以合并的最小项及约束项圈起来。

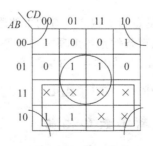

图 1.17 例 1-25 的卡诺图

化简后的结果是 $Z = A + BD + \overline{B} \cdot \overline{D}$。

本 章 小 结

本章是全书的基础,除数制和码制外,大部分内容都是逻辑代数的公式、定理和方法。

进位计数制及其转换、BCD 码等编码都是在计算机科学技术中经常用到的。

逻辑代数的基本公式、常用公式和三个定理(规则)都需要熟练掌握,它们是逻辑运算和数字系统设计必不可少的数学工具。

逻辑函数的表示方法和化简方法是本章的重点和难点。在本章的学习中需要掌握真值表、逻辑函数式、卡诺图和逻辑图这四种表示方法及其相互转换。逻辑函数的公式化简法在任何情况下都可以使用,但是没有固定的步骤可循。公式化简法需要熟练运用逻辑代数的公式、定理,在处理一些复杂问题时还需要经验和技巧。卡诺图化简法直观,比较容易掌握,有一定的步骤可循,且一定能够得到最简结果。对于三变量和四变量逻辑函数的化简,建议采用卡诺图化简法。在化简逻辑函数时,适当利用逻辑函数式的无关项可能会得到更加简单的结果。

习 题 1

1. 将下列二进制数转换成八进制、十六进制和十进制数。

(1) $(1011.10101)_2$　　　　　　　(2) $(1110.11001)_2$

(3) $(110110.111)_2$　　　　　　　(4) $(10101.0011)_2$

2. 将下列十进制数转换成二进制和十六进制数。

(1) $(105.625)_{10}$　　　(2) $(27/64)_{10}$　　　(3) $(37.4)_{10}$

(4) $(42.375)_{10}$　　　(5) $(62/128)_{10}$　　　(6) $(9.46)_{10}$

3. 将下列十六进制数转换成二进制和十进制数。

(1) $(AB.7)_{16}$　　　　　　　(2) $(3A.D)_{16}$

(3) $(5F.C8)_{16}$　　　　　　　(4) $(2E.9)_{16}$

4. 列出下列问题的真值表,并写出逻辑函数表达式。

(1) 某电路有三个输入信号 A、B、C,如果三个输入信号都为 0 或其中两个信号为 1 时,输出信号 F 为 1,其余情况 F 为 0。

(2) 某系统有 4 个输入信号 A、B、C、D,如果 4 个输入信号出现偶数个 0 时,输出信号 F 为 1,其余情况 F 为 0。

5. 写出下列逻辑函数的反函数表达式和对偶函数表达式。

(1) $F = A \cdot \overline{B} + C \cdot \overline{A}$

(2) $F = \overline{A \oplus \overline{B}} + C$

(3) $F = A \cdot (\overline{B + \overline{C}}) + (A \cdot C + \overline{B} \cdot D) \cdot E$

(4) $F = (\overline{A} + C) \cdot \overline{A \cdot \overline{B} \cdot \overline{C} + \overline{A} \cdot C \cdot D}$

6. 运用逻辑代数的公式定理证明下列逻辑等式成立。

(1) $A \oplus \overline{B} = \overline{A \oplus B} = A \oplus B \oplus 1$

(2) $(A+B)(\overline{A}+C) = (A+B)(\overline{A}+C)(B+C)$

(3) $A + A\bar{B} \cdot \bar{C} + \bar{A}CD + (\bar{C} + \bar{D})E = A + CD + E$

(4) $\bar{A}(C \oplus D) + B\bar{C}D + AC\bar{D} + A\bar{B} \cdot \bar{C}D = C \oplus D$

(5) $ABCD + \bar{A} \cdot \bar{B} \cdot \bar{C} \cdot \bar{D} + \bar{A}BCD + A\bar{B}C\bar{D} = \overline{\bar{A}\bar{C} + \bar{A}C + B\bar{D} + \bar{B}D}$

(6) $\overline{\overline{(A + B + \bar{C}) \cdot \bar{C}D} + (B + \bar{C})(A\bar{B}D + \bar{B} \cdot \bar{C})} = 1$

7. 写出图 1.18 中各逻辑图的逻辑函数式,并化简为最简与或式。

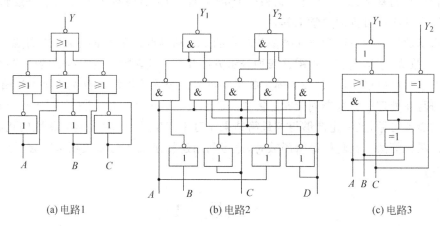

(a) 电路1　　　　　　　(b) 电路2　　　　　　　(c) 电路3

图 1.18　逻辑图

8. 求下列逻辑函数的反函数并化简为最简与或式。

(1) $F = \overline{\overline{A\bar{B} \cdot C} + \bar{C}D} \cdot (AC + BD)$

(2) $F = (A + \bar{B})(\bar{A} + \bar{B} + C)$

(3) $Y = \overline{(A + \bar{B})(\bar{A} + C)} \cdot AC + BC$

(4) $F = A\bar{D} + \bar{A} \cdot \bar{C} + \bar{B} \cdot \bar{C}D + C$

9. 试用与非门实现下列函数,并画出逻辑图。

(1) $Y = (\bar{A} + B)(A + \bar{B})C + \overline{BC}$

(2) $Y = \overline{(A + C)(B + D)}$

(3) $Z = A \cdot \overline{BC} + \overline{(\overline{A\bar{B}} + \bar{A} \cdot \bar{B} + BC)}$

10. 试用或非门实现下列函数,并画出逻辑图。

(1) $F = (\bar{A} + B + \bar{C})(A + C)(\bar{A} + \bar{B} + C)$

(2) $Z = A\bar{B}C + B\bar{C}$

(3) $F = (\bar{A} + B + \bar{C})(A + C)(\bar{A} + \bar{B} + C)$

11. 将下列函数化为最小项之和的形式。

(1) $Z = A\bar{B}CD + BCD + \bar{A}D$

(2) $F = AB + \overline{\overline{BC}} \cdot (\bar{C} + D)$

(3) $Y = \overline{A \cdot (B + \bar{C})}$

12. 将下列函数化为最大项之积的形式。

(1) $Z = \bar{C} + BC\bar{D} + \bar{A}D$

(2) $F = \bar{A} \cdot D + \bar{C} + BC\bar{D}$

(3) $Y=\overline{A}B\overline{C}+\overline{B}C+ABC$

13. 用公式法化简下列函数为最简与或式。

(1) $Y=(A+B)C+\overline{A}C+AB+ABC+\overline{B}C$

(2) $F=\overline{\overline{A}\cdot BC}+\overline{A}\overline{B}$

(3) $F=AD+A\overline{D}+AB+\overline{A}C+BD+ACE+\overline{B}E+DE$

(4) $F=(\overline{\overline{A}+\overline{B}})D+(\overline{A}\cdot\overline{B}+BD)\overline{C}+\overline{A}B\overline{C}D+\overline{D}$

(5) $Y=(A+B+C+D)(\overline{A}+B+C+D)(A+B+\overline{C}+D)$

(6) $Y=\overline{A}\cdot\overline{C}+\overline{A}\cdot\overline{B}+\overline{A}\cdot\overline{C}\cdot\overline{D}+BC$

(7) $F=\overline{\overline{A+B}\cdot\overline{ABC}\cdot\overline{AC}}$

(8) $F=\overline{A}\cdot\overline{B}(C+\overline{C}\cdot\overline{D})+\overline{A}BC+A\overline{B}\cdot\overline{D}$

(9) $Z=\overline{AC+\overline{A}BC+\overline{B}C+AB\overline{C}}$

(10) $F=A\overline{C}+ABC+AC\overline{D}+CD$

(11) $F=AC(\overline{C}D+\overline{A}B)+BC(\overline{\overline{B}+AD}+CE)$

(12) $F=A\overline{B}D+\overline{A}\cdot\overline{B}\cdot\overline{C}D+\overline{B}CD+(\overline{A}\overline{B}+C)(B+D)$

14. 用卡诺图化简法将下列逻辑函数化简为最简与或式。

(1) $Y=\overline{A}\cdot\overline{C}+AB+BC$

(2) $F=\overline{A}\cdot\overline{B}+\overline{A}D+BD+A\overline{B}\cdot\overline{C}+C$

(3) $Z=(\overline{A}+\overline{B}+\overline{C}+D)(\overline{A}+\overline{B}+C+D)(A+\overline{B}+\overline{C}+D)(A+B+\overline{C}+\overline{D})$

(4) $F(A,B,C)=\sum(m_1,m_2,m_5,m_6,m_7)$

(5) $F(A,B,C,D)=\sum(m_0,m_2,m_5,m_6,m_8,m_{10},m_{12},m_{14},m_{15})$

(6) $F(A,B,C,D)=\sum(m_1,m_3,m_4,m_5,m_6,m_7,m_9,m_{12},m_{13},m_{14})$

(7) $F=A\overline{B}D+\overline{A}\cdot\overline{B}\cdot\overline{C}D+\overline{B}CD+(A\overline{B}+C)(B+D)$

(8) $Y=\overline{A}\cdot\overline{B}\cdot\overline{C}\cdot D+A\overline{C}\cdot D+\overline{B}\cdot C\cdot D+A\overline{C}\cdot\overline{D}$

(9) $Y=A\overline{B}+\overline{A}C+BC+\overline{C}D$

(10) $Y=\overline{A}\cdot\overline{B}+B\overline{C}+\overline{A}+\overline{B}+ABC$

(11) $Z=A\overline{B}C+\overline{A}\cdot\overline{B}+\overline{A}\cdot D+C+BD$

(12) $F=A\overline{C}D+ABC+\overline{A}C\overline{D}+\overline{C}\cdot\overline{D}+A\overline{B}C+ABD$

15. 用卡诺图化简具有约束条件的逻辑函数。

(1) $F(A,B,C,D)=\sum(m_2,m_4,m_6,m_9,m_{13},m_{14})+\sum(d_0,d_1,d_3,d_{11},d_{15})$

(2) $\begin{cases}Z=(A\oplus B)C\overline{D}+\overline{A}B\overline{C}+\overline{A}\cdot\overline{C}D\\ AB+CD=0\qquad\text{约束条件}\end{cases}$

(3) $F(A,B,C,D)=\sum(m_0,m_{13},m_{14},m_{15})+\sum(d_1,d_2,d_3,d_9,d_{10},d_{11})$

(4) $F(A,B,C,D)=\sum(m_3,m_6,m_8,m_9,m_{11},m_{12})+\sum(d_0,d_1,d_2,d_{13},d_{14},d_{15})$

(5) $\begin{cases}Y=\overline{A+C+D}+\overline{A}\cdot\overline{B}C\overline{D}+A\overline{B}\cdot\overline{C}D\\ A\overline{B}C\overline{D}+A\overline{B}CD+AB\overline{C}\cdot\overline{D}+AB\overline{C}D+ABC\overline{D}+ABCD=0\qquad\text{约束条件}\end{cases}$

(6) $F(A,B,C,D)=\sum(m_0,m_1,m_3,m_4,m_6,m_7,m_{15})+\sum(d_2,d_{10},d_{12},d_{13})$

(7) $\begin{cases} Y=\overline{A}\cdot\overline{B}C+\overline{A}B\overline{C}+A\overline{B}\cdot\overline{C}+ABC \\ \overline{A}BC+\overline{A}\cdot\overline{B}\cdot\overline{C}=0 \quad \text{约束条件} \end{cases}$

(8) $\begin{cases} Y=\overline{(A+B)(\overline{B}+C)}+(A\overline{B}+B)C\overline{D} \\ ACD+ABD+ABC+BCD=0 \quad \text{约束条件} \end{cases}$

16. 已知电路的输入 D、C、B、A 是一个十进制数 X 的余 3 码。当 X 为奇数时，输出 Z 为 1，否则 Z 为 0。请列出该问题的真值表，并写出输出逻辑函数表达式。

17. 写出下列各十进制数的 8421 BCD 码、余 3 码和格雷码。

(1) 29　　　　　(2) 62　　　　　(3) 68　　　　　(4) 17

18. 写出下列各数据的奇校验码和偶校验码（请指出校验位的位置）。

(1) 101110101　　　　　　　(2) 011011001

19. 写出下列各字符的 ASCII 码。

(1) S　　　　　(2) f　　　　　(3) \$　　　　(4) 回车　　　　(5) 空格

20. 用公式法化简下列函数为最简与或式。

(1) $F=\overline{A}BC+(A+\overline{B})C$

(2) $F=AC+B\overline{C}+\overline{A}B$

(3) $F=A\overline{B}CD+ABD+A\overline{C}D$

(4) $F=\overline{(AB+\overline{B}C)(AC+\overline{A}\cdot\overline{C})}$

(5) $F=A(B\oplus C)+A(B+C)+A\overline{B}\cdot\overline{C}+\overline{A}BC$

(6) $F=A\overline{B}C+B+\overline{A}+\overline{C}$

(7) $F=A\overline{B}(\overline{\overline{A}CD+\overline{AD}+\overline{B}\cdot\overline{C}})(B+\overline{A})$

(8) $Z=A+(\overline{B+\overline{C}})(A+B+C)(A+\overline{B}+C)$

(9) $F=AB\overline{C}E+B\overline{C}+\overline{B}(\overline{A}\cdot\overline{D}+AD)+B(A\overline{D}+\overline{A}D)$

(10) $F=AC+A\overline{C}D+A\overline{B}\cdot\overline{E}F+B(D\oplus E)+B\overline{C}D\overline{E}+B\overline{C}\cdot\overline{D}E+AB\overline{E}F$

(11) $F=A\overline{B}+\overline{A}C+\overline{C}\cdot\overline{D}+D$

(12) $Z=\overline{A}C\overline{D}+B\overline{C}D+\overline{A}(C\overline{D}+\overline{C}D)+\overline{B}+A\overline{C}D$

(13) $F=\overline{A\overline{B}\cdot\overline{C}D}+A\overline{C}DE+\overline{B}D\overline{E}+A\overline{C}\cdot\overline{D}E$

21. 用卡诺图化简法将下列逻辑函数化简为最简与或式。

(1) $Z=ABC+\overline{A}CD+ABD+A\overline{B}C+CD$

(2) $F=AB+AC+\overline{B}\cdot C$

(3) $F=A\overline{B}+\overline{A}C+\overline{C}\cdot\overline{D}+D$

(4) $F(A,B,C)=\sum(m_0,m_1,m_2,m_5,m_6,m_7)$

(5) $F(A,B,C)=\sum(m_1,m_4,m_5,m_7)$

(6) $F(A,B,C,D)=\sum(m_1,m_2,m_5,m_8,m_9,m_{10},m_{12},m_{14})$

(7) $F(A,B,C)=\sum(m_1,m_2,m_3,m_7)$

(8) $F(A,B,C,D)=\sum(m_0,m_1,m_2,m_3,m_4,m_6,m_8,m_9,m_{10},m_{11},m_{14})$

第2章　逻辑门电路

内容提要： 本章首先介绍数字信号和数字集成电路的一般概念；然后分别介绍二极管门电路、CMOS 门电路和 TTL 门电路的工作原理及外部特性；最后简单介绍 CMOS 门电路与 TTL 门电路的接口方法。

2.1　概　　述

1. 数字量与模拟量

自然界中有许多物理量的变化在时间上或幅值上是连续的，如温度、气压和声音等，其幅值在一定范围内可以取任意实数值，这样的物理量称为模拟量，如图 2.1(a)所示。

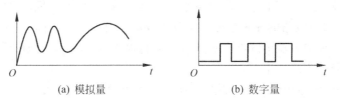

(a) 模拟量　　　　　　　　　　(b) 数字量

图 2.1　数字量与模拟量的示意图

表示模拟量的信号称为模拟信号（Analog Signal），工作在模拟信号下的电子电路称为模拟电路（Analog Circuit）。在模拟电路中，半导体三极管一般工作在放大状态。由于需要放大非常微小的信号，且要能够区分任何两个有微小差别的信号，模拟电路往往需要有很高的灵敏度和放大倍数，因而也容易受到噪声、温度变化和干扰的影响，精度难以提高。

另外，一些物理量的变化在时间上和数值上是不连续的、离散的，其数值大小和每次的变化都只有若干个有限的取值，这一类物理量称为数字量，如图 2.1(b)所示。数字量有一个最小的数量单位，小于这个最小数量单位的数值没有任何物理意义，数字量的每个取值都是这个最小数量单位的整数倍。

表示数字量的信号称为数字信号（Digital Signal），工作在数字信号下的电子电路称为数字电路（Digital Circuit）或逻辑电路（Logic Circuit）。数字电路中使用的逻辑元件可以是真空管、半导体二极管或半导体三极管等。数字电路的最基本单元电路是开关电路。在正常工作时，其中的逻辑元件处于开关状态。开关的闭合和断开可以表示逻辑 1 和逻辑 0。

2. 逻辑电平

在数字电路中，通常用两个截然不同的、很容易区分的电平信号来表示逻辑 1 和逻辑

0。获得高、低电平输出的基本原理如图 2.2 所示。若开关 S 闭合，输出 V_O 为低电平；若开关 S 断开，输出 V_O 为高电平。在数字电路中，这个开关并不是用手扳动的机械开关，而是用晶体管等开关元件组成的用电子信号控制的电子开关。电子开关在输入信号电平的控制下可处于导通或截止的状态。

如果用高电平表示逻辑 1，用低电平表示逻辑 0，则称这种表示方法为正逻辑。反之，如果用低电平表示逻辑 1，用高电平表示逻辑 0，则称这种表示方法为负逻辑。实际的数字系统有采用正逻辑的，也有采用负逻辑的。在本书中，如无特别说明，都采用正逻辑。

逻辑高电平与逻辑低电平都有一个允许的范围，如图 2.3 所示。

图 2.2　获得高、低电平的原理　　　　图 2.3　高电平与低电平的范围

在 $V_{H(max)}$ 与 $V_{H(min)}$ 之间的电平都属于高电平，在 $V_{L(max)}$ 与 $V_{L(min)}$ 之间的电平都属于低电平。但是，在 $V_{H(min)}$ 与 $V_{L(max)}$ 之间的电平既不是高电平，也不是低电平，系统不能正确识别和处理。如果数字电路的输入信号电平处在 $V_{H(min)}$ 与 $V_{L(max)}$ 之间，电路可能产生错误的输出，因此必须保证输入输出的高电平 $\geqslant V_{H(min)}$，低电平 $\leqslant V_{L(max)}$。此外，受半导体器件的耐压限制，输入信号也不应大于 $V_{H(max)}$。

数字电路一般都希望输入信号从高电平变到低电平或低电平变到高电平时的过渡时间尽可能短，理想情况下过渡时间等于 0，边沿很陡的矩形脉冲如图 2.4 所示。脉冲的上升沿（Rising Edge）和下降沿（Falling Edge）应尽可能的陡。

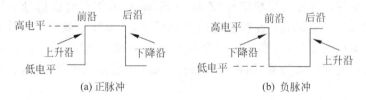

(a) 正脉冲　　　　　　　　　　(b) 负脉冲

图 2.4　理想的脉冲信号

由于数字电路需要区分的是两个差别明显的电平信号，不需要高灵敏度，因而有更强的抗干扰能力。

3. 集成电路

早期的数字电路是把一个个的真空管、晶体管、电阻和电容等电子元件连接在电路板上构成的，叫做分离元件电路（Discrete Circuit）。分离元件电路存在体积大、成本高、故障率高和功耗大等缺点。20 世纪 60 年代发明了半导体集成电路。集成电路（Integrated Circuit，IC）是在一个几毫米大小的硅晶片上制作出由多个晶体管、电阻等电子元件组成的电子电路。用数字集成电路构成数字系统，可以大幅度降低系统的体积、成本、功耗，提高系统的可靠性。

在一个集成电路芯片(Chip)中集成的晶体管数量越多,其集成度就越高。数字集成电路通常用单个芯片中集成的逻辑门的数量来表示集成度。小规模集成电路(Small-Scale Integrated Circuit,SSI)指的是在单个芯片中集成 12 个以下的门;中规模集成电路(Medium-Scale Integrated Circuit,MSI)指的是在单个芯片中集成 12~99 个门;大规模集成电路(Large-Scale Integrated Circuit,LSI)指的是在单个芯片中集成 100~9999 个门;超大规模集成电路(Very-Large-Scale Integrated Circuit,VLSI)指的是在单个芯片中集成 10 000~99 999 个门;特大规模集成电路(Ultra-Large Scale Integrated Circuit,ULSI)指的是在单个芯片中集成 10 万个以上的门。现代计算机的处理器和主存储器是 VLSI、ULSI。

按照半导体工艺的不同,集成电路可分为双极型集成电路和 MOS 型(单极型)集成电路。双极型(Bipolar)器件用双极型晶体管作为开关元件,工作时两种极性的载流子(电子和空穴)都参与导电过程。MOS 器件用 MOS 管(Metal-Oxide-Semiconductor Field-Effect Transistor,金属-氧化物-半导体场效应管)作为开关元件。MOS 器件工作时只有一种极性的载流子参与导电过程,具有输入阻抗高、噪声小和功耗低等优点。

双极型集成电路的制作工艺复杂,功耗较大,集成度难以提高。双极型集成电路有 TTL、ECL 和 I^2L 等类型。TTL(Transistor-Transistor Logic,晶体管-晶体管逻辑)主要用于制作中小规模集成电路。ECL(Emitter Coupled Logic,发射极耦合逻辑)是一种非饱和型的高速逻辑电路,传输延迟时间可短至 0.1ns 以内。但 ECL 电路有功耗大、噪声容限低等缺点,只能制造中小规模的集成电路。I^2L 属于饱和型电路,主要用于制作大规模集成电路。I^2L 电路结构简单,能够在低电压、微电流下工作,是目前双极型数字集成电路中功耗最低的。但 I^2L 电路存在抗干扰能力差、开关速度较慢等缺点。

MOS 型集成电路的制作工艺简单,功耗较低,易于制成大规模集成电路和降低芯片成本。MOS 型集成电路有 NMOS、PMOS 和 CMOS 等类型,目前应用最多的是 CMOS 型集成电路。

2.2　二极管门电路

2.2.1　二极管与门

最简单的与门可以用二极管和电阻构成。图 2.5 是一个 2 输入端的与门电路。图中 A、B 为输入变量,Z 为输出变量,二极管作为开关元件。

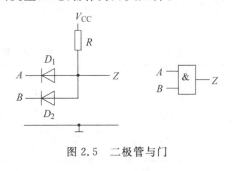

图 2.5　二极管与门

设 $V_{CC}=5V$,输入高电平 $V_{IH}=3V$,输入低电平 $V_{IL}=0V$,二极管的正向导通压降 $V_D=0.7V$。将输入端加不同电平时的输出情况列成表 2.1。

如果令 0.7V 以下为逻辑低电平(逻辑 0),3V 以上为逻辑高电平(逻辑 1),则可将表 2.1 变换成逻辑真值表,如表 2.2 所示。

表 2.1	图 2.5 电路的输入输出电平		表 2.2	图 2.5 电路的真值表	
A/V	B/V	Z/V	A	B	Z
0	0	0.7	0	0	0
0	3	0.7	0	1	0
3	0	0.7	1	0	0
3	3	3.7	1	1	1

可见,A、B 任何一个输入为低电平,就会有一个二极管导通,输出 Z 为低电平。只有 A、B 同时为高电平,输出 Z 才为高电平。所以,Z 和 A、B 之间是与逻辑关系。

虽然这种二极管与门的电路十分简单,但是存在以下缺点。首先,输出的高、低电平与输入的高、低电平在数值上不相等,相差一个二极管的导通压降。如果把这个二极管与门的输出作为下一级门的输入,将出现信号高、低电平的偏移。其次,当二极管与门的输出端对地接一个电阻时,电阻值的改变将影响到输出的高电平。

2.2.2 二极管或门

用二极管和电阻也可构成最简单的或门。图 2.6 是一个 2 输入端的或门电路。图中 A、B 为输入变量,Z 为输出变量,二极管作为开关元件。

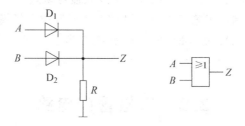

图 2.6 二极管或门

设 $V_{CC}=5V$,输入高电平 $V_{IH}=3V$,输入低电平 $V_{IL}=0V$,二极管的正向导通压降 $V_D=0.7V$。将输入端加不同电平时的输出情况列成表 2.3。

如果令 0.7V 以下为逻辑低电平,2.3V 以上为逻辑高电平,则可将表 2.3 变换成逻辑真值表,如表 2.4 所示。

表 2.3	图 2.6 电路的输入输出电平		表 2.4	图 2.6 电路的真值表	
A/V	B/V	Z/V	A	B	Z
0	0	0	0	0	0
0	3	2.3	0	1	1
3	0	2.3	1	0	1
3	3	2.3	1	1	1

可见,A、B 任何一个输入为高电平,就会有一个二极管导通,输出 Z 为高电平。只有 A、B 同时为低电平,输出 Z 才为低电平。所以,Z 和 A、B 之间是或逻辑关系。

二极管或门同样存在电平偏移的问题。所以,二极管与门和或门只作为集成电路内部的逻辑单元,不直接驱动负载。

由于二极管逻辑只能实现与、或逻辑运算,不能实现非运算,因此是不完全的逻辑。

2.3 CMOS 门电路

2.3.1 MOS 管开关电路

MOS 管的基本开关电路是一个反相放大电路,如图 2.7(a)所示。

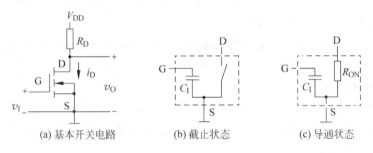

(a) 基本开关电路　　　　(b) 截止状态　　　　(c) 导通状态

图 2.7　MOS 管基本开关和等效电路

当输入 $v_I = V_{IL} < V_{GS(th)}$ 时,MOS 管工作在截止区。只要负载电阻 R_D 远小于 MOS 管的截止内阻 R_{OFF},输出 v_O 就是高电平 V_{OH},且 $V_{OH} \approx V_{DD}$。此时,MOS 管的 D-S 间就相当于一个断开的开关,可以等效成图 2.7(b)所示的等效电路。等效电路中的电容 C_I 代表 MOS 管的栅极电容,其数值约为几皮法。

当输入 $v_I > V_{GS(th)}$,并且 v_{DS} 较高时,MOS 管工作在恒流区。随着 v_I 的增大,i_D 也增加,由于 $v_O = V_{DD} - i_D R_D$,因此 v_O 随着 v_I 的增大而减少,电路工作在放大状态。若 v_{DS} 一定,i_D 的变化量 Δi_D 与 v_{GS} 的变化量 Δv_{GS} 之比是一个常数。

当 $v_I = V_{IH}$,MOS 管的导通内阻 R_{ON} 变得很小(通常小于 1kΩ),只要 R_D 远大于 R_{ON},则开关电路的输出 v_O 就是低电平 V_{OL},且 $V_{OL} \approx 0$。此时,MOS 管的 D-S 间就相当于一个闭合的开关,可以等效成图 2.7(c)所示的等效电路。

综上所述,只要电路的参数(V_{DD},R_D)选择的合理,就可以做到输入为低电平时 MOS 管截止,开关电路输出高电平;而输入为高电平时 MOS 管导通,开关电路输出低电平,相当于一个受 v_I 控制的开关。R_D 的取值范围应满足 $R_{OFF} \gg R_D \gg R_{ON}$,一般为数百千欧。

由于 MOS 管存在输入电容 C_I,因此在动态情况下,输出端 i_D 和 v_O 的变化将滞后于输入 v_I 的变化,如图 2.8 所示。

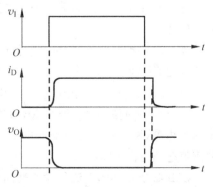

图 2.8　MOS 管开关电路的动态特性

逻辑门电路

2.3.2　CMOS 反相器

1. 电路结构

CMOS(Complementary Symmetry MOS,互补对称的 MOS 电路)反相器的基本电路结构是由两个极性相反(互补)的 MOS 管组成的有源负载反相器,如图 2.9 所示。其中,T_1 是 P 沟道增强型 MOS 管,T_2 是 N 沟道增强型 MOS 管。T_1 的作用相当于图 2.7(a)中的负载电阻 R_D,此电路叫做"有源负载"。

设 T_1 和 T_2 的开启电压分别为 $V_{GS(th)P}$ 和 $V_{GS(th)N}$,且 $V_{DD} > V_{GS(th)N} + |V_{GS(th)P}|$。

当输入 $v_I = V_{IL} = 0$ 时,由于 $v_{GS2} = 0$,T_2 截止;同时,$|v_{GS1}| = V_{DD} > |V_{GS(th)P}|$,$T_1$ 导通。由于 MOS 管的截止内阻 R_{OFF} 远大于导通内阻 R_{ON},电路输出为高电平 V_{OH},且 $V_{OH} \approx V_{DD}$。

当输入 $v_I = V_{IH} = V_{DD}$ 时,由于 $v_{GS2} = V_{DD} > V_{GS(th)N}$,$T_2$ 导通;同时,$v_{GS1} = 0 < |V_{GS(th)P}|$,$T_1$ 截止。电路输出为低电平 V_{OL},且 $V_{OL} \approx 0$。

可见,输出与输入之间是逻辑非的关系。无论输入 v_I 是低电平还是高电平,T_1 和 T_2 总是工作在一个导通而另一个截止的状态。因而,在静态下电流 $i_D \approx 0$。

2. 电压传输特性

如果在图 2.9 所示的 CMOS 反相器电路中 $V_{GS(th)N} = |V_{GS(th)P}|$,$T_1$ 和 T_2 具有同样大小的导通内阻 R_{ON} 和截止内阻 R_{OFF},则可得到输出电压随输入电压变化关系的电压传输特性曲线,如图 2.10 所示。

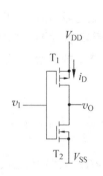

图 2.9　CMOS 反相器

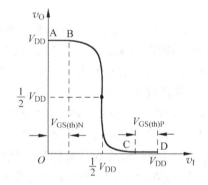

图 2.10　CMOS 反相器的电压传输特性

当 $v_I < V_{GS(th)N}$ 时,T_1 导通且 T_2 截止,输出为高电平 V_{OH},反相器工作在电压传输特性的 AB 段。

当 $v_I > V_{DD} - |V_{GS(th)P}|$ 时,T_2 导通且 T_1 截止,输出为低电平 V_{OL},反相器工作在电压传输特性的 CD 段。

当 $V_{GS(th)N} < v_I < V_{DD} - |V_{GS(th)P}|$ 时,T_1 和 T_2 同时导通,反相器工作在电压传输特性的 BC 段。对应不同的 v_I 值,两个 MOS 管导通的程度有所不同。当 $v_I = V_{DD}/2$ 时,两管的导通内阻相等,输出 $v_O = V_{DD}/2$,即工作于电压传输特性转折区的中点,因此 CMOS 反相器的阈值电压 $V_{TH} \approx V_{DD}/2$。

CMOS 反相器的电流传输特性同样分为三个区,如图 2.11 所示。

在电流传输特性的 AB 段有 T_2 截止,CD 段有 T_1 截止,由于 MOS 管的截止内阻达

$10^9 \Omega$ 以上，因此 CMOS 反相器在这两段的电流 $i_D \approx 0$。

在电流传输特性的 BC 段，T_1 和 T_2 同时导通，有电流 i_D，在 $v_I = V_{DD}/2$ 时电流最大。如果电路长时间工作在传输特性的 BC 段，不仅功耗很大，而且可能因电流过大而烧毁，因此输入信号应该用边沿很陡的矩形波。

在输出高、低电平变化的允许范围内，允许输入电平变化的范围称为输入噪声容限。输入为高电平时的噪声容限 $V_{NH} = V_{OH(min)} - V_{IH(min)}$；输入为低电平时的噪声容限 $V_{NL} = V_{IL(max)} - V_{OL(max)}$。CMOS 电路可以通过提高 V_{DD} 来提高噪声容限。

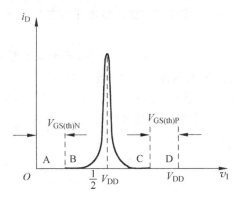

图 2.11　CMOS 反相器的电流传输特性

3. 输入保护电路

MOS 管的栅极-SiO_2 绝缘层-衬底的结构相当于一个电容器，很容易感应外界的静电并积聚电荷。栅极电容的容量很小（约几皮法），少量的电荷就能产生比较高的电压。而 SiO_2 层又非常薄，很容易被击穿，所以必须在 MOS 电路的输入端采取保护措施。图 2.12 为一种常见的输入保护电路。

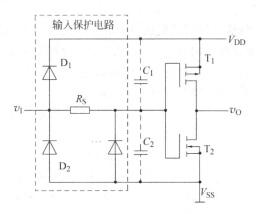

图 2.12　CMOS 反相器的输入保护电路

在图 2.12 中，C_1 和 C_2 分别表示 MOS 管的栅极等效电容；二极管 D_2 是分布式二极管（图中用省略号表示有多个），能通过比较大的电流。若二极管的导通电压为 V_{ON}，在正常的输入信号电压范围内（$0 \leqslant v_I \leqslant V_{DD}$）输入保护电路都不起作用。当输入 $v_I > V_{DD} + V_{ON}$ 时，二极管 D_1 导通，使加到 MOS 管栅极的电压钳位在 $V_{DD} + V_{ON}$；当输入 $v_I < -V_{ON}$ 时，二极管

逻辑门电路

D_2 导通,使加到 MOS 管栅极的电压钳位在 $-V_{ON}$,这样就保护了 CMOS 电路不因过高的正/负输入电压而损坏。

为了便于画图和分析,本书以后的部分不再画出 CMOS 电路的输入保护电路。

4. 静态输出特性

当 CMOS 反相器的输出端连接电阻性负载时就产生输出电流。当 CMOS 反相器输出低电平时,NMOS 管导通,输出电流是流入导通 MOS 管漏极的,称为灌电流负载。随着负载电流的增大,输出电压将略有升高,如图 2.13(a)所示。为避免输出电压超过 $V_{OL(max)}$,应限制电流不可过大。另一方面,MOS 管在输出低电平时的电流也不允许超过其极限值,以免造成元件的损坏。

当 CMOS 反相器输出高电平时,PMOS 管导通,输出电流是从导通 MOS 管的源极流出的,称为拉电流负载。随着负载电流的增大,输出电压将略有下降,如图 2.13(b)所示。为避免输出电压低于 $V_{OH(min)}$,应限制电流不可过大。另一方面,MOS 管在输出高电平时的电流也不允许超过其极限值,以免造成元件的损坏。

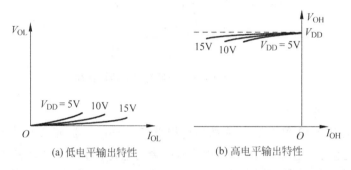

(a) 低电平输出特性　　　　(b) 高电平输出特性

图 2.13　CMOS 反相器的静态输出特性

门电路的输出端往往连接了若干个负载门的输入端。门电路的每个输入端都有输入电流,这些输入电流的总和构成前级门的负载电流。它决定了一个门的输出端最多可以连接多少个门的输入端。门电路的扇出(Fan-Out)系数 N_O 指的是一个门的输出端可以驱动同类门的输入端的最大数目。门电路的输入电流在高电平和低电平时是不同的,而且门电路在输出低电平时和输出高电平时的电流极限值也是不同的,所以需要分别计算出低电平扇出系数 N_{OL} 与高电平扇出系数 N_{OH},取其中较小的作为门的扇出系数 N_O。

5. 动态特性

(1) 传输延迟时间。

由于集成电路内部电阻、电容(MOS 管的栅极等效电容,分布电容)的存在以及负载电容(主要是 MOS 管的栅极等效电容)的影响,CMOS 反相器的输出电压的变化滞后于输入电压的变化,产生传输延迟。

CMOS 电路的传输延迟时间 t_{PHL} 和 t_{PLH} 是以输入、输出波形对应边上等于最大幅度 50% 的两点间的时间间隔来定义的,如图 2.14 所示。

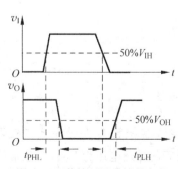

图 2.14　传输延迟时间的定义

由于 CMOS 电路的输出电阻比 TTL 电路的输出电阻大得多,因此负载电容对传输延迟时间的影响以及对输出电压波形的上升时间和下降时间的影响更为显著。4000 系列的 t_{PHL} 和 t_{PLH} 约为 100ns,74HC 系列约为 10ns,74AHC 系列为 5ns。

(2) 动态功耗。

CMOS 电路的静态功耗极其微小,但当 CMOS 电路从一种稳定工作状态突然向另一种稳定状态转变的过程中将产生附加的功耗,即动态功耗。产生动态功耗的原因:一是两个 MOS 管 T_1 和 T_2 同时导通所产生的瞬时导通功耗 P_T;二是对负载电容充电、放电所消耗的功耗 P_C。总的动态功耗 $P_D = P_T + P_C$。工作频率越高,动态功耗就越大,这是 CMOS 集成电路发热的主要来源。

2.3.3　CMOS 与非门和或非门

图 2.15 所示是 CMOS 或非门的基本电路结构,是由两个串联的 P 沟道增强型 MOS 管 T_1、T_3 和两个并联的 N 沟道增强型 MOS 管 T_2、T_4 组成的 2 输入或非门。

在图 2.15 所示的电路中,只要输入端 A、B 中有一个是高电平,T_2、T_4 中就有一个导通,并且 T_1、T_3 中有一个截止,输出 Z 是低电平。只有当 A、B 同时为低电平时,才能使 T_1 和 T_3 同时导通,T_2 和 T_4 同时截止,输出 Z 是高电平。因此,Z 和 A、B 之间是或非关系。按照图 2.15 的电路结构,用 K 个 NMOS 管并联、K 个 PMOS 管串联,就可实现 $K(K \leqslant 4)$ 个输入端的 CMOS 或非门。

图 2.16 所示为 CMOS 与非门的基本电路结构,是由两个并联的 P 沟道增强型 MOS 管 T_1、T_3 和两个串联的 N 沟道增强型 MOS 管 T_2、T_4 组成的 2 输入与非门。

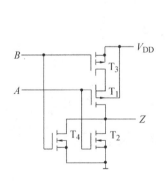

图 2.15　CMOS 或非门

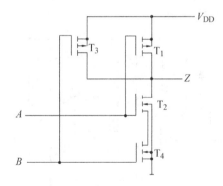

图 2.16　CMOS 与非门

在图 2.16 所示的电路中,只要输入端 A、B 中有一个是低电平,T_2、T_4 中就有一个截止,并且 T_1、T_3 中有一个导通,输出 Z 是高电平。只有当 A、B 同时为高电平时,才能使 T_1 和 T_3 同时截止,T_2 和 T_4 同时导通,输出 Z 是低电平。因此,Z 和 A、B 之间是与非关系。按照图 2.16 的电路结构,用 K 个 PMOS 管并联、K 个 NMOS 管串联,可实现 $K(K \leqslant 6)$ 个输入端的 CMOS 与非门。

虽然图 2.15 和图 2.16 的电路结构简单,但也存在诸如输出电阻和输出的高、低电平受输入端状态的影响等缺点。下面以图 2.16 所示的电路为例进行分析。

(1) 输出电阻。假设每个 MOS 管的导通内阻均为 R_{ON},截止内阻 $R_{OFF} \approx \infty$,则:

若 $A = B = 1$,输出电阻 $R_O = R_{ON2} + R_{ON4} = 2R_{ON}$;

若 $A=B=0, R_O = R_{ON1} // R_{ON3} = R_{ON}/2$;

若 $A=1$、$B=0, R_O = R_{ON3} = R_{ON}$;

若 $A=0$、$B=1, R_O = R_{ON1} = R_{ON}$。

（2）输出电平。输入端数目越多，串联的 NMOS 管也越多，导通内阻增加，使输出的低电平抬高。由于并联的 PMOS 管也随输入端增加，使输出的高电平也略有增高。

上述缺点不仅降低了 CMOS 门电路的性能，而且也限制了输入端数目的增加。为了克服这些缺点，可采用带缓冲级的结构，在门电路的每个输入端和输出端各增加一级反相器作为缓冲器。带缓冲级的 CMOS 或非门是在图 2.16 的 CMOS 与非门电路基础上增加缓冲器构成的，如图 2.17 所示。

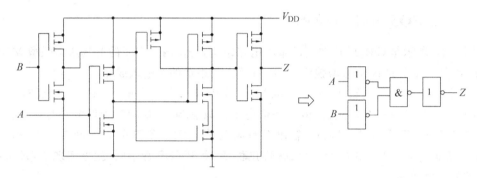

图 2.17 带缓冲级的 CMOS 或非门

带缓冲级的 CMOS 与非门是在图 2.15 的 CMOS 或非门电路基础上增加缓冲器构成的，如图 2.18 所示。

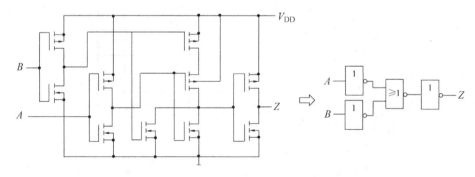

图 2.18 带缓冲级的 CMOS 与非门

带缓冲级的 CMOS 门电路的电压传输特性、输出电阻和输出的高、低电平都不受输入端状态的影响。

其他逻辑功能的门电路，如与门、或门、与或非门、异或门等都可以利用与非门、或非门和反相器构成。实际的 CMOS 集成电路产品，有些是带缓冲级的，有些是不带缓冲级的。

2.3.4 漏极开路的 CMOS 门

前面介绍的各种门电路的输出端是不允许并联使用的。设一个门输出的是高电平，而另一个门输出的是低电平，如果把这样的两个门电路的输出端直接并联，不仅不能得到正确的逻辑电平,而且还将有很大的电流同时流过这两个门的输出级,可能导致门电路的损坏。采用漏极开路的门电路(Open Drain Gate,OD 门)可解决这个问题。图 2.19 所示为漏极开路的 CMOS 与非门的电路结构,其中图 2.19(b)的虚线框内部分的电路与图 2.19(a)的电路是等价的。

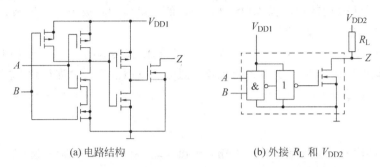

(a) 电路结构　　　　　　　　　(b) 外接 R_L 和 V_{DD2}

图 2.19　漏极开路的与非门电路结构

OD 门的输出级只有一个 NMOS 管,必须外接一个负载电阻和电源 V_{DD2} 才能形成逻辑高电平和低电平的输出,如图 2.19(b)所示。V_{DD2} 和 V_{DD1} 可以是同一个电源,也可以是两个单独的电源。若 V_{DD2} 和 V_{DD1} 的电压不同,可实现逻辑电平的转换。OD 门的输出级一般能承受比较大的电流和比较高的电压,带负载的能力比普通的 CMOS 门电路强得多。

在二进制逻辑元件的符号标准中用一个菱形表示漏极或集电极开路。常用的漏极(集电极)开路的门电路的符号如图 2.20 所示。

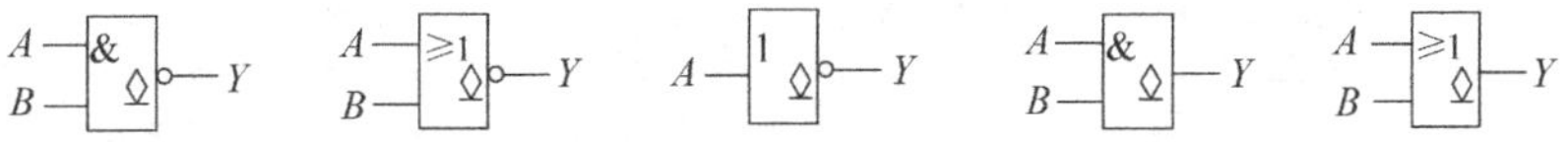

(a) 与非门　　　(b) 或非门　　　(c) 反相器　　　(d) 与门　　　(e) 或门

图 2.20　OD 门和 OC 门的符号

将两个或两个以上漏极开路的与非门的输出端直接并联可以实现"线与(Wired AND)"的逻辑关系,如图 2.21 所示。

由图 2.21 可知,当两个漏极开路的与非门的输出端直接并联时,若 G_1 的输出级和 G_2 的输出级都为截止状态,电阻 R_L 上几乎没有电流流过,Y 为高电平;若 G_1 的输出级和 G_2 的输出级都为导通状态,R_L 上有电流 $I_R \approx V_{DD2}/R_L$,Y 为低电平;若 G_1 的输出级为截止状态,G_2 的输出级为导通状态,R_L 上有电流 $I_R \approx V_{DD2}/R_L$,Y 为低电平;若 G_2 的输出级为截止状态,G_1 的输出级为导通状态,R_L 上有电流 $I_R \approx V_{DD2}/R_L$,Y 为低电平。因此,Y 与 Z_1、Z_2 之间是与逻辑关系,$Y = Z_1 \cdot Z_2$。

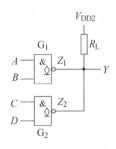

图 2.21　OD 门的线与逻辑

线与逻辑用一级门电路实现了二级门电路(与或非)的逻辑功能。图 2.21 的 Y 与输入 A、B、C、D 之间的逻辑关系是:

$$Y = Z_1 \cdot Z_2 = \overline{AB} \cdot \overline{CD} = \overline{AB + CD}$$

负载电阻的计算只需要考虑在两种极端情况下 R_L 的取值。图 2.22 中有 n 个 OD 门的输出端并联,负载为若干个门的总共 m 个输入端(每个输入端都有电流)。

当所有并联的 OD 门同时截止时,为保证输出的高电平不低于规定的 V_{OH} 最低值,R_L 不能太大。因此,计算 R_L 最大值的公式为:

$$R_{L(max)} = \frac{V_{DD2} - V_{OH}}{nI_{OH} + mI_{IH}}$$

式中,I_{OH} 为每个 OD 门的输出级 MOS 管截止时的漏电流,I_{OH} 极小可以忽略;I_{IH} 是负载门每个输入端的高电平输入电流。

当所有并联的 OD 门中只有一个是导通状态,输出应为低电平 V_{OL},全部电流都将流入该 OD 门的输出级 MOS 管。为保证电流不超过该 OD 门的最大允许负载电流 I_{LM},R_L 不能太小。因此,计算 R_L 最小值的公式为:

$$R_{L(min)} = \frac{V_{DD2} - V_{OL}}{I_{LM} - mI_{IL}}$$

式中,I_{IL} 为负载门每个输入端的低电平输入电流。I_{LM} 和 I_{IL} 可从手册中查到。

负载电阻 R_L 的取值在 $R_{L(max)}$ 与 $R_{L(min)}$ 之间。

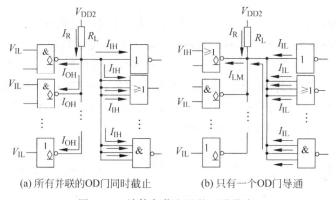

(a) 所有并联的OD门同时截止   (b) 只有一个OD门导通

图 2.22　计算负载电阻的两种状态

2.3.5　CMOS 传输门和模拟开关

利用 P 沟道 MOS 管和 N 沟道 MOS 管的互补性可以构成 CMOS 传输门(Transmission Gate,TG 门),如图 2.23 所示。

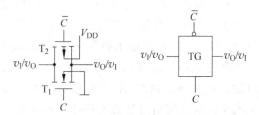

图 2.23　CMOS 传输门的电路结构和符号

图 2.23 中的 T_1 是 N 沟道增强型 MOS 管,T_2 是 P 沟道增强型 MOS 管。由于 MOS 管的内部是完全对称的结构,当衬底不与源极连接时,栅极和源极是没有区别的。所以,CMOS 传输门是信号输入端与输出端可以互换使用的双向器件。

若控制端 C 接低电平,$\bar{C}$ 接高电平,T_1 和 T_2 同时截止,输入与输出之间为高阻态,传输门截止。

若控制端 C 接高电平，$\bar{C}$ 接低电平，输入信号 v_I 在 $0\sim V_{\mathrm{DD}}$ 之间。当 $0<v_\mathrm{I}<V_{\mathrm{DD}}-V_{\mathrm{GS(th)N}}$ 时，T_1 导通。当 $|V_{\mathrm{GS(th)P}}|<v_\mathrm{I}<V_{\mathrm{DD}}$ 时，T_2 导通。当 v_I 在 $V_{\mathrm{DD}}/2$ 附近，T_1 和 T_2 同时导通。因此，v_I 在 $0\sim V_{\mathrm{DD}}$ 之间变化，传输门导通。CMOS 传输门的导通内阻 R_{ON} 小于 $1\mathrm{k}\Omega$，只要负载电阻 R_L 远大于 R_{ON}，信号电压在导通内阻上的压降可忽略，就有 $v_\mathrm{O}\approx v_\mathrm{I}$。

将一个 CMOS 传输门和一个 CMOS 反相器组合起来就成为一个模拟开关，如图 2.24 所示。

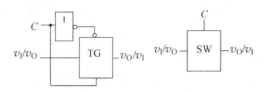

图 2.24　CMOS 模拟开关的电路结构和符号

CMOS 模拟开关也是双向器件。模拟开关既可以传输数字电压信号，也可以传输非负的模拟电压信号，在数字系统和模拟电路中都有广泛应用。

2.3.6　三态输出的 CMOS 门电路

三态输出门(Three-State Output Gate，TS 门)是在普通门电路的基础上附加控制电路构成的。三态门除了能够输出两种逻辑状态(低电平、高电平)外，其输出的第三种状态称为高阻态(High-Impedance)。高阻态并不是一种逻辑状态，而是一种近乎绝缘的状态。当三态门输出为高阻态时，就好像被与电路的其他部分隔绝了。三态门的逻辑符号如图 2.25 所示。有些三态门的控制端是低电平有效，有些是高电平有效。当三态门的控制端加有效电平时，其功能与普通的门电路相同。当三态门的控制端加无效电平时，其输出为高阻态。

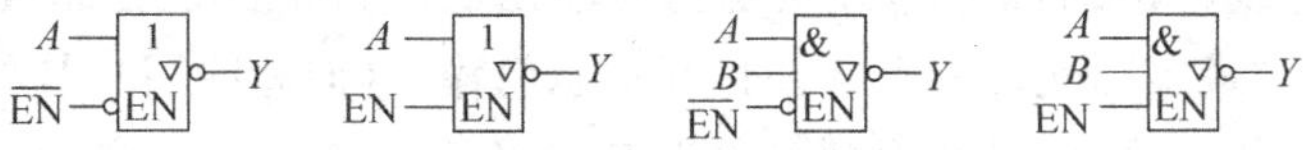

图 2.25　三态门的逻辑符号

图 2.26 所示为构成 CMOS 三态门的一种电路结构，是在 CMOS 反相器上增加一对 P 沟道和 N 沟道 MOS 管组成的。

当控制端 $\overline{\mathrm{EN}}=1$ 时，附加管 T_1' 和 T_2' 同时截止，输出为高阻态。当控制端 $\overline{\mathrm{EN}}=0$ 时，附加管 T_1' 和 T_2' 同时导通，与普通的反相器一样，$Y=\bar{A}$。

图 2.27 所示为构成 CMOS 三态门的另一种电路结构。

当控制端 $\mathrm{EN}=0$ 时，T_1 和附加管 T_2' 截止，输出为高阻态。当控制端 $\mathrm{EN}=1$ 时，附加管 T_2' 导通，是一个同相输出的缓冲器电路，$Y=A$。

利用 CMOS 传输门也可构成三态门，如图 2.28 所示。

当控制端 $\overline{\mathrm{EN}}=1$ 时，传输门截止，输出为高阻态。当控制端 $\overline{\mathrm{EN}}=0$ 时，传输门导通，与普通的反相器一样，$Y=\bar{A}$。

三态门主要用于与计算机系统的总线连接，以实现用一根导线分时传送多路不同数据信号，如图 2.29 所示。

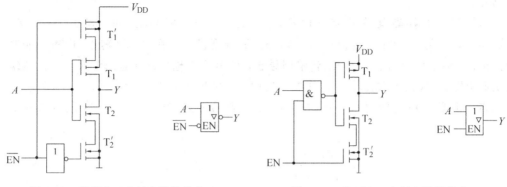

图 2.26 CMOS 三态门电路结构之一　　　　图 2.27 CMOS 三态门电路结构之二

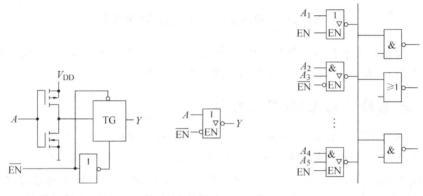

图 2.28 CMOS 三态门电路结构之三　　　图 2.29 三态门和总线

　　计算机的总线(Bus)是由多个部件共享的传送信息的一簇公共的信号线及相关逻辑。系统中所有能向总线输出的部件都必须是三态输出的。为了保证在总线上正确地传输信息,规定在任何时刻最多只允许一个部件打开三态门输出(向总线写),其他部件则必须保持高阻态,但对输入(从总线读)没有限制。由于有很多部件与总线连接,负载往往比较重,因此经常需要使用三态输出的总线缓冲器(同相或反相)。

2.3.7　CMOS 数字集成电路系列

　　最早的 CMOS 数字集成电路是 1968 年问世的 4000 系列。虽然 4000 系列有速度低(平均传输延迟时间约为 100ns)、与 TTL 电平不兼容等缺点,但由于其具有的功耗低、电源电压范围宽(3~15V)、电路设计简单等优点,至今仍然在一些低速的领域应用。与 4000 系列性能相近的是 74C 系列,其电源电压范围是 4~15V。

　　目前应用较多的是 54/74HC 系列和 54/74HCT 系列的高速 CMOS 数字集成电路。54/74HC 系列和 54/74HCT 系列与编号相同的 54/74 系列 TTL 数字集成电路引脚相同。

　　54/74HC 系列的电源电压范围是 2~6V,平均传输延迟时间约为 10ns,与 54/74LS 系列相当,输入输出电平都是 CMOS 电平。即使使用 5V 电源电压,54/74HC 系列的逻辑电平也与 TTL 电平不兼容。表 2.5 为 74HC 系列集成电路的部分参数。

表 2.5　74HC 系列集成电路的部分参数

参　　　　数	取　　　值
高电平输入电压 $V_{IH(min)}$	$>0.7V_{DD}$
低电平输入电压 $V_{IL(max)}$	$<0.3V_{DD}$
高电平输入电流 $I_{IH(max)}$	$<0.1\mu A$
低电平输入电流 $I_{IL(max)}$	$<0.1\mu A$
高电平输出电压 $V_{OH(min)}$	$0.9V_{DD}$
低电平输出电压 $V_{OL(max)}$	$0.1V$
高电平输出电流最大值 $I_{OH(max)}$	$-4mA$
低电平输出电流最大值 $I_{OL(max)}$	$4mA$

74HCT 系列工作在 5V 电源电压下,其输入电平是 TTL 电平,输出电平是 CMOS 电平,可与 TTL 电平兼容,可直接与编号相同的 74LS 系列 TTL 数字集成电路互换。

比 74HC 系列速度更高的是 74AHC 系列和 74VHC 系列超高速 CMOS 数字集成电路。

集成电路技术的进步使集成电路中的线越来越细,目前已经达到约 $0.02\mu m$,晶体管的尺寸越来越小,MOS 管栅极的绝缘层越来越薄,已经不能承受 5V 的电压。另一方面,单片集成电路中晶体管的数量已经达到 10^8 数量级,工作频率达到 GHz 以上,动态功耗很大。要想降低功耗,也需要降低电源电压。因此,发展出了低电压的 CMOS 集成电路系列。

低电压的 CMOS 逻辑电路的标准电源电压有 $3.3\pm0.3V$、$2.5\pm0.2V$ 和 $1.8\pm0.15V$。低电压 CMOS 电路的逻辑电平如图 2.30 所示。

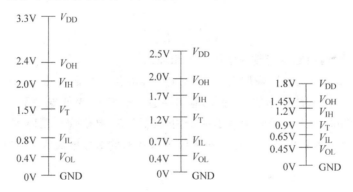

图 2.30　低电压 CMOS 电路的逻辑电平

74LVC 系列和 74ALVC 系列低电压的 CMOS 集成电路不仅能在 $1.65\sim3.3V$ 的低电压下工作,可以接收 5V 的高电平信号,而且比 74HC 系列的速度更高,带负载能力更强。

CMOS 电路的输入电阻高,栅极的电容结构对静电敏感,虽然在集成电路的输入端有保护电路,但仍然容易被静电击穿而损坏。因此,最好不要用手接触器件的引脚,平时保存在防静电的包装中。组装、测试时,工作台表面、电烙铁、工具、仪表应良好接地。

如果 CMOS 集成电路的输入端有空余的,一律不允许悬空。与门和与非门的多余输入端应接高电平或并联,或门和或非门的多余输入端应接地或并联。

此外,还有一类称为 Bi-CMOS 的逻辑电路。Bi-CMOS 的逻辑部分采用 CMOS 结构,而输出级采用双极型三极管。因此,它兼有 CMOS 电路的低功耗和双极型电路的低输出内阻的优点。Bi-CMOS 的传输延迟时间可小于 1ns。例如,74BCT 系列和 74ABT 系列主要用于总线缓冲和接口电路。

2.4 TTL 门电路

2.4.1 三极管开关电路

双极型三极管的基本开关电路是一个反相放大电路,如图 2.31(a)所示。

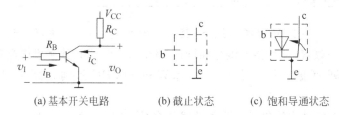

(a) 基本开关电路   (b) 截止状态   (c) 饱和导通状态

图 2.31 双极型三极管基本开关电路和等效电路

当输入电压 $v_I = 0V$ 时,$V_{BE} = 0V$,$i_B = 0$,三极管截止,$i_C \approx 0$,电阻 R_C 上几乎没有压降。因此,输出为高电平 V_{OH},且 $V_{OH} \approx V_{CC}$。此时,三极管的集电极-发射极间就相当于一个断开的开关(忽略 I_{CEO}),可以等效成图 2.31(b)所示的等效电路。

当 $v_I > V_{ON}$ 以后,就有 i_B 产生,三极管开始进入放大区,基极电流 $i_B = (v_I - V_{ON})/R_B$,可求出输出:

$$v_O = v_{CE} = V_{CC} - i_C R_C = V_{CC} - \beta i_B R_C$$

v_I 升高,则 v_O 降低,输出电压与输入电压是反相关系。

当 v_I 继续升高,R_C 上的压降增大。当 R_C 上的压降接近电源电压 V_{CC} 时,三极管上的压降接近于 0,i_C 不再随 i_B 线性增加,三极管饱和导通。输出 v_O 为低电平 V_{OL},且 $V_{OL} \approx 0$。此时,三极管的集电极-发射极间就相当于一个闭合的开关(忽略饱和压降 $V_{CE(set)}$),可以等效成图 2.31(c)所示的等效电路。三极管进入临界饱和时的基极电流为:

$$I_{BS} = \frac{V_{CC} - V_{CE(set)}}{\beta R_C}$$

式中,$V_{CE(set)}$ 取临界饱和时($V_{CE} = V_{BE}$)的值,硅三极管为 0.6~0.7V。

综上所述,只要电路的参数(V_{CC}, R_B, R_C)选择的合理,就可以做到输入为低电平时三极管截止($i_B = 0$),开关电路输出高电平;而输入为高电平时三极管饱和导通($i_B > I_{BS}$),开关电路输出低电平,相当于一个受 v_I 控制的开关。图 2.31(a)所示的电路就是一个简单的非门(反相器)。

由于三极管的发射结和集电结存在电容效应,因此在动态情况下,输出端 i_C 和 v_O 的变化将滞后于输入 v_I 的变化。

2.4.2 TTL 与非门的工作原理

TTL(Transistor-Transistor Logic)逻辑电路属于双极型逻辑电路。TTL 集成电路的

典型产品是 54/74 系列的 TTL 逻辑电路。

74 系列 TTL 与非门的基本电路如图 2.32 所示。

TTL 与非门电路可分为三部分：输入级、中间级和输出级。输入级由多发射极三极管 T_1 和电阻 R_1 组成。T_1 的各个发射极之间是与逻辑关系，和图 2.5 的二极管与门的功能相同。二极管 D_1 和 D_2 起输入端保护作用，当输入信号电压低于 $-0.7V$ 时导通。中间级又叫做倒相级，由三极管 T_2 和电阻 R_2、R_3 组成。倒相级的作用是从 T_2 的发射极 e 和集电极 c 同时输出两个相位相反的信号，分别驱动 T_4 和 T_5。输出级的 T_4 和 T_5 组成推拉式 (Push-Pull) 电路，或称图腾柱 (Totem-Pole) 输出电路。推拉式电路有利于减少输出电阻，提高 TTL 与非门的带负载能力。

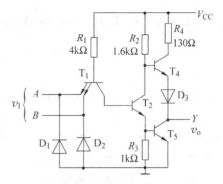

图 2.32 TTL 与非门电路

设 $V_{CC} = 5V$，输入高电平 $V_{IH} = 3.6V$，输入低电平 $V_{IL} = 0.3V$。

当图 2.32 所示电路的输入端 A、B 中至少有一个为低电平时，多发射极三极管 T_1 的相应发射结导通，使 T_1 的基极电位钳位在 1V。T_1 的集电极电流就是 T_2 的基极电流。如果 T_1 导通，其集电极电流的方向是流入集电极，但基极电流的方向又只能是流入基极。因此，这个电流为 0，即 T_2 处于截止状态。此时，T_2 的发射极电位 v_{E2} 近似为 0，集电极电位 v_{C2} 近似为 V_{CC}，从而使 T_4 导通，T_5 截止，电路输出为高电平。因此，当 $A=0$ 或 $B=0$ 或 $A=B=0$ 时，$Y=1$。

当图 2.32 所示电路的输入端 A、B 都接高电平时，如果 T_1 的发射结导通，T_1 的基极电位就应该为 4.1V。但实际上只要 T_1 的基极电位达到 2.1V 就会使 T_1 的集电结、T_2 的发射结和 T_5 的发射结导通，将 T_1 的基极电位钳位在 2.1V。所以，此时 T_1 处于倒置工作状态，有较大的电流通过电阻 R_1 流入 T_1、T_2 和 T_5 的基极，使 T_2 和 T_5 饱和导通。T_2 的饱和压降 v_{CE2} 约为 0.3V，T_2 的集电极电位 $v_{C2} = v_{CE2} + v_{BE5} = 0.3V + 0.7V = 1V$，故 T_4 截止，电路输出为低电平 V_{OL}。因此，当 $A=B=1$ 时，$Y=0$。

综上所述，图 2.32 所示电路的输入 A、B 与输出 Y 之间为与非关系。

2.4.3 TTL 与非门的电压传输特性

TTL 与非门的电压传输特性如图 2.33 所示。

特性曲线的 AB 段为截止区，$v_I < 0.6V$，T_2 和 T_5 截止，T_4 导通，输出 v_O 为高电平，$V_{OH} = V_{CC} - v_{R2} - v_{BE4} - v_{D3} \approx 3.6V$。

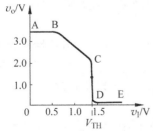

图 2.33 TTL 与非门电路的电压传输特性

特性曲线的 BC 段为线性区，对应 $0.7V \leqslant v_I < 1.3V$，$T_2$ 导通且工作在放大状态，随着 v_I 的升高，v_{C2} 和 v_O 线性地下降。

特性曲线的 CD 段为转折区，v_I 在 1.4V 左右，v_{B1} 约为 2.1V，T_2 和 T_5 导通，T_4 截止，输出电压急剧地下降为低电平，$V_{OL} \approx 0.3V$。转折区中点对应的输入电压称为阈值电压或门槛电压，用 V_{TH} 表示。

特性曲线的 DE 段为饱和区，$v_I > 1.4V$，T_4 截止，T_2 和 T_5 饱和导通，v_O 为低电平。

74 系列 TTL 门电路的典型值 $V_{OH(min)} = 2.7V, V_{OL(max)} = 0.5V, V_{IH(min)} = 2.0V, V_{IL(max)} = 0.8V$。因此,输入为高电平时的噪声容限 $V_{NH} = V_{OH(min)} - V_{IH(min)} = 2.7V - 2.0V = 0.7V$。输入为低电平时的噪声容限 $V_{NL} = V_{IL(max)} - V_{OL(max)} = 0.8V - 0.5V = 0.3V$。

2.4.4　TTL 与非门的静态输入特性和输出特性

规定输入电流的正方向是流入输入端的,输出电流的正方向是流入输出端的。

1. 输入特性

TTL 与非门的输入特性曲线如图 2.34 所示。

当 $v_I = V_{IL}$ 时,输入电流 I_{IL} 是流出输入端的,其值约为 $-1mA$。称 $v_I = 0$ 时的输入电流为输入短路电流 I_{IS}。由于 TTL 与非门的输入端是多发射极三极管结构,因此低电平输入电流 I_{IL} 与接低电平的输入端数目无关。

当 $v_I = V_{IH}$ 时,输入电流 I_{IH} 是流入输入端的,每个输入端的 I_{IH} 在 $40\mu A$ 以下。

如果 TTL 门电路的输入端通过电阻 R_P 接地,则输入电流在电阻 R_P 上产生电压降 v_R,v_R 随电阻值的增大而增加,但当 v_R 增大到约 $1.4V$ 时就不再增加了。此时相当于 TTL 门电路的输入端接高电平,这个特性称为 TTL 门电路的输入端负载特性,如图 2.35 所示。

TTL 门电路的输入端负载特性决定了输入端连接的电阻的大小不能超过允许值,否则将导致逻辑错误。

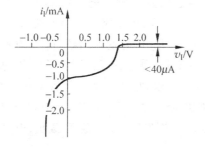
　　图 2.34　TTL 与非门的输入特性

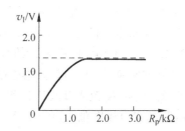
　　图 2.35　TTL 门电路的输入端负载特性

2. 输出特性

当 TTL 与非门输出为高电平时的负载电流是流出的,即拉电流负载,输出特性曲线如图 2.36 所示。

由图 2.36 可知,在 $|i_L| < 5mA$ 的范围内 V_{OH} 变化很小;当 $|i_L| > 5mA$ 以后,随着 i_L 绝对值的增加 V_{OH} 下降较快。实际上,74 系列 TTL 门电路输出为高电平时的最大负载电流不能超过 $0.4mA$。

当 TTL 与非门输出为低电平时的负载电流是流入的,即灌电流负载,输出特性曲线如图 2.37 所示。

从图 2.37 可见,负载电流 i_L 增加时输出的低电平略有升高。74 系列 TTL 门电路输出为低电平的最大负载电流可达 $8 \sim 16mA$。

TTL 门电路承受灌电流负载的能力大于承受拉电流负载的能力。

如果 TTL 集成电路的输入端有空余,则与门和与非门的多余输入端可接高电平、并联或悬空,或门和或非门的多余输入端可接地、并联或悬空。但悬空容易引入干扰信号,所以一般不建议输入端悬空。输入端并联可能使输入电流增大,但将提高可靠性。

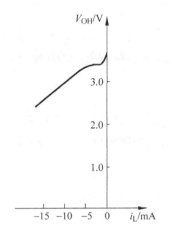

图 2.36 TTL 与非门的高电平输出特性

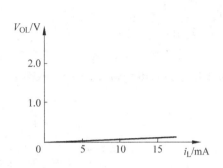

图 2.37 TTL 与非门的低电平输出特性

2.4.5 TTL 与非门的动态特性

1. 传输延迟时间

由于二极管和三极管从导通变为截止或从截止变为导通都需要一定的时间,而且在电路中还存在寄生电容,因此把理想的矩形电压信号加到 TTL 门电路的输入端时,不仅输出电压的波形要比输入信号滞后,而且输出波形的上升沿和下降沿也将变坏,如图 2.38 所示。

74 系列 TTL 门电路的 t_{PLH} 略大于 t_{PHL}。

2. 动态尖峰电流

TTL 与非门在静态时的电源电流比较小(10mA 左右),但在动态情况下,特别是从输出低电平突然变成高电平的过渡过程中会出现瞬间的尖峰电流,如图 2.39 所示。

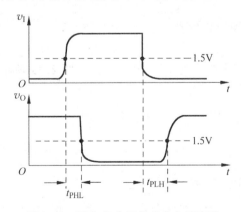

图 2.38 TTL 与非门的动态电压波形

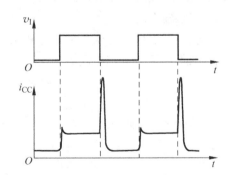

图 2.39 动态尖峰电流

出现尖峰电流的原因是在状态转换过程中 T_4 和 T_5 瞬间同时导通。电源尖峰电流不仅使电源的平均电流和功耗增大,而且由于电源内阻的存在还可造成电源电压的波动,是系统内部的噪声来源之一。

2.4.6 其他类型的 TTL 门电路

除与非门外,74 系列 TTL 门电路还有反相器、与门、或门、与或非门、异或门等集成电路产品。74 系列 TTL 门电路的电压传输特性、输入输出特性等与 TTL 与非门的基本相同。

1. 集电极开路门

集电极开路(Open Collector,OC 门)是与 OD 门功能类似的 TTL 门电路。OC 门的输出级不用推拉式电路,只用一个三极管。图 2.40(a)所示为集电极开路的与非门电路。

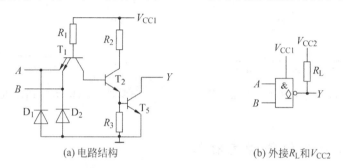

(a) 电路结构   (b) 外接 R_L 和 V_{CC2}

图 2.40　集电极开路的与非门电路

OC 门的输出级只有一个集电极开路的三极管,必须外接一个负载电阻 R_L 和电源 V_{CC2} 才能形成逻辑高电平和低电平的输出,如图 2.40(b)所示。V_{CC2} 和 V_{CC1} 可以是同一个电源,也可以是两个单独的电源。若 V_{CC2} 和 V_{CC1} 的电压不同,可实现逻辑电平的转换。OC 门的输出级一般能承受比较大的电流和比较高的电压,带负载的能力比普通的 TTL 门电路强得多。

和 OD 门一样,将两个或两个以上集电极开路的与非门的输出端直接并联可以实现"线与(Wired AND)"的逻辑关系。

OC 门的负载电阻 R_L 的计算请参考 2.3.3 节有关内容。

2. 三态输出门

三态输出的 TTL 逻辑门的概念和用途与三态输出的 CMOS 门类似。图 2.41 所示为三态输出的 TTL 与非门电路。

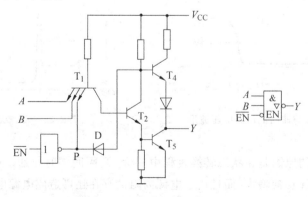

图 2.41　三态输出的 TTL 与非门电路

图 2.41 所示电路中,当控制端$\overline{EN}$为低电平时,P点为高电平,二极管 D 截止,电路与普通的 TTL 与非门一样;当控制端$\overline{EN}$为高电平时,P点为低电平,T_2和T_5截止,同时二极管 D 导通,使 T_4的基极电位小于1V,T_4也截止,由于 T_4 和 T_5同时截止,输出端为高阻态。

TTL 三态门和 CMOS 三态门同样可用于与计算机系统的总线连接。

2.4.7 TTL 集成电路的改进系列

为了改善 74 系列的 TTL 集成电路的性能(提高速度、降低功耗等),又研究出 74H 高速系列、74S 肖特基系列、74LS 低功耗肖特基系列、74ALS 先进低功耗肖特基系列等改进系列,以及与各 74 系列分别对应的 54 系列逻辑电路。

1. 74S 系列

74 系列的 TTL 电路,导通的三极管处于深度饱和状态。当饱和导通的三极管向截止状态转换时,需要一段时间脱离饱和状态,从而增加了传输延迟时间。为了减少传输延迟时间,74S 系列采用抗饱和三极管(肖特基三极管)。抗饱和三极管是由普通的双极型三极管和肖特基势垒二极管(Schottky Barrier Diode,SBD)组合而成的,如图 2.42 所示。

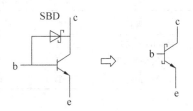

图 2.42 抗饱和三极管

SBD 的开启电压为 $0.3\sim0.4V$。当三极管开始进入饱和状态,$V_{CE} < V_{BE}$时,SBD 首先导通,使基极电流被分流,并将三极管的集电极-基极之间的电压钳在 $0.3\sim0.4V$,使三极管不会进入深度饱和状态。74S 系列与非门电路结构如图 2.43 所示。

除了抗饱和三极管外,74S 系列电路还采用了有源泄放电路。由 T_6、R_3 和 R_6组成的有源泄放电路不仅能够缩短门电路的传输延迟时间,还改善了门电路的电压传输特性。74S 系列电路的电压传输特性没有线性区,更接近于理想的开关特性,如图 2.44 所示。

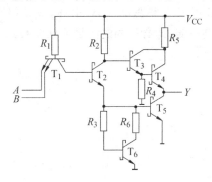

图 2.43 74S 系列与非门电路结构

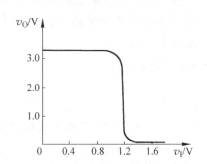

图 2.44 74S 系列门电路的电压传输特性

74S 系列门电路的阈值电压比 74 系列的低一些,输出的低电平略高。此外,由于减小了电路中各电阻的值,74S 系列门电路的功耗比 74 系列的大。

2. 74LS 系列

74LS 系列门电路大幅度增加了电路中各个电阻的阻值以降低功耗,同时也用抗饱和三极管和有源泄放电路等方法来缩短传输延迟时间。74LS 系列的传输延迟时间与 74 系列相当,但延迟-功耗积(Delay-Power Product)仅是 74 系列的 1/5,74S 系列的 1/3,在各个 TTL

系列中是最小的。

74LS 系列门电路的电压传输特性也没有线性区，而且阈值电压比 74S 系列的低，约为 1V。

3. 54、54H、54S、54LS 系列

54 系列的 TTL 电路和 74 系列的 TTL 电路具有完全相同的电路结构和电气性能，编号相同的器件具有完全相同的外形尺寸、引脚排列和逻辑功能。所不同的是 54 系列比 74 系列的工作温度更宽，工作电源电压的允许范围更大。74 系列的工作环境温度规定为 0～70℃，工作电源电压范围为 5V±5%；而 54 系列的工作环境温度为 −55～+125℃，工作电源电压范围为 5V±10%。54H 与 74H、54S 与 74S、54LS 与 74LS 系列的区别也是如此。表 2.6 所列为不同系列的 TTL 门电路的传输延迟时间 t_{PD}、功耗 P 和延迟-功耗积 dp。

表 2.6　不同系列 TTL 门电路的性能比较

项目	74/54	74H/54H	74S/54S	74LS/54LS	74AS/54AS	74ALS/54ALS
t_{PD}/ns	10	6	4	10	1.5	4
P/每门/mW	10	22.5	20	2	20	1
dp 积/ns-mW	100	135	80	20	30	4

2.5　TTL 电路与 CMOS 电路的接口

不同的数字系统可能采用不同的逻辑器件。CMOS 电路有功耗低的优点，TTL 电路有速度高、输出电流大的优点。目前，微型计算机的主机多采用 CMOS 逻辑电路，外部设备有采用 CMOS 电路的，也有采用 TTL 电路的。因此就可能会遇到两种器件互相对接的问题，尤其是在设计接口电路的时候更是如此。

无论是用 TTL 电路驱动 CMOS 电路还是用 CMOS 电路驱动 TTL 电路，驱动门必须能为负载门提供合乎标准的高、低电平和足够的驱动电流，即必须同时满足下列关系：

$$\begin{cases} V_{OH(min)} \geq V_{IH(min)} \\ V_{OL(max)} \leq V_{IL(max)} \\ I_{OH(max)} \geq n I_{IH(max)} \\ I_{OL(max)} \geq m I_{IL(max)} \end{cases}$$

其中，n 和 m 分别为负载电流中 I_{IH}、I_{IL} 的个数。

表 2.7 所列为不同系列的 CMOS 门电路和 TTL 门电路在电源电压 V_{DD} 和 V_{CC} 同为 5V 时的输出电压、输出电流、输入电压、输入电流的参数。

表 2.7　CMOS 和 TTL 门电路的输入、输出特性参数

类别	$V_{OH(min)}$ /V	$V_{OL(max)}$ /V	$I_{OH(max)}$ /mA	$I_{OL(max)}$ /mA	$V_{IH(min)}$ /V	$V_{IL(max)}$ /V	$I_{IH(max)}$ /μA	$I_{IL(max)}$ /mA
TTL 74 系列	2.4	0.4	−0.4	16	2	0.8	40	−1.6
TTL 74LS 系列	2.7	0.5	−0.4	8	2	0.8	20	−0.4

类别	$V_{\text{OH(min)}}$ /V	$V_{\text{OL(max)}}$ /V	$I_{\text{OH(max)}}$ /mA	$I_{\text{OL(max)}}$ /mA	$V_{\text{IH(min)}}$ /V	$V_{\text{IL(max)}}$ /V	$I_{\text{IH(max)}}$ /μA	$I_{\text{IL(max)}}$ /mA
CMOS 4000 系列	4.6	0.05	−0.51	0.51	3.5	1.5	0.1	-0.1×10^{-3}
高速 CMOS 74HC 系列	4.4	0.1	−4	4	3.5	1.0	0.1	-0.1×10^{-3}
高速 CMOS 74HCT 系列	4.4	0.1	−4	4	2	0.8	0.1	-0.1×10^{-3}

1. 用 TTL 电路驱动 CMOS 电路

因为 TTL 电路能够直接驱动 74HCT 系列高速 CMOS 电路,所以下面只讨论如何用 TTL 电路驱动 4000 系列和 74HC 系列 CMOS 电路。

TTL 电路的输出低电平大于 CMOS 电路的输入低电平。TTL 电路的输出电流比较大,完全有能力驱动若干个 CMOS 门电路。问题是 TTL 电路的输出高电平不能满足 CMOS 电路对输入高电平的要求。

如果 CMOS 门电路和 TTL 门电路的电源电压都是 5V,可以在 TTL 门电路的输出端与电源 V_{DD} 之间接一个上拉电阻 R_{U},如图 2.45(a) 所示。

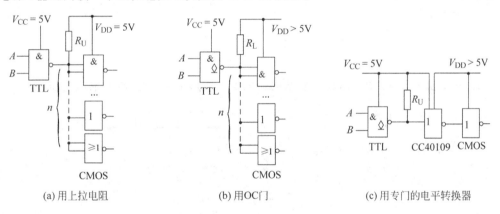

(a) 用上拉电阻　　　　(b) 用 OC 门　　　　(c) 用专门的电平转换器

图 2.45　用 TTL 电路驱动 CMOS 电路

如果 CMOS 电路的工作电源电压比 TTL 电路的电源电压高,超过了 TTL 电路能承受的电压,不能用加上拉电阻的方法,可采用 OC 门或专门的电平转换器的方法。OC 门的带负载能力强,可以驱动多个负载门,如图 2.45(b) 所示。电平转换器 CC40109 是一种带电平偏移的 CMOS 门电路,如图 2.45(c) 所示。CC40109 有两个电源输入端 V_{DD} 和 V_{CC},其输入为 TTL 电平,输出为 CMOS 电平。

2. 用 CMOS 电路驱动 TTL 电路

CMOS 电路输出的高、低电平都可满足 TTL 电路对输入电平的要求,但 74 系列的 TTL 电路的低电平输入电流远大于 4000 系列 CMOS 电路的输出电流。因此,用 4000 系列 CMOS 电路驱动 74 系列的 TTL 电路时最好用 OD 门。如果负载比较轻,也可用专门的 CMOS 驱动器,如 CC4010。当 $V_{\text{DD}} = 5$V 时,CC4010 可驱动两个 74 系列的 TTL 门电路。

4000 系列 CMOS 电路能够直接驱动一个 74LS 系列的 TTL 门电路。

74HC 和 74HCT 系列高速 CMOS 电路的输出电流比较大,能够直接驱动若干个 74 和 74LS 系列的 TTL 门电路。

本 章 小 结

数字电路可分为双极型和 MOS 型(单极型)两大类。双极型集成电路的制作工艺复杂,功耗较大,集成度难以提高。双极型集成电路有 TTL、ECL 和 I²L 等类型。MOS 型集成电路的制作工艺简单,功耗较低,易于制成大规模集成电路和降低芯片成本。MOS 型集成电路有 NMOS、PMOS 和 CMOS 等类型。门电路是构成数字系统的基本逻辑单元。为了正确使用数字集成电路,有必要掌握各种门电路的逻辑功能和电气特性。

本章学习的重点应放在数字集成电路的外部特性上,即门电路的逻辑功能、电压传输特性、输出特性、输入特性、传输延迟时间、动态功耗、噪声容限和带负载能力等。无论多么复杂的逻辑电路,其输入端和输出端的电路结构都与本章所讲的 CMOS 电路或 TTL 电路的相同,因而有相同或相似的外部特性。

除常规的门电路外,还应注意掌握 OD 门、OC 门、CMOS 传输门和三态输出门的使用。需特别注意 CMOS 集成电路的正确使用方法以及多余输入端禁止悬空,避免被静电击穿而损坏器件。

习 题 2

1. 试画出图 2.46 中各电路在所给的输入电压波形下 Z_1、Z_2、Z_3 的输出电压波形。

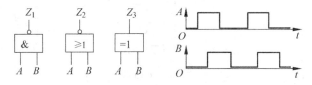

图 2.46　电路和输入电压波形

2. 试说明能否将与非门、或非门、异或门当做反相器使用。如果可以,各输入端应如何连接?

3. 试说明图 2.47 中各 CMOS 门电路的输出是什么状态(高电平、低电平、高阻态)。

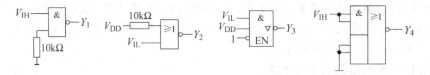

图 2.47　电路

4. 图 2.48 所示是用于 CMOS 门电路功能扩展的一些电路,试分析图中各电路的功能。电源电压 $V_{DD} = 10V$。

5. 试分析图 2.49 所示 CMOS 电路的功能。

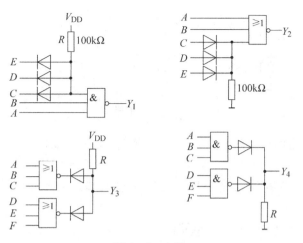

图 2.48 电路

6. 试计算图 2.50 中上拉电阻 R_L 的阻值范围,图中的门电路都是 74HC 系列的门电路。电源电压 $V_{DD} = 5V$。

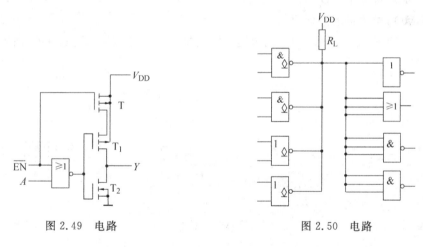

图 2.49 电路   图 2.50 电路

7. 试画出图 2.51 所示电路和所给的输入电压波形在下列两种情况下的输出电压波形:

(1) 忽略所有门电路的传输延迟时间;

(2) 考虑每个门都有传输延迟时间。

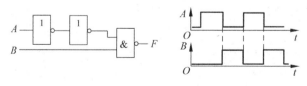

图 2.51 电路

8. 图 2.52 中的与非门是 74 系列的 TTL 门电路。现用内阻为 $20k\Omega/V$ 的万用电表的 5V 量程来测量图 2.52 的 v_{I2} 端,试分析在下列情况下测量到的 v_{I2} 电压各为多少。

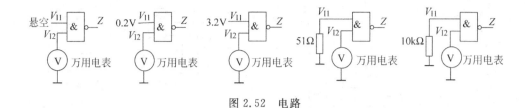

图 2.52　电路

9. 若将第 8 题中的与非门改为 74 系列的 TTL 或非门,试问在上述 5 种情况下测量到的 V_{I2} 电压各为多少?

10. 试说明下列各种门电路中哪些可以将输出端并联使用,输入端的状态不一定相同。

(1) 具有推拉式输出级的 TTL 电路;

(2) TTL 电路的 OC 门;

(3) TTL 电路的三态输出门;

(4) 普通的 CMOS 门;

(5) CMOS 电路的 OD 门;

(6) CMOS 电路的三态输出门。

11. 试说明图 2.53 中各 TTL 门电路的输出是什么状态(高电平、低电平、高阻态)。

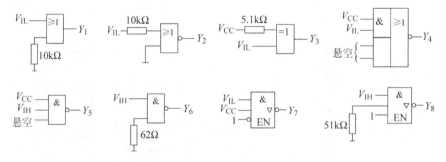

图 2.53　电路

12. 若图 2.50 中的门电路都是 74LS 系列的门电路。试计算图 2.50 中上拉电阻 R_L 的阻值范围。

13. 图 2.54 是两个用 74 系列门电路驱动发光二极管的电路,要求 $v_I = V_{IH}$ 时,发光二极管 D 导通并发光,发光二极管导通发光时的电流为 10mA,试分析应该选择图 2.54(a) 和图 2.54(b) 中的哪个电路。

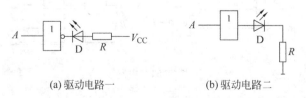

(a) 驱动电路一　　　　　　　(b) 驱动电路二

图 2.54　电路

第3章 硬件描述语言 VHDL 基础

内容提要：本章扼要地介绍在 VHDL 入门阶段需掌握的 VHDL 基本知识：库和程序包的基本使用方法、VHDL 的语言要素、常用的顺序执行语句和并行执行语句的基本用法、设计实体和层次结构设计。

3.1 概　　述

传统的用逻辑图和逻辑函数式描述的数字系统的设计方法在设计小规模的系统时是方便、有效的。但是，随着数字系统设计规模的迅速增大，在设计包含数千个门以上的 VLSI 和处理机时，传统的设计方法显得过于复杂，不便于使用。硬件描述语言的出现为 EDA 技术提供了更加抽象的、自顶向下的硬件描述方法。目前常用的硬件描述语言有 VHDL、Verilog HDL 和 ABEL 等。

VHDL(Very High speed Integrated Circuit Hardware Description Language，超高速集成电路硬件描述语言)是 1983 年由美国国防部支持的一项研究计划开创的，目的是以文字化方法描述电子电路与系统。1987 年 VHDL 成为 IEEE 1076 标准，1993 年修改为 IEEE 1164 标准，1996 年 IEEE 又将电路合成的标准程序与规格加入到 VHDL 语言中，称为 1076.3 标准，之后又有 1076.4 标准和 1076.6 标准等。

VHDL 用语言的方式而非图形的方式描述硬件电路，设计容易修改，容易保存。特别适合设计组合逻辑电路和状态机，如译码器、编码器、加法器、多路选择器、触发器和计数器等。

VHDL 主要用于描述设计系统的结构、行为、功能和接口。VHDL 将一个设计(元件、电路、系统)分为外部(可视部分、端口)和内部(不可视部分、内部功能、算法)。对于比较复杂的系统，可用层次结构的方法把系统划分成若干个子系统或器件后一块一块的设计。用 VHDL 进行逻辑设计就是写一系列语句。一个语句用分号结束。由于要做的是逻辑电路的设计，因此用 VHDL 写程序与用一般的过程语言写程序在方法和风格上有很多不同点。初学者在写 VHDL 程序时，应注意不要套用过程语言的编程方法。

用 VHDL 程序描述的数字系统称为设计实体。设计实体通常包含实体(Entity)、结构体(Architecture)、配置(Configuration)、包集合(Package)和库(Library)5 部分。其中，实体说明用于描述所设计系统的外部接口信号；结构体用于描述系统内部的结构、数据流程或行为，建立输入和输出之间的逻辑关系；配置语句安装具体元件到实体-结构体对，可以被看作是设计的零件清单；包集合存放各个设计模块共享的数据类型、常数和子程序等；库是专门存放预编译程序包的地方。

VHDL 程序中的注释符是两个连续的连字符"-"。注释是以"--"开始,到该行的末尾结束。注释中的文字不作为语句来处理,没有逻辑功能。程序中的关键语句都应该加注释,最好在程序开始前也写几行注释说明整个程序的功能、特点等。

在 VHDL 程序中给变量、信号、常量、实体和结构体等标识符命名时,应遵循如下规则:

(1) 在名字中只能使用英文字母、数字和下划线,而且第一个字符必须是英文字母;

(2) 不能连续使用两个下划线,名字的最后一个字符也不能用下划线;

(3) 标识符的命名不允许与 VHDL 的保留字相同;

(4) 除了用单引号括起来的字符和用双引号括起来的字符串外,VHDL 不区分语句中英文字母的大小写。

VHDL 的功能非常强大,初学者没有必要知道 VHDL 的全部详细的规定,也不需要掌握所有的设计方法。在入门阶段只需掌握以下基本知识:

(1) 信号(Signal)的含义和信号的两种最常用类型:std_logic 和 std_logic_vector;

(2) 4 种常用语句的基本用法:赋值语句、if 语句、case 语句和 process 语句;

(3) 实体(Entity)、结构体(Architecture)以及一个实体和一个结构体对组成的设计实体;

(4) 层次结构的设计:掌握元件(Component)语句和端口映射(Port Map)语句;

(5) 库和程序包的基本使用方法。

本门课程的学习有了以上入门知识,就能够做一般的逻辑设计了。将来在工作中需要用 VHDL 进行实际的、复杂的系统设计时,再进一步全面学习掌握 VHDL。

3.2 库和程序包

在用 VHDL 进行数字系统设计时,应该充分利用前人已有的成果和自己过去做的设计,尽可能使用各种公用的资源。VHDL 的程序包和库就是一些可以公用的资源,是设计实体的一个重要组成部分。

3.2.1 库

VHDL 有多个不同用途的、相互独立的库。库是用来放置预先编译的、可被其他 VHDL 设计单元共享的资源的地方。VHDL 中的常用库有 STD 库、WORK 库、IEEE 库、VITAL 库和用户定义库等。VHDL 的库分为两类:一类是设计库,另一类是资源库。设计库对当前设计是可见的、默认的,无须用 library 子句和 use 子句说明。STD 库和 WORK 库是设计库,除了 STD 库和 WORK 库之外的其他库均为资源库。使用资源库中的元件和函数之前,需要使用 library 子句和 use 子句予以说明,没有说明的库中的元件不能使用。

1. 常用的库

(1) STD 库。

STD 库是 VHDL 的标准库,其中包含有称为 standard 和 textio 的两个包集合。standard 标准包集合中定义了多种常用的数据类型,均可不加说明直接引用。

(2) IEEE 库。

IEEE 库是常用的资源库,在使用时要首先进行说明。IEEE 库包含经过 IEEE 正式认可的 std_logic_1164 包集合和某些公司提供的一些包集合,如 std_logic_arith(算术运算库)、std_logic_unsigned 等。

（3）WORK 库。

WORK 库是现行作业库。设计者所描述的 VHDL 语句不需要任何说明,都将存放在 WORK 库中。WORK 库对所有设计都是隐含的,因此在使用该库时无须进行任何说明。

（4）用户定义库。

用户定义库简称用户库,是由用户自己创建并定义的库。设计者可以把自己经常使用的非标准(一般是自己开发的)包集合和实体等汇集在一起定义成一个库,作为对 VHDL 标准库的补充。用户定义库在使用时同样要首先进行说明。

除了 IEEE 标准资源库外,各可编程器件厂家的 EDA 软件提供自己独特的资源程序包。由于这些程序包是为它们制造的器件服务的,往往更有针对性。

2. 库的使用

如果一个设计实体中使用了某个资源库中的元件和函数,就要使用相应的 library 子句和 use 子句来说明。library 子句和 use 子句总是放在设计实体的最前面(可以放在注释行之后)。library 子句的作用是使该库在当前文件中"可见"。library 子句说明使用哪个库,use 子句说明使用哪个库中的哪个程序包中的元件或者函数。

library 子句的格式是：

```
library 库名 1,库名 2,…,库名 n;
```

use 子句的格式是：

```
use 库名.程序包名.all;
```

STD 库和 WORK 库是设计库,在任何设计文件中隐含都是"不可见"的,不需要特别说明。相当于在每一个设计文件中隐含下列不可见的行：

```
library  std, work;
use std.standard.all;
```

3.2.2　程序包

程序包(或称为"包集合")是一种使包体中的类型、常量、元件和函数对其他模块(文件)是可见、可以调用的设计单元。程序包是公用的存储区,在程序包内说明的数据可以被其他设计实体使用。程序包其实就是一个库单元,由用户编写的若干个程序包汇合在一起可以组成一个设计库。

程序包中定义了数据集合体、逻辑操作和元件等。主要是声明在设计或实体中将用到的常数、数据类型、元件及子程序等。程序包内不能定义实体-结构体对,因此程序包本身不能直接表达任何一个电路。

程序包由包头和包体两部分组成。包体是一个可选项。

程序包说明的语句格式为：

```
package 程序包名 is
   程序包说明项目
```

end package [程序包名];

其中,"程序包说明项目"中可包含类型、子类型、常量、信号、元件和子程序说明语句。用方括号括起来的部分是可选的。

3.3 VHDL 的语言要素

VHDL 的语言要素包括数据对象、数据类型、操作数和运算操作符。

3.3.1 数据对象

在 VHDL 中,任何可以被赋予一个值或返回一个值的对象称为数据对象(Data Objects),包括信号(signal)、变量(variable)、常量(constant)和文件(file)。

1. 信号

信号是硬件中物理连线的抽象描述,起保持改变的数值和连接子元件的作用。信号在元件的端口连接元件,包括用于连接元件(子系统)内部各个部分。

信号在使用前必须说明。信号说明语句的格式为:

signal　信号名:数据类型 [:= 设定值];

下面给出几个信号说明的例子:

signal b1, clock, rst : std_logic;
signal t0, t1 : std_logic_vector (15 downto 0);　　－－16 位的向量,最低位是第 0 位
signal t2, t3 : std_logic_vector (0 upto 15);　　　－－16 位的向量,最低位是第 15 位
signal c : std_logic_vector (3 downto 0) := "0000"; －－4 位的向量,初值是 0000

2. 变量

变量在硬件中没有类似的对应关系,主要用于保存中间结果。例如,作为数组的下标。

变量在使用前必须说明。变量说明语句的格式为:

variable 变量名:数据类型 [:= 设定值];

下面给出几个变量说明的例子:

variable　a, b : integer;
variable　d, f : integer := 0;
variable　m : integer range 0 to 255　:= 30;

3. 常量

常量代表数字电路中的电源、地、恒定逻辑值等常数。

常量在使用前必须说明。常量说明语句的格式为:

constant 常量名:数据类型 [:= 设定值];

下面给出几个常量说明的例子:

constant　byte : integer := 8;
constant　bits : integer := 8 ∗ byte;
constant　pi : real := 3.1415926;

常量在被说明时赋值,并在程序执行过程中保持不变,但在子程序中说明的常量仅在该子程序被调用期间有效。

3.3.2 数据类型

VHDL 是一种强类型语言。每个对象都只能有一个数据类型,任何对其赋值的表达式或数值都必须与其类型一致。标量数据类型是仅含独立元素值的类型,包括数值类型、浮点类型、枚举类型和物理类型。

VHDL 提供了多种标准的数据类型。其中,由 VHDL 标准库 STD 中的标准包 stantard 支持的预定义类型包括整数(integer)类型、浮点(floating-point)类型、布尔(boolean)类型、字符(character)类型、字符串(string)类型、位值(bit)型、时间(time)类型和错误等级(severity-level)类型等。此外,还有实数(real)类型、位矢量(bit_vector)型等。在逻辑电路设计中最常用的是 std_logic 和 std_logic_vector 提供的数据类型。

std_logic 类型分为布尔(boolean)型、位值(bit)型和位矢量(bit_vector)型。其中,位值用字符'0'或'1'表示一个位的两种取值;位矢量是用双引号括起来的一组位数据,如表示成二进制形式的"01101"和十六进制形式的 X"0F3B"等。

std_logic 属于多值逻辑,有 9 种状态。其中在设计逻辑电路时最常用的有 3 种:代表高电平的'1'、代表低电平的'0'和代表高阻态的'Z'。高阻状态用于描述双向总线。

std_logic_vector 是由多位 std_logic 构成的矢量,用于描述一组相关的数据。

在使用 std_logic 和 std_logic_vector 类型前,必须在程序中写库说明语句和程序包语句:

```
library ieee;
use ieee.std_logic_1164.all;
```

除预定义的标准类型外,VHDL 还允许用类型说明语句来定义新类型。类型说明语句的作用是给一个类型命名并定义存入对象中的数据类型。类型说明语句的格式为:

```
type  类型名  is  类型字 [约束范围];
```

用户可定义的类型包括枚举(enumerated)类型、整数类型、实数(real)类型、数组(array)类型、寻址(access)类型、文件(file)类型、记录(record)类型和物理(physical)类型。

枚举类型是由一组文本或字符值构成的列表所组成。列表中的文本或字符值可以取位值类型、布尔类型和字符类型。枚举类型定义语句的格式为:

```
type  类型名  is  枚举列表;
```

下面是几个枚举类型定义的例子:

```
type bit is ('0','1');                              -- 定义 bit 有两个值 0 和 1
type boolean is (true, false);                      -- 定义 boolean 有两个值 true 和 false
```

3.3.3 运算操作符

VHDL 的表达式(Expression)也是由运算符(Operator)把操作数(Operand)连接起来组成的。在表达式中可以使用的操作数包括文本值、由标识符表示的各种对象、属性产生的值、数值表达式、类型转换表达式和括号括起来的表达式。

VHDL 有 4 种类型的运算符:逻辑运算符、算术运算符、关系运算符和并置运算符。

1. 逻辑运算符

VHDL 有 7 种逻辑运算符:NOT、OR、AND、NAND、NOR、XOR 和 XNOR。其中,前 3 种为最常用的。能进行逻辑运算的数据类型为 bit、bit_vector 和 boolean。这些逻辑运算符中,NOT 优先级最高,其他的优先级相同。写运算表达式时应注意加括号以保证正确的运算次序。

逻辑运算要求操作数的数据类型必须相同,而且与代入对象的数据类型相同。

2. 算术运算符

算术运算符有 16 种,但多数在一般的逻辑电路设计中用不到。比较常用的两种是"+"(加法)和"-"(减法)。算术运算符要求操作数为数值类型。使用算术运算符要在程序中写如下程序包语句:

```
use ieee.std_logic_arith.all;
```

或者

```
use ieee.std_logic_unsigned.all;
```

3. 并置运算符

并置运算符为 &。并置运算符用于位的连接,形成矢量,也可连接矢量形成更大的矢量。要求两个操作数为位值、一维数组、位组或字符串类型的数据。连接规则为右操作数接在左操作数之后。例如:

```
signal   a,b : std_logic_vector (3 downto 0);
signal   c : std_logic_vector (1 downto  0);
c <= '1' & '0';                              -- 并置结果为 10
b <= '1' & c;                                -- b 的值为 110
```

4. 关系运算符

关系运算符有 6 种:=(等于)、/=(不等于)、<(小于)、>(大于)、<=(小于等于)、>=(大于等于)。

关系运算的结果为"真"(true)或者"假"(false)。等于和不等于运算符适用于所有的数据类型,其他的关系运算符只适用于整数、位及矢量等。在进行关系运算时,运算符两边的操作数的数据类型必须相同,但位长度可以不同。

3.4　顺　序　语　句

VHDL 的语句可以分为顺序(Sequential)语句和并行(Concurrent)语句两大类。顺序语句的特点是每一条顺序语句的执行顺序与其书写顺序基本一致。顺序语句只能出现在进程(Process)、函数(Function)和过程(Procedure)中。顺序语句包括赋值语句、if 语句、case 语句、wait 语句、过程调用语句、返回语句和空操作语句等。

3.4.1　赋值语句

赋值语句将赋值符号右边表达式的值赋给左边的信号或变量。

1. 信号赋值语句

信号赋值符号为"<="。信号赋值语句的书写格式为：

信号名 <= 表达式；

信号赋值符左右两边数据类型必须相同,数据长度必须相同。例如：

```
signal   a, b, c : std_logic;
signal   d, e, q : std_logic_vector(3 downto 0);
b <= a nand c;
d <= e xor q;
```

信号是物理量,对应电子电路中的一条连线(std_logic)或一组连线(std_logic_vector),因此对信号赋值是有延迟时间的。如第二个语句描述的是一个异或门,信号 e 异或 q 后的结果到达 d 有延迟时间。

2. 变量赋值语句

变量赋值符号为":="。变量赋值语句的书写格式为：

变量名 := 表达式；

变量赋值符左右两边数据类型必须相同。例如：

```
variable x,y,z : integer range 0 to 255;
x  := 93;
y  := 0;
z  := y;
```

由于变量没有相对应的明确的物理量,因此变量赋值没有时间延迟。

3.4.2　if 语句

if 语句是根据所指定的条件来决定哪些操作可以执行的语句,但是不允许对信号的边沿做二选一处理。if 语句的执行是按顺序执行,各条件有不同的优先级。if 语句的书写格式为：

```
if 条件表达式 then 若干顺序语句；
[elsif 条件表达式 then 若干顺序语句；]
[elsif 条件表达式 then 若干顺序语句；]
[else   若干顺序语句；]
end if;
```

其中,用方括号括起来的部分是可选的。

if 语句有 3 种形式：门闩 if 语句、二选一 if 语句和多选一 if 语句。

1. 门闩 if 语句

门闩 if 语句的语句格式为：

```
if   条件表达式 then
    若干顺序语句；
end if;
```

例如：

```
if ( a > b ) then
    out < = '1';
end if;
```

这种 if 语句往往用于产生触发器和锁存器。例如:

```
signal   d, clk, q : std_logic;              -- sel 是数据地址
if clk'event and clk = '1' then
q <= d;                                       -- clk 信号的上升沿到来时将 d 的值赋给 q
end if;
```

这个例子中 clk'event 的意思是 clk 事件,即 clk 信号发生变化的时刻。clk'event and clk = '1'表示 clk 信号的上升沿。

2. 二选一 if 语句

二选一 if 语句的语句格式为:

```
if   条件表达式 then
   若干顺序语句;
else
   若干顺序语句;
end if;
```

例如:

```
if ( b > a ) then
    out < = '1';
else
    out < = '0';
end if;
```

例 3-1　用二选一 if 语句描述 16 位二选一数据选择器的功能。

```
signal   sel : std_logic;                    -- sel 是数据地址
signal   a, b,c : std_logic_vector (15 downto 0);
if sel = '1' then
    c <= a;                                   -- 当 sel = 1 时选择 a 输出
else
    c<= b;                                    -- 当 sel = 0 时选择 b 输出
end if;
```

3. 多选一 if 语句

多选一 if 语句的语句格式为:

```
if   条件表达式 1 then
   若干顺序语句;
elsif   条件表达式 2 then
   若干顺序语句;
…
else   条件表达式 n then
   若干顺序语句;
end if;
```

例 3-2 用多选一 if 语句描述一个四选一数据选择器的功能。

```
process (A)
begin
  If A = "00" then
    f < = D0;
  elsif A = "01" then
    f < = D1;
  elsif A = "10" then
    f < = D2;
  else   f < = D3;
  end if;
end process;
```

3.4.3 case 语 句

case 语句常用来描述多选一逻辑模型或总线、编码器、译码器、状态机等的行为。case 语句和 if 语句在许多情况下完成的功能是相同的,但用 case 语句写的程序比 if 语句的可读性好,更加简洁。case 语句的书写格式为:

```
case   选择表达式   is
when   选择项 1 = >
    若干顺序执行语句
…
when 选择项 n = >
    若干顺序执行语句
when   others = >
    若干顺序执行语句
end   case;
```

当 case 语句中某一个选择项满足时,就执行它后面的顺序执行语句。与 if 语句不同的是,case 语句各选择项之间不存在不同的优先级,它们是同时执行的,即执行的顺序与各选择项的书写顺序无关。

case 语句要求用选择项列举出全部可能的取值,而且不允许重复。对于不需要一一列举的选择项,可用 others 代替。选择表达式与选择项的数据类型必须相同。

例 3-3 用 case 语句描述一个 2 输入与非门的功能。

```
signal sel      :std_logic_vector (1 downto 0);
signal a,b,c : std_logic;
process (a, b, sel)
  begin
    sel < = a & b;
    case sel is
      when "00" |"01" |"10" =>
              c < = '1';
      when "11" =>
              c < = '0';
      when others =>  null;          -- "null"是一个什么也不做的空语句
    end case;
```

```
end process;
```

本例中,首先将与非门输入信号 a 和 b 并置,生成一个 2 位的 std_logic_vector 信号 sel。第一个 when 中的"|"代表"或者",即三个条件中的任何一个满足都执行 c <= '1' 语句。信号 c 是与非门的输出。

这个例子采用的是行为描述方法,即描述与非门的真值表。实际上,如果用 VHDL 的数据流描述方法,程序会更加简单:

```
c <= a nand b;
```

只需一条赋值语句。

3.5　并行语句

在 VHDL 中,并行执行语句代表功能独立的电路块,而顺序执行语句则用于描述电路块的功能。

3.5.1　process 语句

process 语句通常称为进程语句,是 VHDL 程序中描述硬件并行工作的最重要,最常用的语句。process 语句描述了一个功能独立的电路块。process 语句本身是一个并行执行的语句,但是写在 process 语句内部的语句都是顺序执行语句。

process 语句有许多变种,下面只介绍最基本的形式。process 语句的书写格式是:

```
[语句标号:] process(敏感信号 1,敏感信号 2,…,敏感信号 n)        -- 敏感信号表
          [进程说明区]
        begin
            若干顺序执行语句
        end process [语句标号];
```

写在 process 前面的"语句标号"用冒号结束并与关键字 process 隔开,其作用相当于进程名,是可选的,对硬件电路没有影响。但是加上进程名等于给这块功能独立的电路加了个标记,增强了程序的可读性。如果程序中有多个进程,最好都加上进程名。

在 process 语句中,写在 begin 之前的"进程说明区"也是可选的。如果该 process 语句中需要使用变量、信号等,就需要在 begin 之前予以说明。这些被说明的变量、信号等只对该进程语句起作用,只能在该 process 语句中使用。

在 process 语句的敏感信号表中,各敏感信号之间用逗号分开。如果一个输入信号的状态变化能够导致电路的输出信号发生状态变化,这个信号就是敏感信号。当敏感信号的状态发生变化时,立即启动 process 语句执行。变量不是真正的物理量,不能出现在敏感信号表中。

在 process 语句的 begin 和 end process 之间的"若干顺序执行语句"用于描述该 process 语句所代表的电路块的功能。

if 语句是顺序执行语句,不能代表一块功能独立的电路,只是一块功能独立电路的一部分。所以,必须把例 3-1 的 if 语句放在 process 语句中才能成为一块功能独立的电路。

例 3-4　用 process 语句和 if 语句描述 16 位二选一选择器的功能。

```
signal sel: std_logic;
signal  a, b, c: std_logic_vector(15 downto 0);
mux2to1: process(sel, a, b)
        begin
            if  sel = '0'  then
                c <= a;
            else
                c <= b;
            end if;
        end process;
```

3.5.2　并行信号赋值语句

1. 简单形式的并行信号赋值语句

简单形式的并行信号赋值语句与在 3.4.1 节介绍的顺序赋值语句的形式是一样的。区分一个简单形式的赋值语句究竟是并行语句还是顺序语句的方法是：如果简单形式的赋值语句写在 process 语句中，它就是顺序赋值语句；如果简单形式的赋值语句直接写在 architecture 中（不在 process 语句中），它就是并行赋值语句。

2. 条件信号赋值语句

条件信号赋值语句的书写格式是：

```
目标信号<= 条件表达式 1 when 条件 1 else
           条件表达式 2    when  条件 2   else
           …
           条件表达式 N-1    when   条件 N-1     else
           条件表达式 N;
```

例 3-5　用条件赋值语句描述 2-4 译码器的功能。

```
signal  a0, a1: std_logic;
signal  y0, y1, y2, y3 : std_logic;
y0 <= '1' when a0 = '0' and a1 = '0' else
        '0';
y1 <= '1' when a0 = '1' and a1 = '0' else
        '0';
y2 <= '1' when a0 = '0' and a1 = '1' else
        '0';
y3 <= '1' when a0 = '1' and a1 = '1' else
        '0';
```

3. 选择信号赋值语句

选择信号赋值语句的格式是：

```
with  选择表达式  select
目标信号 <= 表达式 1  when 选择项 1,
           表达式 2  when 选择项 2,
           …
           表达式 N  when 选择项 N;
```

例 3-6　用选择赋值语句描述异或门的功能。

```
signal   s: std_logic;
signal m: std_logic_vector (1 downto 0);
with m select
s < = '1' when "01",
        '1' when "10",
        '0' when others;
```

3.6　设 计 实 体

在 VHDL 的设计中,基本设计单元是设计实体。一个设计实体最多由 5 部分构成:实体(Entity)、一个或者几个结构体(Architecture)、使用的库和程序包、配置(Configuration)。

实体描述了该设计实体对外的接口;结构体描述了设计实体内部的逻辑功能或结构;程序包存放各设计实体能共享的数据类型、常数和子程序等,库中存放已编译好的实体、结构体、程序包和配置。配置描述了实体与构造体之间的连接关系。下面仅讨论含有一个结构体的设计实体。一个实体-结构体"对"共同定义一个电路模型。大多数设计实体都是仅含一个结构体的设计实体。

3.6.1　实体

实体由实体语句说明。实体语句又称为实体说明(Entity Declaration)语句。实体语句的作用是定义设计实体对外的信号。entity 语句的书写格式如下:

```
entity 实体名 is
        [generic (类属参数表);]              -- 类属子句
        [port(端口信号表);]                  -- 端口子句
        [实体说明部分;]
      [begin
        实体语句部分;]
end [实体名];
```

在一些比较简单的逻辑设计中不需要使用类属子句,也不需要写实体语句,而端口子句一般是必须有的。因此,在逻辑设计中最常用的 entity 语句形式是:

```
entity 实体名 is
        port(端口信号表);
end 实体名;
```

实体的每个输入输出称为一个端口。一个端口实际上是一个信号,其功能是负责设计实体与外部的接口,因此称为端口。如果设计实体是一个封装起来的元件,那么端口相当于元件的引脚(Pin)。

端口子句的书写格式是:

```
port (端口名,…,端口名:模式   数据类型;
      端口名,…,端口名:模式   数据类型;
      …
```

端口名,…,端口名：模式　数据类型）；

端口跟普通信号有两点不同：一是端口一定是信号，因此在说明时可省略关键字 signal；二是在说明普通信号的信号说明语句中不用说明信号的方向，而端口由于是设计实体与外部的接口，因此是有方向的。

例如：

```
port
  (reset, cs:  in std_logic;
   rd, wr:in   std_logic;
   a1, a0:buffer  std_logic;
   pa, pb:inout   std_logic_vector(7 downto 0);
   pc: out   std_logic_vector(15 downto 0) );
```

端口的模式用来说明信号通过端口的方向和通过方式，这些方向都是相对该设计实体而言的。例如，in 模式对设计实体就是输入。表 3.1 列出了一些常用的端口模式。

表 3.1　常用的端口模式

端口模式	方　　向	说　　明
in	流入设计实体	输入
out	从设计实体流出	输出
inout	双向端口	既可输入，又可输出
buffer	缓存	能用于内部反馈的输出

out 模式和 buffer 模式的区别在于：out 端口不能用于设计实体的内部反馈，buffer 端口既能作为输出，又能用于设计实体的内部反馈。例如，在图 3.1 的电路中，Z_1 的模式是 out，Z_2 的模式是 buffer。

图 3.1　out 模式与 buffer 模式

3.6.2　结　构　体

结构体描述设计实体内部的功能特性。结构体根据端口的输入信号进行运算，并把结果赋值给端口的输出信号。运算产生的中间结果用信号表示，其功能类似于电路内部互连的导线。在 VHDL 程序中，结构体一定要写在实体说明的后面。

结构体的书写格式如下：

```
architecture  结构体名 of  实体名 is
   [说明语句区]
begin
    若干并行执行语句
end architecture [结构体名];
```

其中，实体名必须与该结构体所对应的实体的实体名完全一致。在保留字 architecture 和 begin 之间的说明语句区是可选的，用于说明和定义内部信号、常量、数据类型、子过程或元件等。

结构体内要求使用并行执行语句，各种顺序执行语句必须写在 process 语句里面。

由于结构体中的各并行执行语句都是独立的电路块，因此不允许两个或者两个以上的并行语句对同一个信号赋值。

结构体有三种描述方式：行为描述、结构描述和数据流描述。

行为描述是描述该设计实体的功能，即该单元能做什么。结构描述是描述该设计实体的硬件结构，即该设计实体内的各个部件是如何连接的。结构描述用于逻辑电路的层次结构设计。数据流描述则是以类似于寄存器传输级的方式描述数据的传输和变换。数据流描述主要使用信号赋值语句，既显式表示了设计实体的行为，也隐式表示了设计实体的逻辑结构。

例 3-7　用行为描述的方法设计一个 2 输入的或门电路。

解：首先说明实体，即所设计的或门的外部。

```
library ieee;                              -- 实体定义
use std.standard.all;
entity or_gate2 is
port(a, b: in  bit;
     f: out  bit);                         -- 定义输入输出端口名字、模式、信号类型
end or_gate2;
```

然后定义结构体。行为描述的方法其实就是描述逻辑电路的真值表。

```
architecture Na of or_gate2 is
begin
  f <= '0' when a = '0'and b =  '0'
  else '1' when a = '1' and b = '0'
  else  '1' when a = '0' and b = '1'
  else  '1';                               -- 条件赋值语句
end   Na;
```

根据或门的特点，结构体的定义还可以有不同的形式：

```
architecture Nb of or_gate2 is
     begin
        f <= '0' when a = '0' and b =  '0'else
             '1';
        end Nb;
```

实际上，本例如果用数据流描述，程序会更简单：

```
architecture Nc of or_gate2 is
     begin
       f <= a or b;
     end Nc;
```

例 3-8　分析下面 VHDL 程序的功能，写出逻辑函数表达式，画出逻辑图。

```
library ieee;
use ieee.std_logic_1164.all;
entity example is
  port(a,b,c,d:  in std_logic;
          e :  out  std_logic);
end example ;
```

```
architecture   AA1 of example is
  signal   tmp : std_logic;
  begin
    e < = (a and b) or tmp ;
    tmp < =  c xor d ;
  end   AA1 ;
```

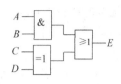

解：这个程序采用的是数据流描述方法。在结构体中用了两条并行赋值语句。其逻辑函数表达式为 $E = A \cdot B + (C \oplus D)$。

逻辑图如图 3.2 所示。

图 3.2   例 3-8 的逻辑结构

3.6.3　层次结构设计

层次结构设计是设计较大规模硬件系统的必要手段。层次结构的设计方法是把一个大的系统划分为若干子系统，得到一个自顶向下的分层结构。顶层描述各子系统的接口条件和各子系统之间的关系，各子系统的具体实现放在低层描述。同样，一个子系统也可以划分为若干更小的子系统，一直划分下去，直到最基本的子系统为止。层次结构设计的概念和电原理图层次化设计的概念相似，即在较高层设计中引用低层的或外部的元件。

VHDL 提供了若干种设计分割方法，如可以用多个进程来表示一个结构体的各个独立电路块的功能，可以用块（Block）语句、子程序（Sub-Program）和元件（Component）语句来表示一个结构体的功能。下面只介绍如何用元件语句进行层次结构设计。

在 VHDL 层次结构设计中，较高层设计实体把较低层设计实体作为一个元件。VHDL 层次化设计中的元件和低层的实体-结构体"对"相对应。在电子电路中，通常把逻辑门、触发器等称为元件。在 VHDL 中，component 既可以表示这些基本的元件，也可以表示一个子系统。

元件结构描述需要使用元件语句。元件语句由元件说明（Component Declaration）和元件例示（Component Instantiation）两部分组成。其中，元件说明语句仅用于指定元件的外部界面，元件例示语句主要用于完成元件与外部信号之间的相互连接。元件说明语句 component 和元件例示语句 port map 配合使用，共同完成较高层设计实体对较低层设计实体的引用。在 VHDL 中，对元件的引用称为例化。一个元件可以被例化多次。

1. 元件说明语句

component 语句指明了结构体中引用的是哪一个元件，这些被引用的元件放在元件库或者较低层设计实体中。因此，在结构体中就不需对引用的元件进行描述了。component 语句的书写格式是：

```
component   元件名 [is]
    [generic(类属参数表);]
    [port (端口表);]
end component [元件名];
```

在 component 语句中，generic 子句和 port 子句是可选的。generic 子句用于不同层次设计实体之间常量信息的传递和参数传递，如位矢量的长度、数组的长度和元件的延时时间等。port 子句用于规定元件的输入、输出端口信号。port 子句和 generic 子句的书写格式与实体说明语句中的情况相同。

2. 元件例示语句

port map 语句将较低层设计实体(元件)的端口映射成较高层设计实体中的信号。元件的端口名相当于电原理图中元件的引脚;各元件之间在电原理图中要用线实现连接,这些连接的线在 VHDL 中就是信号。在电原理图中,连接各元件引脚的连线和元件的引脚往往不是同一个名字。通过端口映射就可以实现各个元件的同名或不同名的端口信号的连接。

port map 语句实现元件端口名到高层设计中信号的映射。port map 语句的书写有两种格式,或称为两种映射方式。

第一种映射方式称为位置映射法。书写格式如下:

[标号]: 元件名 port map(信号名 1,信号名 2,…,
　　　　　　　　　　　信号名 n);

在这种映射方式中,信号名 1 到信号名 n 的书写顺序必须和 port map 语句所映射的元件的实体说明中的端口名书写顺序一致,否则不能一一对应。虽然标号是可选的,但给每个元件映射加上标号有利于程序的可读性。

第二种映射方式称为显式映射方式。它把元件端口名和较高层设计实体中使用的信号名显式对应起来,映射表中各项的书写顺序不受任何限制。书写格式如下:

[标号]: 元件名 port map(端口名 1 => 信号名 1,端口名 2 => 信号名 2,…,
　　　　　　　　　　　端口名 n => 信号名 n);

其中,端口名 1～端口名 n 是元件的端口名,信号名 1～信号名 n 都是较高层设计实体中的信号名。信号映射表中的各项用逗号","分开。

推荐在设计中使用显式映射方式,显式映射方式可读性更强。

例 3-9 用结构描述方法设计一个具有图 3.3 所示逻辑结构的与或非门。

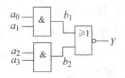

图 3.3　与或非门的内部
　　　　逻辑结构

解:图 3.3 所示的与或非门是由两个与门和一个或非门连接构成的。用结构描述方法设计这个与或非门可以把与门和或非门分别作为低层设计实体,然后在顶层设计实体中把两个低层设计实体当做元件引用。其中,与门 and_gate 实现两个输入信号的"与"运算,或非门 nor_gate 实现两个输入信号的"或非"运算。

第一个低层设计实体 and_gate 的程序如下:

```
library ieee;
use ieee.std_logic_1164.all;
entity  and_gate is
  port (op1,op2: in std_logic;
      and_result:   out std_logic );
end and_gate;
architecture behave of and_gate is
begin
  and_result <= op1 and op2;
end behave;
```

第二个低层设计实体 nor_gate 的程序如下：

```
library ieee;
use ieee.std_logic_1164.all;
entity  nor_gate is
   port (op1,op2: in std_logic;
          nor_result: out std_logic);
end nor_gate;
architecture behave of nor_gate is
begin
   nor_result < = op1 nor op2;
end behave;
```

顶层设计实体 and_nor_gate 把两个低层设计实体当做元件引用。在顶层设计实体 and_nor_gate 的结构体 struct 中，在 begin 之前对信号 b1、b2 和元件 and_gate、nor_gate 进行说明。在 begin 之后对元件 and_gate 例化两次，对元件 nor_gate 例化一次。信号 b1、b2 用于三个元件(两个 and_gate 和一个 nor_gate)之间的连接。

顶层设计实体 and_nor_gate 的程序如下：

```
library ieee;
use ieee.std_logic_1164.all;
entity and_nor_gate is
port (a1,a2,a3,a4: in std_logic;
and_nor_result: out std_logic);
end and_nor_gate;
architecture struct of and_nor_gate is
   signal b1,b2: std_logic;              -- 说明设计实体中使用的信号
component and_gate                       -- 说明元件"与门"and_gate
port (op1,op2:  in std_logic;
      and_result: out std_logic );
end component;
component nor_gate                       -- 说明元件"或非门"nor_gate
    port (op1,op2:  in std_logic;
       nor_result: out std_logic);
  end component;
begin
  G1: and_gate port map                  -- 对"与门"and_gate 的一次例化
     (op1 => a1, op2 => a2, and_result => b1);
  G2: and_gate port map                  -- 对"与门"and_gate 的一次例化
     (op1 => a3, op2 => a4, and_result => b2);
  G3: nor_gate  port map                 -- 对"或非门"nor_gate 的一次例化
     (op1 => b1,nor_result => and_nor_result, op2 =>b2 );
end struct;
```

如果有若干个较高层设计实体把同一个低层设计实体当做元件引用，最好把对元件的说明放在程序包中，以避免在每一个较高层设计实体内对同一个元件都进行说明。

例 3-10 用程序包设计例 3-9 的与或非门。

解：例 3-9 的两个低层设计实体 and_gete 和 nor_gate 保持不变，只需要增加一个程序包 and_nor_components。

```
library ieee;
use ieee.std_logic_1164.all;
package and_nor_components is
    component nor_gate                          -- 说明元件"或门"nor_gate
        port (op1,op2:   in std_logic;
                nor_result: out std_logic);
    end component;
    component and_gate                          -- 说明元件"与门"and_gate
    port (op1,op2: in std_logic;
            and_result: out std_logic );
    end component;
end and_nor_components;
```

对 and_nor_components 程序包必须用 use 子句显式指定,使它在设计实体中可用。修改后,顶层设计实体 and_nor_gate 的程序如下:

```
library ieee;
use ieee.std_logic_1164.all;
use work.and_nor_components.all;             -- 指明调用的程序包,使其成为可见
entity and_nor_gate is
    port (a1, a2, a3, a4: in std_logic;
            and_nor_result: out std_logic);
end and_nor_gate;
architecture struct of and_nor_gate is
signal b1,b2: std_logic;                      -- 下面省去了两个 component 语句
begin                                         -- 下面没有任何改变
    G1: and_gate port map                     -- 对"与门"and_gate 的一次例化
        (op1 => a1, op2 => a2, and_result => b1);
    G2: and_gate port map                     -- 对"与门"and_gate 的一次例化
        (op1 => a3, op2 => a4, and_result => b2);
    G3: nor_gate   port map                   -- 对"或非门"nor_gate 的一次例化
        (op1 => b1, nor_result => and_nor_result, op2 => b2 );
end struct;
```

这个例子并看不出使用程序包的好处,只有当若干个高层设计实体使用同一个程序包时,使用程序包的好处才是显而易见的。

本 章 小 结

VHDL 的语言要素包括数据对象、数据类型、操作数和运算操作符。数据对象主要有信号、变量和常量。最常用的运算符包括逻辑运算符、关系运算符和并置运算符。在 VHDL 程序中最常用的语句是赋值语句、if 语句、case 语句和 process 语句。用 VHDL 程序描述的数字系统称为设计实体。设计实体通常包含实体、结构体、配置、包集合和库 5 部分。一个实体-结构体"对"共同定义一个电路模型。实体语句的作用是定义设计实体对外的信号。结构体描述设计实体内部的功能特性。结构体有 3 种描述方式:行为描述、结构描述和数据流描述。比较复杂的系统需要使用层次结构设计方法。

习 题 3

1. 用 VHDL 设计一个 8421 BCD 码优先编码器。

2. 用 VHDL 结构描述方法设计一个半加器。

3. 用 VHDL 设计一个 4 线-16 线译码器。

4. 用 VHDL 设计一个多数表决电路。4 人参加表决,同意为 1,不同意为 0。同意者过半则表决通过,绿指示灯亮;表决不通过则红指示灯亮。

5. 用 VHDL 设计一个多数表决电路。5 人参加表决,同意为 1,不同意为 0。同意者过半则表决通过。

第4章　组合逻辑电路

内容提要：本章首先介绍组合逻辑电路的特点和分析方法，然后介绍一些常用的组合逻辑电路，如编码器、译码器、数据选择器、加法器和数值比较器等。分别讨论基于 SSI 和 MSI 的组合逻辑电路的设计方法，以及用 VHDL 设计组合逻辑电路的方法。

4.1　组合逻辑电路的分析方法和设计方法

数字电路可以根据其逻辑功能的不同分为两大类：一类是组合逻辑电路，另一类是时序逻辑电路。

组合逻辑电路的特点是任何时刻电路的输出信号稳态值仅仅取决于该时刻的输入信号取值组合，与信号作用前电路原来的状态无关。逻辑门是构成组合逻辑电路的基本单元。

4.1.1　组合逻辑电路的分析方法

组合逻辑电路的分析就是从给定的逻辑电路出发，求出输出函数表达式或者真值表，找出电路的逻辑功能。通常采用的方法如下。

1. 写表达式

根据给定的逻辑电路，由输入到输出或由输出到输入逐级推导，写出输出函数表达式。

2. 化简

在需要时，用公式法或图形法将函数表达式化简成最简式，或者对函数表达式进行变换，使逻辑关系更加简单明了。

3. 列真值表

在需要时，将各种可能的输入信号取值组合代入简化的表达式中，求出真值表。一般来说，根据真值表比较容易分析出电路的逻辑功能。

例 4-1　分析图 4.1 所示逻辑电路的功能。

解：首先写出该电路的逻辑函数表达式。

对于比较复杂的逻辑电路，有时候难以直接写出其逻辑函数，可以将其分解成若干部分，逐一写出每个局部电路的逻辑函数，最后得到整个电路的逻辑函数表达式。

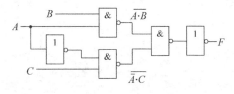

图 4.1　例 4-1 的逻辑图

$$F = \overline{\overline{\overline{A \cdot B} \cdot \overline{\overline{A} \cdot C}}} = \overline{A \cdot B} \cdot \overline{\overline{A} \cdot C}$$

这个例子是一个很简单的逻辑，不需要化简了。然而，仅仅看这个表达式还不能判断出其逻辑功能,这就需要做出该电路的真值表。为了方便列真值表,最好将逻辑函数变换成与或表达式。

$$F = \overline{A \cdot B} \cdot \overline{\overline{A} \cdot C} = (\overline{A} + \overline{B})(A + \overline{C}) = \overline{A} \cdot \overline{C} + A\overline{B} + \overline{B} \cdot \overline{C} = \overline{A} \cdot \overline{C} + A\overline{B}$$

根据这个与或表达式就可以很容易地求出图 4.1 所示逻辑电路的真值表,如表 4.1 所示。

表 4.1　例 4-1 逻辑电路的真值表

A	B	C	F	A	B	C	F
0	0	0	1	1	0	0	1
0	0	1	0	1	0	1	1
0	1	0	1	1	1	0	0
0	1	1	0	1	1	1	0

观察表 4.1,可以发现这样的关系:当 $A=0$ 时,$F=\overline{C}$;当 $A=1$ 时,$F=\overline{B}$。

所以,图 4.1 所示逻辑电路是一个(反相输出的)二选一数据选择器。A 是地址输入端,B 和 C 是数据输入端。

图 4.1 所示的逻辑电路有三个输入信号 A、B、C,有一个输出信号 F。不难看出,在任何时刻,只要这个电路的输入 A、B、C 的取值(0 或 1)确定了,输出的取值也就确定了。输出的值与该电路过去的输入或者状态无关。

例 4-2　试分析图 4.2 所示逻辑电路的功能。

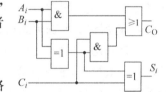

图 4.2　例 4-2 的逻辑图

这个电路中有两个与门,一个或门和两个异或门。该电路的逻辑函数式如下:

$$\begin{cases} S_i = (A_i \oplus B_i) \oplus C_i \\ C_O = A_i \cdot B_i + (A_i \oplus B_i) \cdot C_i \end{cases}$$

根据这组表达式可以求出图 4.2 所示逻辑电路的真值表,如表 4.2 所示。

表 4.2　例 4-2 逻辑电路的真值表

A_i	B_i	C_i	S_i	C_O	A_i	B_i	C_i	S_i	C_O
0	0	0	0	0	1	0	0	1	0
0	0	1	1	0	1	0	1	0	1
0	1	0	1	0	1	1	0	0	1
0	1	1	0	1	1	1	1	1	1

当读者学习了"全加器"后就可以看出,表 4.2 与全加器的真值表完全相同。所以,图 4.2 的逻辑电路是一个一位全加器。

4.1.2　组合逻辑电路的设计方法

组合逻辑电路的设计是从给定的逻辑要求出发,设计出实现该逻辑功能的最简的逻辑电路。所谓"最简",不仅指电路所用的器件数最少,而且器件的种类也最少,器件之间的连接线也最少。组合逻辑电路的设计通常可按照下述步骤进行。

1. 进行逻辑抽象

逻辑电路的设计要求可能是用一段文字描述的一个具有因果关系的事件,这就需要通过逻辑抽象用一个输出函数来描述这一因果关系。逻辑抽象一般要做以下几方面的工作:

(1) 分析事件的因果关系,确定输入变量与输出变量。一般来说,引起事件的原因是逻辑系统的输入,事件的结果是逻辑系统的输出。

(2) 定义逻辑状态的含义。每个输入变量、输出变量只有两种状态:0 和 1。在这里必须明确规定 0 和 1 的具体含义,即给每个逻辑状态赋值。

(3) 根据给定的事件因果关系列出逻辑真值表。得到了逻辑真值表,一个实际的逻辑问题就被抽象成一个逻辑函数了。

2. 写出逻辑函数表达式

根据问题的不同,可以根据真值表写逻辑函数表达式(标准与或表达式),也可以直接将真值表填入卡诺图化简,得到化简后的逻辑函数表达式。

3. 选定器件类型

逻辑电路的实现有若干种不同的技术手段可以选择,除了可以用小规模集成电路的门电路外,比较复杂的电路最好采用中规模集成电路(译码器、数据选择器、加法器和存储器等)或者可编程逻辑器件(GAL、FPGA 等)。采用中大规模集成电路可以有效减少数字系统的体积、功耗,降低生产工艺复杂度,提高系统的可靠性。

4. 将逻辑函数表达式化简或变换

如果采用基本门电路(小规模集成电路)进行设计,应该化简逻辑函数表达式,使所需的门的数量最少,门电路的输入端也最少。为了减少系统中使用的门电路的种类,往往选择单一类型的门电路。例如,采用 TTL 集成电路,可能选择全部用与非门实现;而如果采用 MOS 集成电路,可能选择全部用或非门实现。在这种情况下,化简后还需要将逻辑函数变换成与非-与非表达式,或者或非-或非表达式。有的时候,化简后的与或表达式仍然比较繁杂,但是变换成异或表达式却可以非常简单,门的数量大为减少。

如果采用中规模集成电路进行设计,一般不需要化简逻辑函数,而是需要将逻辑函数表达式变换成与所用中规模集成电路的逻辑函数相同或类似的形式。具体方法将在本章后面各节介绍。

如果采用可编程逻辑器件,或者设计的是大规模集成电路,可以用某种硬件描述语言来进行设计。本书将介绍用 VHDL 设计组合逻辑电路和时序逻辑电路的基本方法。用 VHDL 设计逻辑电路不一定需要做逻辑函数的化简,因为 VHDL 本身有自动化简逻辑函数的功能。

5. 根据化简或变换后的函数式画出逻辑电路图

逻辑系统的原理性设计到这里就完成了。有关逻辑系统的工艺设计问题,本书就不讨论了。

例 4-3 设计一个监视交通信号灯工作状态的逻辑电路。正常情况下,一组交通信号灯的红、绿、黄灯中总有一盏是亮的,如果出现两盏或三盏灯同时亮,以及三盏灯都不亮的情况就属于故障,应该发出故障报警信号。

解:首先进行逻辑抽象。

用变量 R、G、A 分别表示红、绿、黄灯的状态,并规定用 1 表示灯亮,0 表示灯不亮。用

输出变量 F 作为故障信号，$F=1$ 代表有故障，$F=0$ 代表无故障。根据题目要求列出真值表，如表 4.3 所示。

表 4.3 例 4-3 的真值表

R	A	G	F	R	A	G	F
0	0	0	1	1	0	0	0
0	0	1	0	1	0	1	1
0	1	0	0	1	1	0	1
0	1	1	1	1	1	1	1

根据逻辑抽象得到的真值表，写出逻辑函数表达式：

$$F = \bar{R} \cdot \bar{A} \cdot \bar{G} + \bar{R}AG + R\bar{A}G + RA\bar{G} + RAG$$

选定器件类型为小规模集成电路。接着将前面得到的逻辑函数式化简，得到：

$$F = \bar{R} \cdot \bar{A} \cdot \bar{G} + AG + RG + RA$$

根据化简后的逻辑函数式画出逻辑图，如图 4.3(a) 所示。

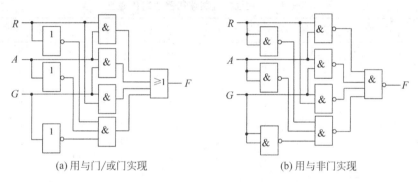

(a)用与门/或门实现　　　　　(b)用与非门实现

图 4.3 例 4-3 的逻辑图

如果要求用与非门实现这个逻辑，就需要把逻辑函数式变换成与非-与非表达式。

$$F = \overline{\overline{\bar{R} \cdot \bar{A} \cdot \bar{G} + AG + RG + RA}} = \overline{\overline{\bar{R} \cdot \bar{A} \cdot \bar{G}} \cdot \overline{AG} \cdot \overline{RG} \cdot \overline{RA}}$$

用与非门实现监视交通信号灯工作状态的逻辑电路的逻辑图如图 4.3(b) 所示。

4.2 编 码 器

编码就是对于不同的事物分别用一个不同的代码(Code)表示，以区分每个事物。用文字、符号或者数码表示特定对象的过程都可以叫做编码(Coding)。在数字系统中，编码通常是用二进制形式的代码表示有关对象的过程，在选定的一系列二值代码中赋予每个代码以固定的含义。

编码器(Encoder)是执行编码功能的电路。常用的编码器有普通编码器和优先编码器两类。根据要求可以把编码器输出的代码设计成自然二进制数、BCD 码和格雷码等。如果编码器采用自然二进制数作为输出的二进制形式的代码，就称为二进制编码器。N 线-m 线二进制编码器就是用 m 位二进制形式的代码对 $N = 2^m$ 个一般信号进行编码的电路。如果所采用的二进制形式的代码是 BCD 码，就称为二-十进制编码器。二-十进制编码器的输入

是 $N=10$ 个数字,输出是 4 位 BCD 码,即 10 线-4 线编码器。

4.2.1 普通编码器

普通编码器是在任何时刻只允许输入一个编码信号的编码器,不允许两个或多个编码输入信号同时有效,否则输出将发生错误。下面以三位二进制普通编码器为例,介绍普通编码器的工作原理和设计方法。

例 4-4 试设计一个编码器,将 $I_0,I_1,\cdots,I_7$ 这 8 个一般信号编成二进制形式的代码。

解:首先进行逻辑抽象。

输入变量数 $M=8$。8 个码字可用三位代码编码,输出是 $n=3$ 位的二进制形式代码,每个位分别用 Y_2、Y_1、Y_0 表示。做出三位二进制编码器的框图,如图 4.4 所示。

根据问题的因果关系列出真值表,如表 4.4 所示。

图 4.4　三位二进制编码器

表 4.4　三位二进制编码器的真值表

输 入								输 出		
I_0	I_1	I_2	I_3	I_4	I_5	I_6	I_7	Y_2	Y_1	Y_0
1	0	0	0	0	0	0	0	0	0	0
0	1	0	0	0	0	0	0	0	0	1
0	0	1	0	0	0	0	0	0	1	0
0	0	0	1	0	0	0	0	0	1	1
0	0	0	0	1	0	0	0	1	0	0
0	0	0	0	0	1	0	0	1	0	1
0	0	0	0	0	0	1	0	1	1	0
0	0	0	0	0	0	0	1	1	1	1

由于普通编码器在任一时刻只能对一个输入信号编码,输入端不允许出现两个或两个以上信号同时为 1 的情况,$I_0,I_1,\cdots,I_7$ 互相排斥。所以,输出-输入之间的逻辑关系可以用简化真值表——"编码表"来表示,如表 4.5 所示。

表 4.5　三位二进制编码器的编码表

	Y_2	Y_1	Y_0		Y_2	Y_1	Y_0
I_0	0	0	0	I_4	1	0	0
I_1	0	0	1	I_5	1	0	1
I_2	0	1	0	I_6	1	1	0
I_3	0	1	1	I_7	1	1	1

第二步:化简逻辑函数。由于 $I_0,I_1,\cdots,I_7$ 是互相排斥的,可作为特殊的约束条件进行化简。只要将使输出函数值为 1 的变量直接加起来,就得到最简与或表达式:

$$\begin{cases} Y_0 = I_1 + I_3 + I_5 + I_7 \\ Y_1 = I_2 + I_3 + I_6 + I_7 \\ Y_2 = I_4 + I_5 + I_6 + I_7 \end{cases}$$

这个电路可以用三个四输入端的或门实现。

若要求用与非门实现,则需要将逻辑函数变换成与非-与非表达式:

$$\begin{cases} Y_0 = I_1 + I_3 + I_5 + I_7 = \overline{\overline{I_1} \cdot \overline{I_3} \cdot \overline{I_5} \cdot \overline{I_7}} \\ Y_1 = I_2 + I_3 + I_6 + I_7 = \overline{\overline{I_2} \cdot \overline{I_3} \cdot \overline{I_6} \cdot \overline{I_7}} \\ Y_2 = I_4 + I_5 + I_6 + I_7 = \overline{\overline{I_4} \cdot \overline{I_5} \cdot \overline{I_6} \cdot \overline{I_7}} \end{cases}$$

此时,输入是低电平有效。

第三步:画逻辑图。图 4.5 是根据上面求出的逻辑函数画出的 3 位二进制普通编码器的逻辑图。

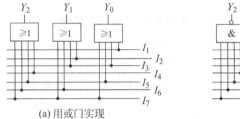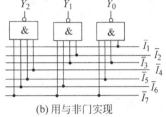

(a) 用或门实现   (b) 用与非门实现

图 4.5   三位二进制普通编码器的逻辑图

需要注意的是,这个电路中 I_0 的编码是隐含的。当 $I_1 \sim I_7$ 均为 0 时,输出的是 I_0 的编码。

4.2.2　优先编码器

优先编码器(Priority Encoder)是数字系统中实现优先权管理的一个重要逻辑部件。优先编码器允许几个输入端同时有输入信号,但电路只对其中优先权最高的一个进行编码,优先权低的输入信号不起作用。编码的优先级别是在设计时确定的。

例 4-5　试设计一个二进制优先编码器将 $I_0, I_1, \cdots, I_7$ 这 8 个信号编成二进制形式的代码。要求:I_7 的优先权最高,I_0 最低。输出编码为三位二进制数。

解:优先级别高的排斥级别低的,无论其电平高低都不影响编码器的输出。

第一步:逻辑抽象。优先编码器的输入、输出和框图与普通编码器一样,这里不再重复给出。下面根据设计要求列出真值表——优先编码表,如表 4.6 所示。

表 4.6　三位二进制优先编码器的真值表

输　　入									输　　出		
S	I_0	I_1	I_2	I_3	I_4	I_5	I_6	I_7	Y_2	Y_1	Y_0
1	1	0	0	0	0	0	0	0	0	0	0
1	×	1	0	0	0	0	0	0	0	0	1
1	×	×	1	0	0	0	0	0	0	1	0
1	×	×	×	1	0	0	0	0	0	1	1
1	×	×	×	×	1	0	0	0	1	0	0
1	×	×	×	×	×	1	0	0	1	0	1
1	×	×	×	×	×	×	1	0	1	1	0
1	×	×	×	×	×	×	×	1	1	1	1
1	0	0	0	0	0	0	0	0	0	0	0
0	×	×	×	×	×	×	×	×	0	0	0

第二步：化简逻辑函数。

因为被排斥的变量对函数值没有影响，所以可以从相应的最小项中去掉。

$$\begin{cases} Y_2 = I_7 + I_6\bar{I}_7 + I_5\bar{I}_6 \cdot \bar{I}_7 + I_4\bar{I}_5 \cdot \bar{I}_6 \cdot \bar{I}_7 \\ \quad = I_7 + I_6 + I_5 + I_4 \\ Y_1 = I_7 + I_6\bar{I}_7 + I_3\bar{I}_4 \cdot \bar{I}_5 \cdot \bar{I}_6 \cdot \bar{I}_7 + I_2\bar{I}_3 \cdot \bar{I}_4 \cdot \bar{I}_5 \cdot \bar{I}_6 \cdot \bar{I}_7 \\ \quad = I_7 + I_6 + I_3\bar{I}_4 \cdot \bar{I}_5 + I_2\bar{I}_4 \cdot \bar{I}_5 \\ Y_0 = I_7 + I_5\bar{I}_6 \cdot \bar{I}_7 + I_3\bar{I}_4 \cdot \bar{I}_5 \cdot \bar{I}_6 \cdot \bar{I}_7 + I_1\bar{I}_2 \cdot \bar{I}_3 \cdot \bar{I}_4 \cdot \bar{I}_5 \cdot \bar{I}_6 \cdot \bar{I}_7 \\ \quad = I_7 + I_5\bar{I}_6 + I_3\bar{I}_4 \cdot \bar{I}_6 + I_1\bar{I}_2 \cdot \bar{I}_4 \cdot \bar{I}_6 \end{cases}$$

数字集成电路通常有一个控制端 S，$S=1$ 时电路工作，$S=0$ 时电路不工作。S 与 Y_i 是与逻辑关系。有控制端 S 的 3 位二进制优先编码器的逻辑函数式为：

$$\begin{cases} Y_2 = (I_7 + I_6 + I_5 + I_4) \cdot S \\ Y_1 = (I_7 + I_6 + I_3\bar{I}_4 \cdot \bar{I}_5 + I_2\bar{I}_4 \cdot \bar{I}_5) \cdot S \\ Y_0 = (I_7 + I_5\bar{I}_6 + I_3\bar{I}_4 \cdot \bar{I}_6 + I_1\bar{I}_2 \cdot \bar{I}_4 \cdot \bar{I}_6) \cdot S \end{cases}$$

第三步：画逻辑图。

图 4.6 是根据上面求出的逻辑函数画出的 3 位二进制优先编码器的逻辑图。

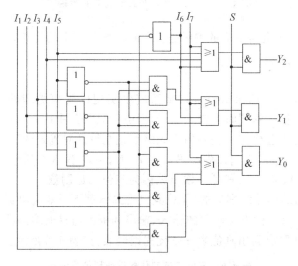

图 4.6　3 位二进制优先编码器的逻辑图

例 4-6　集成优先编码器 74HC148。

集成优先编码器 74HC148 的功能如表 4.7 所示，外部引脚如图 4.7 所示。

表 4.7　集成优先编码器 74HC148 的功能表

| 输　入 | | | | | | | | | 输　出 | | | | |
$\bar{S}$	$\bar{I}_0$	$\bar{I}_1$	$\bar{I}_2$	$\bar{I}_3$	$\bar{I}_4$	$\bar{I}_5$	$\bar{I}_6$	$\bar{I}_7$	$\bar{Y}_2$	$\bar{Y}_1$	$\bar{Y}_0$	$\bar{Y}_S$	$\bar{Y}_{EX}$
0	0	1	1	1	1	1	1	1	1	1	1	1	0
0	×	0	1	1	1	1	1	1	1	1	0	1	0
0	×	×	0	1	1	1	1	1	1	0	1	1	0
0	×	×	×	0	1	1	1	1	1	0	0	1	0

输　入									输　出				
$\bar{S}$	$\bar{I}_0$	$\bar{I}_1$	$\bar{I}_2$	$\bar{I}_3$	$\bar{I}_4$	$\bar{I}_5$	$\bar{I}_6$	$\bar{I}_7$	$\bar{Y}_2$	$\bar{Y}_1$	$\bar{Y}_0$	$\bar{Y}_S$	$\bar{Y}_{EX}$
0	×	×	×	×	0	1	1	1	0	1	1	1	0
0	×	×	×	×	×	0	1	1	0	1	0	1	0
0	×	×	×	×	×	×	0	1	0	0	1	1	0
0	×	×	×	×	×	×	×	0	0	0	0	1	0
0	1	1	1	1	1	1	1	1	1	1	1	0	1
1	×	×	×	×	×	×	×	×	1	1	1	1	1

74HC148 与例 4-5 设计的优先编码器功能相同,但输入、输出都是低电平有效。为了扩展电路的功能及增加使用的灵活性,74HC148 还增加了两个附加输出信号 $\bar{Y}_S$ 和 $\bar{Y}_{EX}$。

选通输入端 $\bar{S}=0$ 时编码器工作。当 $\bar{S}=1$ 时,所有的输出都是高电平(无效状态)。74HC148 的逻辑函数式为:

$$\bar{Y}_2 = \overline{(I_7 + I_6 + I_5 + I_4) \cdot S}$$

$$\bar{Y}_1 = \overline{(I_7 + I_6 + I_3 \bar{I}_4 \cdot \bar{I}_5 + I_2 \bar{I}_4 \cdot \bar{I}_5) \cdot S}$$

$$\bar{Y}_0 = \overline{(I_7 + I_5 \bar{I}_6 + I_3 \bar{I}_4 \cdot \bar{I}_6 + I_1 \bar{I}_2 \cdot \bar{I}_4 \cdot \bar{I}_6) \cdot S}$$

74HC148 的附加输出信号的逻辑函数式为:

$$Y_S = S \cdot \bar{I}_0 \cdot \bar{I}_1 \cdot \bar{I}_2 \cdot \bar{I}_3 \cdot \bar{I}_4 \cdot \bar{I}_5 \cdot \bar{I}_6 \cdot \bar{I}_7$$

$$\bar{Y}_{EX} = \overline{\overline{S} + S \cdot \bar{I}_0 \cdot \bar{I}_1 \cdot \bar{I}_2 \cdot \bar{I}_3 \cdot \bar{I}_4 \cdot \bar{I}_5 \cdot \bar{I}_6 \cdot \bar{I}_7} = \overline{\bar{S} + Y_S} = \overline{S \cdot \bar{Y}_S}$$

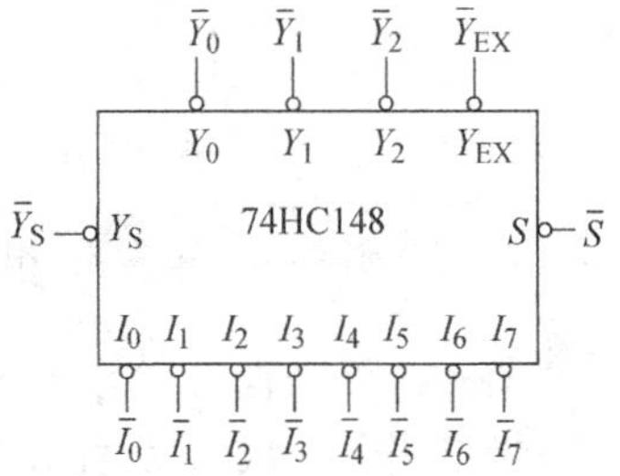

图 4.7　集成优先编码器 74HC148 的外部引脚

选通输出端 $\bar{Y}_S$ 是当所有的编码输入端是高电平且 $S=1$ 时有效,表示无编码信号输入。扩展端 $\bar{Y}_{EX}$ 是当任一编码输入端有信号且 $S=1$ 时有效,表示有编码信号输入。这样,当编码器输出为 111 的时候,就可以根据这两个附加输出端的状态区分出到底是 $\bar{I}_0$ 输入有效,还是无信号输入,或者器件不工作的三种情况了。

下面通过一个例子说明如何利用附加输出信号 $\bar{Y}_S$ 和 $\bar{Y}_{EX}$ 实现电路功能扩展。

例 4-7　试用两片 74HC148 接成 16 线-4 线优先编码器。输入是 16 个低电平有效的编码信号 $\bar{D}_0 \sim \bar{D}_{15}$,输出是 4 位二进制代码 0000~1111。其中,$\bar{D}_{15}$ 的优先权最高,$\bar{D}_0$ 的优先权最低。

解:16 线-4 线优先编码器有 16 个编码输入端,而 74HC148 只有 8 个编码输入端,所以需要将 16 个输入信号分别连接到两片 74HC148 上。

按照优先顺序的要求,把优先权高的输入信号 $\bar{D}_8 \sim \bar{D}_{15}$ 连接到第 2 片的 $\bar{I}_0 \sim \bar{I}_7$,把优先权低的输入信号 $\bar{D}_0 \sim \bar{D}_7$ 连接到第 1 片的 $\bar{I}_0 \sim \bar{I}_7$。只有 $\bar{D}_8 \sim \bar{D}_{15}$ 都无信号输入时,才允许对 $\bar{D}_0 \sim \bar{D}_7$ 的输入信号编码。因此,只要把第 2 片的附加输出信号 $\bar{Y}_S$ 作为第 1 片的选通输入信号 $\bar{S}$ 就可以了。当 $\bar{Y}_S$ 输出有效时表明第 2 片没有编码信号输入。

16 线-4 线优先编码器输出是 4 位二进制代码,而 74HC148 输出的只有 3 位二进制代码,编码的第 4 位可以利用 74HC148 的附加输出信号 $\bar{Y}_{EX}$ 产生。当优先权高的第 2 片 74HC148 没有编码信号输入时,其 $\bar{Y}_S$ 的输出是 0,第 1 片 74HC148 可以有编码输出。而当优先权高的第 2 片 74HC148 有编码信号输入时,其 $\overline{Y}_S$ 的输出是 1,第 1 片 74HC148 没有编码输出。编码器输出的低 3 位是两片输出 $\overline{Y}_2$、$\overline{Y}_1$、$\overline{Y}_0$ 的逻辑或。

按照上面的分析,就可做出用两片 74HC148 接成 16 线-4 线优先编码器的逻辑图,如图 4.8 所示。

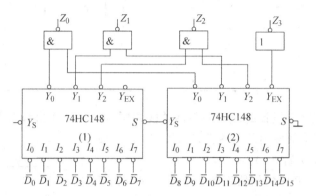

图 4.8 用两片 74HC148 接成 16 线-4 线优先编码器

从图 4.8 可以看出,当 $\overline{D}_8 \sim \overline{D}_{15}$ 中任一输入端为低电平(输入有效)时,只有第 2 片 74HC148 工作,16 线-4 线优先编码器的输出是 1000~1111。例如,$\overline{D}_{12}=0$,则第 2 片的 $\overline{Y}_{EX}=0$,输出 $\overline{Y}_2\overline{Y}_1\overline{Y}_0=011$。同时 $\overline{Y}_S=1$,使第 1 片的 $\overline{S}=1$。这样第 1 片不工作,输出 $\overline{Y}_2\overline{Y}_1\overline{Y}_0=111$。最后总的输出 $Z_3Z_2Z_1Z_0=1100$。如果 $\overline{D}_8 \sim \overline{D}_{15}$ 中同时有几个输入端为低电平,则编码器只对其中优先权最高的一个输入信号编码。

当 $\overline{D}_8 \sim \overline{D}_{15}$ 全部为高电平(无编码信号输入)时,第 2 片的 $\overline{Y}_{EX}=1$,$\overline{Y}_S=0$,使第 1 片的 $\overline{S}=0$,处于编码工作状态,可以对 $\overline{D}_0 \sim \overline{D}_7$ 输入的低电平信号中优先权最高的一个进行编码,16 线-4 线优先编码器输出的是 0000~0111。例如,$\overline{D}_6=0$,则第 1 片 74HC148 的输出 $\overline{Y}_2\overline{Y}_1\overline{Y}_0=110$。最后总的输出 $Z_3Z_2Z_1Z_0=0110$。

例 4-8 设计一个二-十进制优先编码器,能够把 I_0,I_1,…,I_9 这 10 个输入信号编成 8421 BCD 码。其中,I_9 的优先权最高,I_0 最低。要求有一个使能端 S,$S=1$ 时编码器工作。

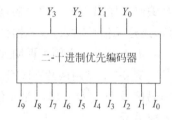

图 4.9 二-十进制优先编码器

解:首先进行逻辑抽象。

输入变量数 $M=10$,输出是 $n=4$ 位的 BCD 码,每个位分别用 Y_3、Y_2、Y_1、Y_0 表示。图 4.9 所示是二-十进制优先编码器的框图。

根据问题的因果关系列出真值表——优先编码表,如表 4.8 所示。

表 4.8 二-十进制优先编码器的真值表

S	输 入										输 出			
---	I_0	I_1	I_2	I_3	I_4	I_5	I_6	I_7	I_8	I_9	Y_3	Y_2	Y_1	Y_0
1	1	0	0	0	0	0	0	0	0	0	0	0	0	0
1	×	1	0	0	0	0	0	0	0	0	0	0	0	1
1	×	×	1	0	0	0	0	0	0	0	0	0	1	0

输　　　入											输　　出			
S	I_0	I_1	I_2	I_3	I_4	I_5	I_6	I_7	I_8	I_9	Y_3	Y_2	Y_1	Y_0
1	×	×	×	1	0	0	0	0	0	0	0	0	1	1
1	×	×	×	×	1	0	0	0	0	0	0	1	0	0
1	×	×	×	×	×	1	0	0	0	0	0	1	0	1
1	×	×	×	×	×	×	1	0	0	0	0	1	1	0
1	×	×	×	×	×	×	×	1	0	0	0	1	1	1
1	×	×	×	×	×	×	×	×	1	0	1	0	0	0
1	×	×	×	×	×	×	×	×	×	1	1	0	0	1
1	0	0	0	0	0	0	0	0	0	0	0	0	0	0
0	×	×	×	×	×	×	×	×	×	×	0	0	0	0

然后根据表 4.8 的真值表写出逻辑函数式并化简：

$$Y_3 = S \cdot (I_9 + I_8 \cdot \bar{I}_9) = S \cdot (I_9 + I_8) = \overline{\bar{S} + \overline{I_9 + I_8}}$$

$$Y_2 = S \cdot (I_7 \cdot \bar{I}_8 \cdot \bar{I}_9 + I_6 \bar{I}_7 \cdot \bar{I}_8 \cdot \bar{I}_9 + I_5 \bar{I}_6 \cdot \bar{I}_7 \cdot \bar{I}_8 \cdot \bar{I}_9 + I_4 \bar{I}_5 \cdot \bar{I}_6 \cdot \bar{I}_7 \cdot \bar{I}_8 \cdot \bar{I}_9)$$

$$= S \cdot (I_7 \cdot \bar{I}_8 \cdot \bar{I}_9 + I_6 \cdot \bar{I}_8 \cdot \bar{I}_9 + I_5 \cdot \bar{I}_8 \cdot \bar{I}_9 + I_4 \cdot \bar{I}_8 \cdot \bar{I}_9)$$

$$= \overline{\bar{S} + \overline{I_7 \cdot \bar{I}_8 \cdot \bar{I}_9 + I_6 \cdot \bar{I}_8 \cdot \bar{I}_9 + I_5 \cdot \bar{I}_8 \cdot \bar{I}_9 + I_4 \cdot \bar{I}_8 \cdot \bar{I}_9}}$$

$$Y_1 = S \cdot (I_7 \cdot \bar{I}_8 \cdot \bar{I}_9 + I_6 \bar{I}_7 \cdot \bar{I}_8 \cdot \bar{I}_9 + I_3 \bar{I}_4 \cdot \bar{I}_5 \cdot \bar{I}_6 \cdot \bar{I}_7 \cdot \bar{I}_8 \cdot \bar{I}_9$$
$$+ I_2 \bar{I}_3 \cdot \bar{I}_4 \cdot \bar{I}_5 \cdot \bar{I}_6 \cdot \bar{I}_7 \cdot \bar{I}_8 \cdot \bar{I}_9)$$

$$= S \cdot (I_7 \cdot \bar{I}_8 \cdot \bar{I}_9 + I_6 \cdot \bar{I}_8 \cdot \bar{I}_9 + I_3 \bar{I}_4 \cdot \bar{I}_5 \cdot \bar{I}_8 \cdot \bar{I}_9 + I_2 \bar{I}_4 \cdot \bar{I}_5 \cdot \bar{I}_8 \cdot \bar{I}_9)$$

$$= \overline{\bar{S} + \overline{I_7 \cdot \bar{I}_8 \cdot \bar{I}_9 + I_6 \cdot \bar{I}_8 \cdot \bar{I}_9 + I_3 \bar{I}_4 \cdot \bar{I}_5 \cdot \bar{I}_8 \cdot \bar{I}_9 + I_2 \bar{I}_4 \cdot \bar{I}_5 \cdot \bar{I}_8 \cdot \bar{I}_9}}$$

$$Y_0 = S \cdot (I_9 + I_7 \cdot \bar{I}_8 \cdot \bar{I}_9 + I_5 \bar{I}_6 \cdot \bar{I}_7 \cdot \bar{I}_8 \cdot \bar{I}_9 + I_3 \bar{I}_4 \cdot \bar{I}_5 \cdot \bar{I}_6 \cdot \bar{I}_7 \cdot \bar{I}_8 \cdot \bar{I}_9$$
$$+ I_1 \bar{I}_2 \cdot \bar{I}_3 \cdot \bar{I}_4 \cdot \bar{I}_5 \cdot \bar{I}_6 \cdot \bar{I}_7 \cdot \bar{I}_8 \cdot \bar{I}_9)$$

$$= S \cdot (I_9 + I_7 \cdot \bar{I}_8 + I_5 \bar{I}_6 \cdot \bar{I}_8 + I_3 \bar{I}_4 \cdot \bar{I}_6 \cdot \bar{I}_8 + I_1 \bar{I}_2 \cdot \bar{I}_4 \cdot \bar{I}_6 \cdot \bar{I}_8)$$

$$= \overline{\bar{S} + \overline{I_9 + I_7 \cdot \bar{I}_8 + I_5 \bar{I}_6 \cdot \bar{I}_8 + I_3 \bar{I}_4 \cdot \bar{I}_6 \cdot \bar{I}_8 + I_1 \bar{I}_2 \cdot \bar{I}_4 \cdot \bar{I}_6 \cdot \bar{I}_8}}$$

最后根据化简后的逻辑函数式画逻辑图，如图 4.10 所示。

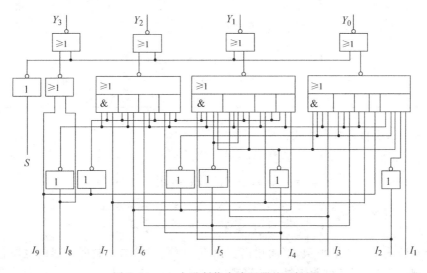

图 4.10　二-十进制优先编码器的逻辑图

4.3　译　码　器

译码器的逻辑功能是将每个输入的二进制形式代码译成对应的输出高、低电平信号,以表示其原意。所以,译码与编码是相反的操作。常用的译码器有二进制译码器、二-十进制译码器和显示译码器等。

4.3.1　二进制译码器

二进制译码器的输入是一组二进制代码,输出是一组与输入代码对应的高、低电平信号。

例 4-9　设计一个二进制译码器,输入是 3 位二进制代码。

第一步:逻辑抽象。

译码器的输入是一组 3 位二进制代码,用 $A_2 A_1 A_0$ 表示。3 位二进制代码从 000~111 共有 8 个码字,因此输出是与输入代码对应的 8 个信号,用 $Y_7 \sim Y_0$ 表示。这样的译码器通常称为 3 线-8 线译码器,或简称为 3-8 译码器。图 4.11 所示是 3 线-8 线译码器的框图。

当译码器的输入代码是 000 时,Y_0 输出有效。当译码器的输入是 001 时,Y_1 输出有效。依此类推,列出 3 线-8 线译码器的真值表,如表 4.9 所示。

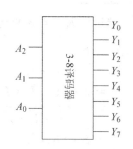

图 4.11　3 线-8 线译码器的框图

表 4.9　3 线-8 线译码器的真值表

输　　入			输　　　出							
A_2	A_1	A_0	Y_0	Y_1	Y_2	Y_3	Y_4	Y_5	Y_6	Y_7
0	0	0	1	0	0	0	0	0	0	0
0	0	1	0	1	0	0	0	0	0	0
0	1	0	0	0	1	0	0	0	0	0
0	1	1	0	0	0	1	0	0	0	0
1	0	0	0	0	0	0	1	0	0	0
1	0	1	0	0	0	0	0	1	0	0
1	1	0	0	0	0	0	0	0	1	0
1	1	1	0	0	0	0	0	0	0	1

第二步:求逻辑函数表达式。

$$\begin{cases} Y_0 = \overline{A_2} \cdot \overline{A_1} \cdot \overline{A_0} \quad Y_1 = \overline{A_2} \cdot \overline{A_1} \cdot A_0 \\ Y_2 = \overline{A_2} \cdot A_1 \cdot \overline{A_0} \quad Y_3 = \overline{A_2} \cdot A_1 \cdot A_0 \\ Y_4 = A_2 \cdot \overline{A_1} \cdot \overline{A_0} \quad Y_5 = A_2 \cdot \overline{A_1} \cdot A_0 \\ Y_6 = A_2 \cdot A_1 \cdot \overline{A_0} \quad Y_7 = A_2 \cdot A_1 \cdot A_0 \end{cases}$$

每个函数式是一个最小项,不能化简。由于 N 线-m 线二进制译码器的逻辑包含了 N 变量的全部最小项,因此也称为最小项译码器。

第三步：画逻辑图。

根据逻辑函数表达式画出逻辑图,如图 4.12 所示。

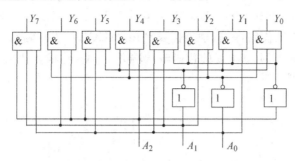

图 4.12　3 线-8 线译码器的逻辑图

例 4-10　集成译码器 74HC138。

集成电路译码器 74HC138 的基本功能与例 4-9 设计的 3 线-8 线译码器相同,但输出是低电平有效。74HC138 还增加了三个控制/使能端 S_1,$\overline{S}_2$ 和 $\overline{S}_3$。当这三个使能端同时有效时,译码器工作。表 4.10 所示是 74HC138 的功能表。

表 4.10　集成译码器 74HC138 的功能表

输　　入						输　　出							
S_1	$\overline{S}_2$	$\overline{S}_3$	A_2	A_1	A_0	$\overline{Y}_7$	$\overline{Y}_6$	$\overline{Y}_5$	$\overline{Y}_4$	$\overline{Y}_3$	$\overline{Y}_2$	$\overline{Y}_1$	$\overline{Y}_0$
1	0	0	0	0	0	1	1	1	1	1	1	1	0
1	0	0	0	0	1	1	1	1	1	1	1	0	1
1	0	0	0	1	0	1	1	1	1	1	0	1	1
1	0	0	0	1	1	1	1	1	1	0	1	1	1
1	0	0	1	0	0	1	1	1	0	1	1	1	1
1	0	0	1	0	1	1	1	0	1	1	1	1	1
1	0	0	1	1	0	1	0	1	1	1	1	1	1
1	0	0	1	1	1	0	1	1	1	1	1	1	1
0	×	×	×	×	×	1	1	1	1	1	1	1	1
×	1	×	×	×	×	1	1	1	1	1	1	1	1
×	×	1	×	×	×	1	1	1	1	1	1	1	1

根据集成译码器 74HC138 的功能表,可写出其逻辑函数式:

$$\begin{cases} \overline{Y}_0 = \overline{(\overline{A}_2 \cdot \overline{A}_1 \cdot \overline{A}_0) \cdot S} & \overline{Y}_1 = \overline{(\overline{A}_2 \cdot \overline{A}_1 \cdot A_0) \cdot S} \\ \overline{Y}_2 = \overline{(\overline{A}_2 \cdot A_1 \cdot \overline{A}_0) \cdot S} & \overline{Y}_3 = \overline{(\overline{A}_2 \cdot A_1 \cdot A_0) \cdot S} \\ \overline{Y}_4 = \overline{(A_2 \cdot \overline{A}_1 \cdot \overline{A}_0) \cdot S} & \overline{Y}_5 = \overline{(A_2 \cdot \overline{A}_1 \cdot A_0) \cdot S} \\ \overline{Y}_6 = \overline{(A_2 \cdot A_1 \cdot \overline{A}_0) \cdot S} & \overline{Y}_7 = \overline{(A_2 \cdot A_1 \cdot A_0) \cdot S} \end{cases}$$

其中,$S = S_1 \cdot S_2 \cdot S_3$。

集成 3-8 译码器 74HC138 的外部功能引脚如图 4.13 所示。

例 4-11 用 74HC138 组成 4 线-16 线译码器。

解：74HC138 是 3 线-8 线译码器,只有 8 个输出端,要组成有 16 个输出端的 4 线-16 线译码器需要将两片 74HC138 连接起来。但是 74HC138 只能输入 3 位代码,4 线-16 线译码器要对输入的 4 位代码译码,这就需要利用 74HC138 的控制端。将输入代码的低 3 位 $D_2 D_1 D_0$ 连接到每片 74HC138 的代码输入端 $A_2 A_1 A_0$,将输入代码的第 4 位 D_3 连接到第 1 片 74HC138 的控制端 S_1 和第 2 片 74HC138 的控制端 $\bar{S}_2$,如图 4.14 所示。

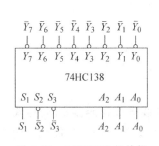

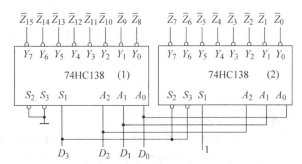

图 4.13　74HC138 的外部
功能引脚

图 4.14　用两片 74HC138 连接成 4 线-16 线译码器

当输入代码的第 4 位 $D_3 = 1$ 时,第 1 片 74HC138 工作,将 $D_3 D_2 D_1 D_0$ 输入的 1000～1111 这 8 个码字分别译成 $\bar{Z}_8 \sim \bar{Z}_{15}$ 中一个低电平输出信号。当输入代码的第 4 位 $D_3 = 0$ 时,第 2 片 74HC138 工作,将 $D_3 D_2 D_1 D_0$ 输入的 0000～0111 这 8 个码字分别译成 $\bar{Z}_0 \sim \bar{Z}_7$ 中一个低电平输出信号。

用同样的方法还可以把 4 片 74HC138 连接成 5 线-32 线译码器,也可把两片带控制端的 4 线-16 线译码器连接成 5 线-32 线译码器。

74138 是一种使用非常广泛的 MSI,在计算机的存储系统中常用做地址译码器。此时,74138 的代码输入端 $A_2 A_1 A_0$ 是作为地址输入端使用,译码器输出的是存储器的片选信号。

4.3.2　二-十进制译码器

二-十进制译码器的输入是 BCD 码,输出是一组与输入代码对应的高、低电平信号。

例 4-12 设计一个二-十进制译码器,输入是 8421 BCD 码,有一个控制端 S,当 $S = 1$ 时译码器工作。

第一步：逻辑抽象。BCD 码是 4 位二进制形式的代码。4 位代码有 $2^4 = 16$ 个码字,但 BCD 码只用到其中的 10 个,其余的 6 个都是非法的码字(伪码)。当输入是非法的码字时,二-十进制译码器应该拒绝译码,各输出端都输出无效信号。

第二步：列真值表。根据上面的分析,列出二-十进制译码器的真值表,如表 4.11 所示。6 个非法码字不作为无关项处理,以保证所设计的译码器拒绝伪码。

表 4.11　二-十进制译码器的真值表

	输		入						输		出			
S	A_3	A_2	A_1	A_0	Y_0	Y_1	Y_2	Y_3	Y_4	Y_5	Y_6	Y_7	Y_8	Y_9
0	×	×	×	×	0	0	0	0	0	0	0	0	0	0
1	0	0	0	0	1	0	0	0	0	0	0	0	0	0
1	0	0	0	1	0	1	0	0	0	0	0	0	0	0
1	0	0	1	0	0	0	1	0	0	0	0	0	0	0
1	0	0	1	1	0	0	0	1	0	0	0	0	0	0
1	0	1	0	0	0	0	0	0	1	0	0	0	0	0
1	0	1	0	1	0	0	0	0	0	1	0	0	0	0
1	0	1	1	0	0	0	0	0	0	0	1	0	0	0
1	0	1	1	1	0	0	0	0	0	0	0	1	0	0
1	1	0	0	0	0	0	0	0	0	0	0	0	1	0
1	1	0	0	1	0	0	0	0	0	0	0	0	0	1
1	1	0	1	0	0	0	0	0	0	0	0	0	0	0
1	1	0	1	1	0	0	0	0	0	0	0	0	0	0
1	1	1	0	0	0	0	0	0	0	0	0	0	0	0
1	1	1	0	1	0	0	0	0	0	0	0	0	0	0
1	1	1	1	0	0	0	0	0	0	0	0	0	0	0
1	1	1	1	1	0	0	0	0	0	0	0	0	0	0

第三步：求逻辑函数表达式。

根据真值表可写出二-十进制译码器的逻辑函数式：

$$
\begin{cases}
Y_0 = (\overline{A_3} \cdot \overline{A_2} \cdot \overline{A_1} \cdot \overline{A_0}) \cdot S \quad Y_1 = (\overline{A_3} \cdot \overline{A_2} \cdot \overline{A_1} \cdot A_0) \cdot S \\
Y_2 = (\overline{A_3} \cdot \overline{A_2} \cdot A_1 \cdot \overline{A_0}) \cdot S \quad Y_3 = (\overline{A_3} \cdot \overline{A_2} \cdot A_1 \cdot A_0) \cdot S \\
Y_4 = (\overline{A_3} \cdot A_2 \cdot \overline{A_1} \cdot \overline{A_0}) \cdot S \quad Y_5 = (\overline{A_3} \cdot A_2 \cdot \overline{A_1} \cdot A_0) \cdot S \\
Y_6 = (\overline{A_3} \cdot A_2 \cdot A_1 \cdot \overline{A_0}) \cdot S \quad Y_7 = (\overline{A_3} \cdot A_2 \cdot A_1 \cdot A_0) \cdot S \\
Y_8 = (A_3 \cdot \overline{A_2} \cdot \overline{A_1} \cdot \overline{A_0}) \cdot S \quad Y_9 = (A_3 \cdot \overline{A_2} \cdot \overline{A_1} \cdot A_0) \cdot S
\end{cases}
$$

与包含全部 N 变量最小项的二进制译码器不同，二-十进制译码器只包含了 4 个变量的 16 个最小项中的 10 个。

第四步：画逻辑图。

根据逻辑函数表达式画出逻辑图，如图 4.15 所示。

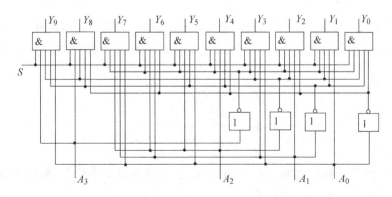

图 4.15　二-十进制译码器的逻辑图

二-十进制译码器的典型集成电路产品有 74HC42 等。74HC42 的输出是低电平有效。74HC42 的外部功能引脚如图 4.16 所示。

4.3.3 用译码器设计组合逻辑电路

我们知道,任何逻辑函数都可以表示成最小项之和的形式。N 线-m 线二进制译码器的逻辑包含了 N 变量的全部最小项,因此可以用 N 线-m 线二进制译码器实现任何输入变量不大于 N 的逻辑函数。

图 4.16　74HC42 的外部功能引脚

例 4-13　试利用 3 线-8 线译码器 74HC138 设计一个多输出的组合逻辑电路。输出的逻辑函数为:

$$\begin{cases} Z_1 = \overline{A} \cdot \overline{C} + \overline{A}BC + A\overline{B} \cdot C \\ Z_2 = BC + \overline{A} \cdot \overline{B} \cdot \overline{C} \\ Z_3 = AC + A\overline{B}C \end{cases}$$

解:

第一步:分析。用中规模集成电路 74HC138 设计组合逻辑电路,除了 74HC138 外,一般还需要用到若干个逻辑门,如图 4.17 所示。图中虚线框外是该系统的输入和输出。虚线框内就是要设计的多输出的组合逻辑电路,它是一个包含 74HC138 和若干个逻辑门(图中用小的矩形表示)的系统。

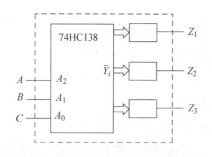

图 4.17　用 74HC138 设计多输出的组合逻辑电路的概念图

第二步:把逻辑函数变成最小项之和的形式。

$$\begin{aligned} Z_1 &= \overline{A} \cdot \overline{C} + \overline{A}BC + A\overline{B} \cdot C \\ &= \overline{A} \cdot \overline{B} \cdot \overline{C} + \overline{A}B\overline{C} + \overline{A}BC + A\overline{B} \cdot C \\ &= m_0 + m_2 + m_3 + m_5 \\ Z_2 &= BC + \overline{A} \cdot \overline{B} \cdot \overline{C} \\ &= \overline{A}BC + ABC + \overline{A} \cdot \overline{B} \cdot \overline{C} \\ &= m_0 + m_3 + m_7 \\ Z_3 &= AC + A\overline{B}C \\ &= ABC + A\overline{B}C \\ &= m_5 + m_7 \end{aligned}$$

第三步:逻辑函数变换。

由于 74HC138 是输出低电平有效,每个输出 $\overline{Y_i} = \overline{m_i}$,而不是 m_i,因此还要把逻辑函数再变成与 74HC138 的逻辑函数形式相同的形式。变换后的逻辑函数式是与非-与非表达式:

$$\begin{cases} Z_1 = \overline{\overline{m_0} \cdot \overline{m_2} \cdot \overline{m_3} \cdot \overline{m_5}} \\ Z_2 = \overline{\overline{m_0} \cdot \overline{m_3} \cdot \overline{m_7}} \\ Z_3 = \overline{\overline{m_5} \cdot \overline{m_7}} \end{cases}$$

虽然题目所给的逻辑函数是与或表达式,但是如果用 74HC138 来实现该逻辑函数,图 4.17 中的逻辑门是与非门而不是或门。

第四步：画逻辑图。画逻辑图的时候需要注意，根据逻辑函数式中变量的顺序，本例的输入变量 A、B、C 分别与 74HC138 的 A_2、A_1 和 A_0 连接，如图 4.18 所示。

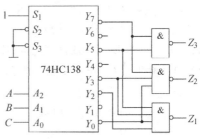

图 4.18 用译码器 74HC138 设计的组合逻辑电路

用 74HC138 译码器设计组合逻辑电路，逻辑函数不化简，而是要变换成与 74HC138 的逻辑函数相同的形式。从例 4-13 可看出，译码器特别适合用来实现多输入、多输出的组合逻辑电路。译码器内部逻辑中的各个最小项可以被多次重复使用。因此，输出的逻辑函数越多，译码器内部逻辑的利用率越高。

4.3.4 显示译码器

1. 七段字符显示器

很多仪器仪表和家用电器需要用十进制数字形式显示一些结果或状态信息。在数字系统中，基本的显示器件有两大类：发光二极管显示器和液晶显示器。常见的有七段字符显示器和点阵显示器。

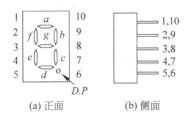

图 4.19 LED 七段字符显示器 BS201A 的结构和引脚

LED 七段字符显示器（半导体数码管）的结构如图 4.19 所示。它把每个数字分成若干个发光的线段，每段都是一个发光二极管。7 个段排列成一个“8”字的形状，每个段分别标记为 a、b、c、d、e、f、g，有些型号的产品在右下角还有一个小数点（Decimal Point）。

在 LED 七段字符显示器中，发光二极管有共阴极和共阳极两种连接方式，如图 4.20 所示。驱动共阴极的七段字符显示器，公共阴极接地，给要发光的段的 LED 加高电平。驱动共阳极的七段字符显示器，公共阳极接高电平，给要发光的段的 LED 加低电平。

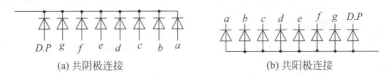

(a) 共阴极连接　　　　　　　(b) 共阳极连接

图 4.20 LED 七段字符显示器的内部电路

LCD 七段字符显示器内部不是发光二极管，而是把电极做成线段并排列成一个“8”字的形状。单个字符的 LCD 七段字符显示器的外部形状与 LED 七段字符显示器相同。

2. BCD 码-七段码显示译码器

LED 七段字符显示器和 LCD 七段字符显示器都可以用 TTL 或 CMOS 集成电路直接驱动。但是，数字系统需要显示的信息一般是以 BCD 码的形式输出的，还需要用显示译码器把要显示字符的 BCD 码译成七段字符显示器所需要的驱动信号。

例 4-14 设计一个显示译码器，能够把 0～9 这 10 个数字的 8421 BCD 码译成七段字形码。

解:

第一步：分析。显示译码器的功能与编码器和译码器都不同,其实是一种把 BCD 码转换成七段字形码的代码转换电路。其输入是 BCD 码,输出是七段字形码。对于 $1010\sim 1111$ 这 6 个非 BCD 码的码字,可以有两种处理方法:一种是拒绝译码,当输入是 $1010\sim 1111$ 时,输出是 0000000;另一种是发挥显示器未用到的功能,使显示器显示某些字母或符号。这里按第二种方法设计。实际上,七段字符显示器能够显示数十种数字、字母或符号。

第二步：列真值表。根据前面的分析和需要显示的字形列出真值表,如表 4.12 所示。

表 4.12　BCD-七段显示译码器的真值表

| 输　入 | | | | | 输　出 | | | | | | | 字形 |
数字	A_3	A_2	A_1	A_0	Y_a	Y_b	Y_c	Y_d	Y_e	Y_f	Y_g	
0	0	0	0	0	1	1	1	1	1	1	0	$\square$
1	0	0	0	1	0	1	1	0	0	0	0	
2	0	0	1	0	1	1	0	1	1	0	1	
3	0	0	1	1	1	1	1	1	0	0	1	
4	0	1	0	0	0	1	1	0	0	1	1	
5	0	1	0	1	1	0	1	1	0	1	1	
6	0	1	1	0	1	0	1	1	1	1	1	
7	0	1	1	1	1	1	1	0	0	0	0	
8	1	0	0	0	1	1	1	1	1	1	1	
9	1	0	0	1	1	1	1	0	0	1	1	
10	1	0	1	0	0	0	0	0	0	0	1	
11	1	0	1	1	0	0	0	1	1	0	1	
12	1	1	0	0	0	1	0	0	0	1	1	
13	1	1	0	1	0	0	1	1	0	1	1	
14	1	1	1	0	0	0	0	1	1	0	1	
15	1	1	1	1	1	1	0	0	1	1	1	

第三步：求逻辑函数表达式。

根据真值表,直接用卡诺图化简。图 4.21 是各逻辑函数的卡诺图。

化简后的逻辑函数表达式如下:

$$
\begin{cases}
Y_a = \overline{A}_3 A_1 + A_3 \overline{A}_2 \cdot \overline{A}_1 + A_2 A_1 A_0 + \overline{A}_3 A_2 A_0 + \overline{A}_3 \cdot \overline{A}_2 \cdot \overline{A}_0 \\
Y_b = \overline{A}_1 \cdot \overline{A}_0 + \overline{A}_2 \cdot \overline{A}_1 + A_2 A_1 A_0 + \overline{A}_3 \cdot A_2 \\
Y_c = \overline{A}_1 A_0 + \overline{A}_2 \cdot \overline{A}_1 + A_2 A_1 \overline{A}_0 + \overline{A}_3 \cdot \overline{A}_1 + \overline{A}_3 A_0 \\
Y_d = A_2 \overline{A}_1 A_0 + \overline{A}_2 \cdot \overline{A}_1 \cdot \overline{A}_0 + A_2 A_1 \overline{A}_0 + \overline{A}_2 A_1 A_0 + A_3 \cdot \overline{A}_2 A_1 \\
Y_e = A_3 A_1 A_0 + \overline{A}_2 \cdot \overline{A}_1 \cdot \overline{A}_0 + A_3 A_2 A_1 + \overline{A}_3 A_1 \overline{A}_0 \\
Y_f = \overline{A}_1 \cdot \overline{A}_0 + A_3 \overline{A}_2 \cdot \overline{A}_1 + A_3 A_2 A_1 A_0 + \overline{A}_3 A_2 \overline{A}_1 + \overline{A}_3 A_2 \overline{A}_0 \\
Y_g = A_1 \overline{A}_0 + A_2 \overline{A}_1 + \overline{A}_2 A_1 + A_3
\end{cases}
$$

例 4-15　集成 BCD-七段显示译码器 7448。

集成 BCD-七段显示译码器 7448 不仅具有例 4-14 中设计的 BCD-七段显示译码器的功能,还增加了附加控制电路以便进行电路功能的扩展。

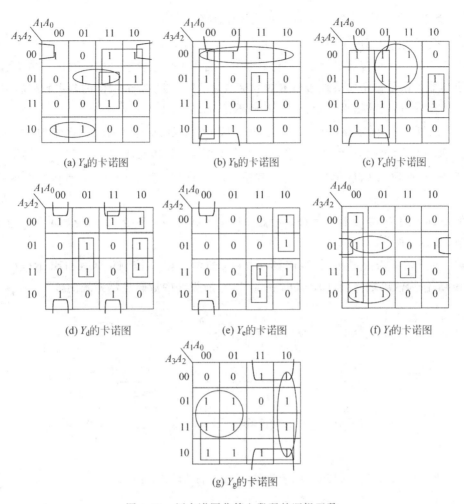

(a) Y_a的卡诺图

(b) Y_b的卡诺图

(c) Y_c的卡诺图

(d) Y_d的卡诺图

(e) Y_e的卡诺图

(f) Y_f的卡诺图

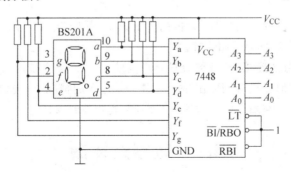

(g) Y_g的卡诺图

图 4.21　用卡诺图化简七段码的逻辑函数

7448 可以直接驱动共阴极的七段字符显示器。图 4.22 所示是用 7448 驱动七段字符显示器 BS201 的连接方法。

图 4.22　用 7448 驱动七段字符显示器的连接方法

7448 的附加控制端有 $\overline{LT}$、$\overline{RBI}$ 和 $\overline{BI}/\overline{RBO}$。各附加控制端的功能介绍如下。

（1）灯测试输入 $\overline{LT}$ 用作检查七段字符显示器各段能否正常发光。当 $\overline{LT}=0$ 时,输出

组合逻辑电路

$Y_a \sim Y_g$ 全部为高电平,使显示器的 7 个段同时点亮。

(2) 灭零输入 $\overline{\text{RBI}}$ 用于使不希望显示的 0 熄灭。当 $\overline{\text{RBI}}=0$ 时,如果 $A_3A_2A_1A_0$ 输入的 BCD 码是 0000,此时应该显示的"0"就不亮了。当用多个七段字符显示器显示多位数时,利用这个功能可以使显示的整数最高有效数字左边的"0"和小数最低位的非零数字右边的"0"都不亮。例如,可以使结果显示为 36.2,而不是 0036.200。

(3) 灭灯输入/灭零输出 $\overline{\text{BI}}/\overline{\text{RBO}}$ 是一个双功能的输入输出端。当它作为输入端使用时,只要 $\overline{\text{BI}}=0$,则无论 $A_3A_2A_1A_0$ 输入的是什么代码,各段均不亮。当它作为输出端使用时,如果输入的 BCD 码是 0000,并且灭零输入 $\overline{\text{RBI}}=0$,则输出 $\overline{\text{RBO}}=0$,表示这个位的 0 已经熄灭。

例 4-16 用 7448 和七段字符显示器设计一个数码显示系统,要求能显示 5 位整数和 3 位小数,有灭零控制。

解: 要灭掉不需要显示的 0,需利用 7448 的两个附加控制端 $\overline{\text{RBI}}$ 和 $\overline{\text{BI}}/\overline{\text{RBO}}$。其中,$\overline{\text{BI}}/\overline{\text{RBO}}$ 是作为输出端使用,即 $\overline{\text{RBO}}$。图 4.23 是所设计的数码显示系统的框图。

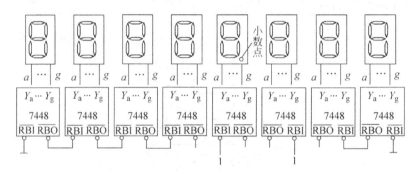

图 4.23 有灭零控制的 8 位数码显示系统

整数的最高位只要出现"0"都是必须灭掉的。所以,最高位的 7448 的 $\overline{\text{RBI}}$ 端直接接地并将其 $\overline{\text{RBO}}$ 与低一位的 7448 的 $\overline{\text{RBI}}$ 连接。按此方法一直连接到十位数的 7448。但是个位数的"0"和小数点右边第一位小数的"0"是符合人的习惯的,不能灭掉。所以,这两个 7448 的 $\overline{\text{RBI}}$ 端应该接高电平。

最低位的小数出现的"0"是必须灭掉的。所以,最低位的 7448 的 $\overline{\text{RBI}}$ 端直接接地,同时将其 $\overline{\text{RBO}}$ 与高一位的 7448 的 $\overline{\text{RBI}}$ 连接。

按照图 4.23 的方法连接,整数部分只有当高位是 0 而且已被熄灭的情况下,低位才有灭零输入信号。小数部分只有当低位是 0 而且已被熄灭的情况下,高位才有灭零输入信号。

如果需要驱动的是共阳极的七段字符显示器,可以采用 7447。

4.4 数据选择器

4.4.1 数据选择器概述

数据选择器(Multiplexer)又称为多路开关,其功能是从一组输入数据中选出一个输出给后面的电路。常见的数据选择器产品有"2 选 1"、"4 选 1"、"8 选 1"和"16 选 1"等。

例 4-17 设计 4 选 1 数据选择器的逻辑函数,要求有一个低电平输入有效的使能端 E。

解:设 4 选 1 数据选择器的输入为 D_3、D_2、D_1、D_0,输出为 Y。要区分 4 个输入,需 2 位地址,用 $A_1 A_0$ 表示。根据数据选择器的功能列出真值表,如表 4.13 所示。

表 4.13 4 选 1 数据选择器的简化真值表

$\overline{E}$	A_1	A_0	Y
1	$\times$	$\times$	0
0	0	0	D_0
0	0	1	D_1
0	1	0	D_2
0	1	1	D_3

根据表 4.13 的真值表,可写出 4 选 1 数据选择器的逻辑函数式:
$$Y = (\overline{A_1} \cdot \overline{A_0} \cdot D_0 + \overline{A_1} A_0 \cdot D_1 + A_1 \overline{A_0} \cdot D_2 + A_1 A_0 \cdot D_3) \cdot E$$

例 4-18 双 4 选 1 数据选择器 74HC153。

74HC153 内部有两个完全相同的、相互独立的 4 选 1 数据选择器,其外部功能引脚如图 4.24 所示。每个 4 选 1 数据选择器有自己的使能端,但地址输入端是由两个 4 选 1 数据选择器公用的。

例 4-19 将双 4 选 1 数据选择器 74HC153 连接成 8 选 1 数据选择器。

解:8 选 1 数据选择器需要 3 位地址,而 4 选 1 数据选择器只有 2 位地址,可利用 74HC153 的两个使能端作为第 3 位地址的输入端,电路连接如图 4.25 所示。当 A_2 为低电平时,从 $D_{10} \sim D_{13}$ 中选择一个输出到 Y_1;当 A_2 为高电平时,从 $D_{20} \sim D_{23}$ 中选择一个输出到 Y_2。8 选 1 数据选择器的输出 Y 是 Y_1 与 Y_2 的或。

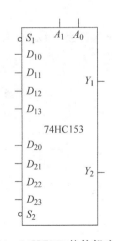

图 4.24 74HC153 的外部功能引脚

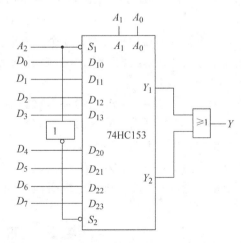

图 4.25 将 74HC153 连接成 8 选 1 数据选择器

4.4.2 用数据选择器设计组合逻辑电路

在 N 选 1 数据选择器中不仅有 N 个最小项,而且还有 N 个数据输入端。合理地利用这 N 个最小项和 N 个数据输入端可以实现任何一个有 $N+1$ 个变量的逻辑函数。

例 4-20 用数据选择器设计一个监视交通信号灯工作状态的逻辑电路。

解：在例 4-3 中已经得到了监视交通信号灯工作状态的逻辑电路的逻辑函数式：

$$F = \bar{R} \cdot \bar{A} \cdot \bar{G} + \bar{R}AG + R\bar{A}G + RA\bar{G} + RAG$$

这个逻辑函数有三个变量，可以用 4 选 1 数据选择器实现。4 选 1 数据选择器的逻辑函数式为：

$$Y = \bar{A_1} \cdot \bar{A_0} \cdot D_0 + \bar{A_1}A_0 \cdot D_1 + A_1 \bar{A_0} \cdot D_2 + A_1A_0 \cdot D_3$$

如果用数据选择器设计这个逻辑电路，需要将逻辑函数式变换成与数据选择器的逻辑函数式有相同的形式，而不是像用 SSI 设计时对逻辑函数式进行化简。如果令输入变量 R 和 A 对应数据选择器的地址输入端 A_1 和 A_0，则：

$$F = \bar{R} \cdot \bar{A} \cdot \bar{G} + \bar{R}AG + R\bar{A}G + RA\bar{G} + RAG$$
$$= \bar{R} \cdot \bar{A} \cdot \bar{G} + \bar{R}AG + R\bar{A}G + RA \cdot 1$$

与 4 选 1 数据选择器的逻辑函数式比较，可找出其对应关系：

$$A_1 = R, A_0 = A, D_0 = \bar{G}, D_1 = G, D_2 = G, D_3 = 1$$

根据上述对应关系可画出逻辑图，如图 4.26 所示。

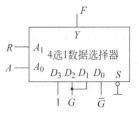

图 4.26 例 4-20 的逻辑图

例 4-21 试用 8 选 1 数据选择器产生逻辑函数：

$$Y = A\bar{C}D + \bar{A} \cdot \bar{B}CD + ABCD + BC + B\bar{C} \cdot \bar{D}$$

解：8 选 1 数据选择器的逻辑函数式为：

$$Y = (\bar{A_2} \cdot \bar{A_1} \cdot \bar{A_0})D_0 + (\bar{A_2} \cdot \bar{A_1}A_0)D_1 + (\bar{A_2}A_1 \bar{A_0})D_2 + (\bar{A_2}A_1A_0)D_3$$
$$+ (A_2 \bar{A_1} \cdot \bar{A_0})D_4 + (A_2 \bar{A_1}A_0)D_5 + (A_2A_1 \bar{A_0})D_6 + (A_2A_1A_0)D_7$$

首先把给定的逻辑函数变换成与 8 选 1 数据选择器的逻辑函数相同的形式：

$$Y = AB\bar{C}D + A\bar{B} \cdot \bar{C}D + \bar{A} \cdot \bar{B}CD + ABCD + ABC\bar{D} + \bar{A}BCD$$
$$+ \bar{A}BC\bar{D} + AB\bar{C} \cdot \bar{D} + \bar{A}B\bar{C} \cdot \bar{D}$$

在 4 个输入变量中任意选择 3 个作为数据选择器的地址输入都是可以的，只是设计出的电路有所不同。现选定用 A、C、D 作地址，即 $A_0 = D$，$A_1 = C$，$A_2 = A$，则

$$Y = B\bar{A} \cdot \bar{C} \cdot \bar{D} + 0 \cdot \bar{A} \cdot \bar{C}D + B\bar{A}C\bar{D} + 1 \cdot \bar{A}CD$$
$$+ B \cdot A\bar{C} \cdot \bar{D} + 1 \cdot A\bar{C}D + B \cdot AC\bar{D} + B \cdot ACD$$

变量的对应关系为：

$$D_0 = D_2 = D_4 = D_6 = D_7 = B, D_1 = 0, D_3 = D_5 = 1$$

根据上述对应关系可画出逻辑图，如图 4.27 所示。

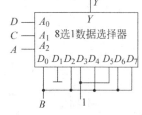

图 4.27 例 4-21 的逻辑图

4.5 加 法 器

4.5.1 半加器和全加器

1. 半加器

不考虑来自低位的进位，将两个一位二进制数相加产生"和"和"进位(Carry)"，称为半加。实现半加运算的电路叫做半加器(Half Adder)。

例 4-22 设计一个半加器。

解：设半加器的输入是相加两数 A、B，输出是和 S 以及进位 C_O。根据半加器的功能做出真值表，如表 4.14 所示。

根据表 4.14 写出逻辑函数式：

$$\begin{cases} S = \overline{A}B + A\overline{B} = A \oplus B \\ C_O = A \cdot B \end{cases}$$

根据半加器的逻辑函数式画出逻辑图，如图 4.28 所示。

表 4.14　半加器的真值表

A	B	S	C_O
0	0	0	0
0	1	1	0
1	0	1	0
1	1	0	1

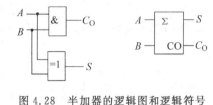

图 4.28　半加器的逻辑图和逻辑符号

2. 全加器

对两个操作数 A、B 的第 i 位 A_i 和 B_i 以及低位向本位的进位 C_{i-1} 进行求和，产生本位和 S_i 及本位向高位的进位 C_i 的逻辑电路称为全加器（Full Adder）。

例 4-23 设计一个一位全加器。

解：设全加器的输入是 A_i、B_i 以及低位来的进位 C_{i-1}，输出是本位和 S_i 以及本位向高位的进位 C_i。根据全加器的功能做出真值表，如表 4.15 所示。

表 4.15　全加器的真值表

A_i	B_i	C_{i-1}	S_i	C_i	A_i	B_i	C_{i-1}	S_i	C_i
0	0	0	0	0	1	0	0	1	0
0	0	1	1	0	1	0	1	0	1
0	1	0	1	0	1	1	0	0	1
0	1	1	0	1	1	1	1	1	1

根据表 4.15 写出逻辑函数式：

$$\begin{cases} S_i = \overline{A}_i \cdot \overline{B}_i C_{i-1} + \overline{A}_i B_i \overline{C}_{i-1} + A_i \overline{B}_i \cdot \overline{C}_{i-1} + A_i B_i C_{i-1} \\ \quad = A_i \oplus B_i \oplus C_{i-1} \\ C_i = \overline{A}_i B_i C_{i-1} + A_i \overline{B}_i C_{i-1} + A_i B_i \overline{C}_{i-1} + A_i B_i C_{i-1} \\ \quad = A_i B_i + (A_i \oplus B_i) C_{i-1} \end{cases}$$

根据全加器的逻辑函数式画出逻辑图，如图 4.29 所示。

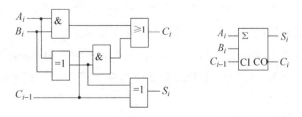

图 4.29　全加器的逻辑图和逻辑符号

4.5.2 并行加法器和进位链

加法器(Adder)是用来完成两个 N 位二进制数的加法/减法运算的部件。根据加法器能否同时对二进制数的多个位相加,可分为串行加法器和并行加法器。能对相加的两个 N 位二进制数的所有数位同时进行求和的加法器称为并行加法器。一个 N 位并行加法器是由 N 个一位全加器和进位链组成。进位链是产生和传递进位信号的逻辑。根据进位链结构的不同,并行加法器又可分为串行进位加法器和并行进位加法器。

1. 串行进位加法器

把 N 个全加器按图 4.30 所示的方法连接起来,低位的进位输出与高位的进位输入连接,各位全加器的进位信号以串联形式逐位传递,逐位产生的并行加法器称为串行进位加法器。

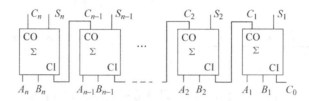

图 4.30 串行进位加法器

串行进位又叫行波进位,其每一位的进位直接依赖于前一级的进位,是逐级形成的。串行进位链结构简单,但运算速度却受进位的延迟时间的严重影响。例如,两个 16 位二进制数相加,每一位的半加和可立即产生,而真正的和 S 要等低位的进位信号到来后才能产生。最高位进位 C_{16} 以及和 S 的产生是最低位进位逐级传递的结果。而进位在传递过程中每经过一级门都要产生延迟。每个全加器的进位延迟时间是 $2t_{pd}$,N 位串行进位加法器的进位延迟时间是 $2Nt_{pd}$。当加法器位数很多时,其延迟时间是很可观的。

2. 并行进位加法器

为了提高运算速度,必须改变进位逐位传递的路径,使进位并行地向高位传递,减少进位传递的时间。化简后的进位逻辑函数式为:

$$C_i = \overline{A_i}B_iC_{i-1} + A_i\overline{B_i}C_{i-1} + A_iB_i\overline{C_{i-1}} + A_iB_iC_{i-1}$$
$$= A_iB_i + (A_i + B_i)C_{i-1}$$

从这个逻辑表达式可知,进位 C_i 可分解为 A_iB_i 和 $(A_i+B_i)C_{i-1}$ 两部分。

其中,A_iB_i 仅取决于本位参加运算的两数 A_i 和 B_i,而与低位传来的进位 C_{i-1} 无关,称为第 i 位产生的本地进位,可用进位产生函数 $G_i = A_iB_i$ 表示。

$(A_i+B_i)C_{i-1}$ 为第 i 位产生的传送进位或条件进位,称 (A_i+B_i) 为进位的传送条件,它决定从低位来的进位是被接通还是被阻断,可用进位传递函数 $P_i = A_i + B_i$ 表示。

当 A_i 和 B_i 同时为 1 时,G_i 为 1,无论有无从低位来的进位,都会产生向高位的进位。当 A_i 和 B_i 中任意一个为 1 时,P_i 就为 1,从低位传来的进位 C_{i-1} 将超越本位直接向更高位传递。

将 P_i 和 G_i 代入进位表达式中进行递推,得出:

$$C_i = G_i + P_i C_{i-1}$$
$$= G_i + P_i(G_{i-1} + P_{i-1}C_{i-2})$$
$$= G_i + P_i(G_{i-1} + P_{i-1}(G_{i-2} + P_{i-2}C_{i-3}))$$
$$\cdots$$
$$= G_i + P_i(G_{i-1} + P_{i-1}(G_{i-2} + P_{i-2}(G_{i-3} + \cdots (G_2 + P_2(G_1 + P_1C_0))\cdots)))$$
$$= G_i + P_iG_{i-1} + P_iP_{i-1}G_{i-2} + P_iP_{i-1}P_{i-2}G_{i-3} + \cdots + (P_iP_{i-1}P_{i-2}\cdots P_2G_1)$$
$$+ (P_iP_{i-1}\cdots P_2P_1C_0)$$

递推的结果,所有各位的进位都直接依赖最低位进位 C_0,即所有各位的进位可以直接从 C_0 并行产生,因此又称为超前进位。这种形式的进位链称为并行进位链,构成的加法器称为超前进位加法器,其进位延迟时间只有 $3t_{pd}$。

并行进位的优点是速度快,但线路复杂,而且随着位数的增加,进位形成逻辑的输入变量将增多到没有可以实现的元器件。因此,实际采用的是分组跳跃进位的方式。把加法器分成若干小组,每组包含若干位,在小组内采用并行快速进位,组间可以是串行进位,也可以是并行进位。

例 4-24 设计 4 位一组的并行进位链逻辑。

解: 根据前面推导的并行进位逻辑函数,可直接写出 4 位一组的并行进位表达式。
$$\begin{cases} C_1 = G_1 + P_1C_0 \\ C_2 = G_2 + P_2C_1 = G_2 + P_2G_1 + P_2P_1C_0 \\ C_3 = G_3 + P_3C_2 = G_3 + P_3G_2 + P_3P_2G_1 + P_3P_2P_1C_0 \\ C_4 = G_4 + P_4C_3 = G_4 + P_4G_3 + P_4P_3G_2 + P_4P_3P_2G_1 + P_4P_3P_2P_1C_0 \end{cases}$$

根据 4 位一组的并行进位表达式,画出 4 位超前进位链的逻辑图,如图 4.31 所示。

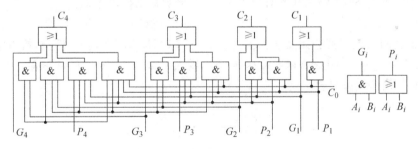

图 4.31　4 位一组并行进位链

例 4-25 集成 4 位超前进位加法器 74HC283。

74HC283 内部包括 4 个一位全加器和 4 位超前进位链逻辑,能够进行两个 4 位二进制数的加法运算。74HC283 的外部引脚如图 4.32 所示。

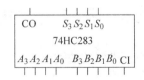

图 4.32　4 位超前进位加法器 74HC283

4.5.3 用加法器设计组合逻辑电路

如果要设计的逻辑函数能转换成两个输入变量相加,或者一个输入变量与一个常量相加的形式,就可以很容易地用加法器来实现。

例 4-26 设计一个代码转换电路,其功能是将输入的 8421 BCD 码转换成余 3 码。

解:余 3 码与 8421 码之间有非常简单的对应关系,即如果把余 3 码的每个码字看作是一个二进制数,则每个数字的余 3 码都比 8421 码大 0011,根据这个关系可列出代码转换电路的真值表,如表 4.16 所示。

表 4.16 例 4-26 的真值表

输		入		输		出	
D	C	B	A	Y_3	Y_2	Y_1	Y_0
0	0	0	0	0	0	1	1
0	0	0	1	0	1	0	0
0	0	1	0	0	1	0	1
0	0	1	1	0	1	1	0
0	1	0	0	0	1	1	1
0	1	0	1	1	0	0	0
0	1	1	0	1	0	0	1
0	1	1	1	1	0	1	0
1	0	0	0	1	0	1	1
1	0	0	1	1	1	0	0

根据余 3 码与 8421 码之间的对应关系,可写出逻辑函数表达式:

$$Y_3Y_2Y_1Y_0 = DCBA + 0011$$

这样的逻辑关系很适合用加法器实现。画出用 74HC283 实现的代码转换电路逻辑图,如图 4.33 所示。从 74HC283 的一个输入端口输入 8421 BCD 码,另一个输入端口接固定的电平 0011,输出端就得到了余三码。

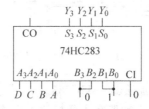

图 4.33 用 74HC283 实现的代码转换电路

4.6 数值比较器

数值比较器的功能是比较两个二进制数的大小。

4.6.1 一位数值比较器

两个一位二进制数 A、B 比较的结果有相等、大于和小于三种情况。表 4.17 所示是两个一位二进制数比较的真值表。

根据表 4.17 的真值表，可写出一位数值比较器的逻辑函数式：

$$\begin{cases} Y_{A>B} = A\bar{B} \\ Y_{A=B} = \bar{A} \cdot \bar{B} + AB = \overline{A \oplus B} \\ Y_{A<B} = \bar{A}B \end{cases}$$

根据逻辑函数式可画出逻辑图，如图 4.34 所示。

表 4.17　一位数值比较器的真值表

A	B	$Y_{A>B}$	$Y_{A=B}$	$Y_{A<B}$
0	0	0	1	0
0	1	0	0	1
1	0	1	0	0
1	1	0	1	0

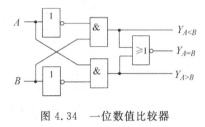

图 4.34　一位数值比较器

4.6.2　多位数值比较器

如果两个多位二进制数 A、B 相等，一定是对应的每个位都相等。要判断两个多位二进制数 A、B 的大小，应该从最高位开始逐位比较。如果最高位不同就得出比较结果，只有在最高位相等时才需要比较低位。

例 4-27　设计一个 4 位数值比较器。

解：设 A、B 是两个 4 位二进制数 $A_3A_2A_1A_0$ 和 $B_3B_2B_1B_0$。进行比较时，首先比较 A_3 和 B_3。如果 $A_3 > B_3$，则无论其他各位是何值，一定是 A 大于 B。反之，若 $A_3 < B_3$，则无论其他各位是何值，一定是 A 小于 B。如果 $A_3 = B_3$，就必须进一步比较低位的 A_2 和 B_2 来判断 A 和 B 的大小了。如此继续，总能比较出结果。

根据上面的分析并参考一位数值比较器的逻辑，可写出 4 位数值比较器的逻辑函数式：

$$\begin{cases} Y_{(A=B)} = \overline{(A_3 \oplus B_3)} \cdot \overline{(A_2 \oplus B_2)} \cdot \overline{(A_1 \oplus B_1)} \cdot \overline{(A_0 \oplus B_0)} \\ Y_{(A<B)} = \overline{A_3}B_3 + \overline{(A_3 \oplus B_3)} \cdot \overline{A_2}B_2 + \overline{(A_3 \oplus B_3)} \cdot \overline{(A_2 \oplus B_2)} \cdot \overline{A_1}B_1 \\ \qquad\quad + \overline{(A_3 \oplus B_3)} \cdot \overline{(A_2 \oplus B_2)} \cdot \overline{(A_1 \oplus B_1)} \cdot \overline{A_0}B_0 \\ Y_{(A>B)} = \overline{Y_{(A<B)} + Y_{(A=B)}} \end{cases}$$

4 位数值比较器的集成电路产品有 CC14585 等。为了增强功能，除了数据输入端和比较结果输出端外，CC14585 还增加了三个扩展输入端 $I_{A<B}$、$I_{A=B}$、$I_{A>B}$，供连接成多位数值比较器用。CC14585 的外部引脚如图 4.35 所示。需要注意的是，只有 $I_{A>B}=1$，才能使 $Y_{A>B}=1$。

例 4-28　用两片 CC14585 组成一个 8 位数值比较器。

解：根据多位二进制数比较的规则，当高位相等时需根据低位的比较结果决定大小，若高位和低位都相等则两数相等。因此，在用两个 4 位数值比较器组成 8 位数值比较器时，需要把低位的 $Y_{A=B}$ 和 $Y_{A<B}$ 分别与高位的 $I_{A=B}$ 和 $I_{A<B}$ 连接，如图 4.36 所示。但是两片 CC14585 的 $I_{A>B}$ 必

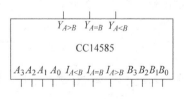

图 4.35　集成 4 位数值比较器
　　　　　CC14585

须接 1,低位的 $I_{A=B}$ 必须接 1 且 $I_{A<B}$ 接 0。

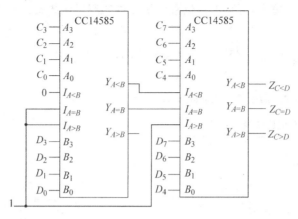

图 4.36　用两片 CC14585 组成 8 位数值比较器

4.7　组合逻辑电路中的竞争-冒险现象

4.7.1　竞争-冒险现象

在前面的章节中讨论的组合逻辑电路的功能都是指输入和输出信号稳定状态下的功能。当输入信号发生变化尚未稳定时,输出信号的状态也在变化之中,不一定与电路在稳定状态下的逻辑功能一致。例如,图 4.37 所示的一个简单的二输入与门电路,当输入 $A=1$,$B=0$ 时,输出 $Y=0$。当输入 $A=0$,$B=1$ 时,输出 $Y=0$。但是,当 A、B 同时向相反方向变化时,输出在一个短暂的时间里却出现了 $Y=1$ 的情况。

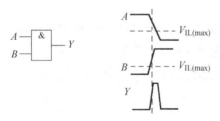

图 4.37　与门电路的竞争-冒险现象

出现这个现象的原因是当输入信号 B 从 0 上升到 $V_{IL(max)}$ 以上时,输入信号 A 还没有降低到 $V_{IL(max)}$ 以下,A 和 B 在一个短暂的时间里同处于高电平,使输出出现很窄的 $Y=1$ 的尖峰脉冲,这种尖峰脉冲也称为电压毛刺。

数字电子学把门电路的两个输入信号同时向相反的逻辑电平变化的状况称为竞争。虽然有竞争现象并不一定都会产生尖峰脉冲,但竞争现象的存在就有可能在输出端出现违背稳态下逻辑关系的尖峰脉冲。这种由于竞争而在电路的输出端可能产生尖峰脉冲的现象叫做竞争-冒险。竞争-冒险现象有可能导致电路的误动作或者输出错误信息。为此,发展出一些判断分析数字电路是否存在竞争-冒险的方法,包括计算机辅助分析的方法。例如,Quartus Ⅱ 具有分析用 VHDL 设计的逻辑电路是否存在竞争-冒险的功能,能够在时序仿真波形中存在竞争-冒险的时刻表现出尖峰脉冲。

4.7.2　消除竞争-冒险现象的方法

1. 接入滤波电容

由于竞争-冒险产生的尖峰脉冲一般都很窄(在纳秒数量级),因此只要在电路的输出端并联一个很小的电容器 C_f(如图 4.38(a)所示)就可以把尖峰脉冲的幅度削弱到门电路的阈值电压以下。在 TTL 电路中,C_f 通常为数十皮法左右。

这种方法简单易行,但增大了输出电压波形的上升时间和下降时间,使波形变坏,只适用于对输出波形的前、后沿无严格要求的场合。

2. 引入选通脉冲

在电路中引入一个选通脉冲 P(如图 4.38(b)所示),使得电路只在达到稳定状态以后才输出,而在输入信号发生变化的时间并不输出。

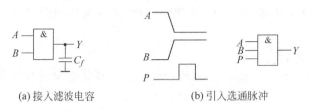

(a)接入滤波电容　　　　　(b)引入选通脉冲

图 4.38　消除竞争-冒险现象的两种方法

这种方法虽然能够有效封锁在电路的过渡阶段可能出现的尖峰脉冲,但也使电路的输出信号变成了脉冲信号,并不是在任何情况下都可以使用的。

3. 修改逻辑设计

如果发现电路存在竞争-冒险现象,有时可以用修改逻辑设计的方法消除。

例 4-29　用增加冗余项的方法消除竞争-冒险。

图 4.39(a)所示电路的逻辑函数为:

$$F = AB + \overline{A}C$$

当 $B = C = 1$ 时,上式将成为:

$$F = A + \overline{A}$$

当输入变量 A 发生突变时,输出端有可能产生尖峰脉冲,即存在竞争-冒险。如果给该逻辑增加一个冗余项 BC(如图 4.39(b)所示),使逻辑函数变为:

$$F = AB + \overline{A}C + BC$$

根据逻辑代数的常用公式可知这两个函数式是相等的,所以电路的逻辑功能并没有变化。但是,在增加冗余项后,当 $B = C = 1$ 时,无论 A 怎样变化都不能改变输出端的状态了。

然而,用增加冗余项的方法只能消除某种情况下的竞争-冒险,并不能消除所有可能的竞争-冒险。例如,当 A 和 B 同时改变状态时,图 4.39(b)所示电路仍然存在竞争-冒险。

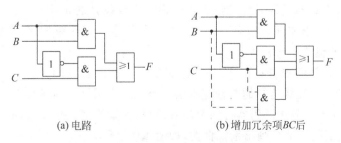

(a)电路　　　　　　　(b)增加冗余项 BC 后

图 4.39　用增加冗余项的方法消除竞争-冒险

4.8　用 VHDL 设计组合逻辑电路

用 VHDL 设计组合逻辑电路的方法如下。

第一步：逻辑抽象。

分析给定问题的因果关系，确定输入、输出变量，得到一个系统框图，如图 4.40 所示。这个框图表现了系统的输入、输出信号，是后面设计 VHDL 程序的 Entity 的依据。系统框图的画法不必拘泥于 GB/T 4728.12 的规定，只要能清楚地表现出系统的输入、输出就可以了。

图 4.40　系统框图的形式

第二步：逻辑分析。

逻辑分析进行到什么程度与所用的 VHDL 语言描述方法有关。简单的电路一般采用行为描述或数据流描述的方法。比较复杂的系统往往需要划分成若干个子系统或元件，分成几个层次用结构描述的方法进行设计。

如果采用行为描述的方法，则逻辑分析得到真值表就可以了。

如果采用数据流描述的方法，还必须根据真值表写出逻辑函数表达式。从真值表写出的逻辑函数表达式不一定需要化简，因为 Quartus Ⅱ 软件能够自动对逻辑函数式化简。有时候可以把逻辑函数式变换成异或表达式等形式以使写出的程序更加简练。

如果采用结构描述的方法，则逻辑分析还必须画出逻辑图，并在图中给内部各元件之间的每条连接线标注上信号名。

第三步：程序设计。

根据第一步得到的系统框图写出 VHDL 程序的 Entity，规定每个端口的数据类型。

根据第二步的结果写出 VHDL 程序的 Architecture。行为描述是根据前一步得到的真值表，数据流描述是根据前一步得到的逻辑函数表达式。行为描述和数据流描述可以采用并行赋值语句。如果要使用 if 语句、case 语句，则必须把它们写在 process 中。

结构描述是根据前一步得到的逻辑图写 VHDL 程序的 Architecture。此外，还需要为每个下层的 Component 设计程序。如果系统中 Component 的数量比较多，还可以定义 Package。

第四步：编译和仿真。

编译的过程可以发现 VHDL 程序的语法错误。但是，通过编译的程序只是消除了语法错误，并不表明没有逻辑错误。经过仿真才能确定逻辑设计的正确与否。必须根据真值表设计好仿真的输入波形文件。如果输入变量的某些组合是有约束的，仿真的输入波形文件必须包括有约束的输入组合。

例 4-30　用 VHDL 设计一个 2 线-4 线译码器。输入为二进制编码。

解：像编码器、译码器这样的组合逻辑电路特别适合用行为描述的方法来设计。

首先作逻辑抽象。2-4 译码器有两个输入信号，分别用 A_0 和 A_1 表示；4 个输出信号，分别用 Y_3、Y_2、Y_1、Y_0 表示。画出系统框图，如图 4.41 所示。

根据题意作出 2-4 译码器的真值表，如表 4.18 所示。

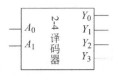

图 4.41 2-4 译码器的系统框图

表 4.18 2-4 译码器的真值表

A_1	A_0	Y_3	Y_2	Y_1	Y_0
0	0	0	0	0	1
0	1	0	0	1	0
1	0	0	1	0	0
1	1	1	0	0	0

用行为描述的方法就是根据表 4.18 的真值表设计 VHDL 程序的 Architecture。这里选用并行的条件赋值语句。VHDL 源程序如下:

```
library ieee;
use ieee.std_logic_1164.all;
entity decoder2_4 is
  port ( a0, a1 : in Bit;
      y0, y1, y2, y3 : out Bit);
end entity;
architecture decoderp of decoder2_4 is
begin
  y0 <= '1' when a0 = '0' and a1 = '0' else
      '0';
  y1 <= '1' when a0 = '0' and a1 = '1' else
      '0';
  y2 <= '1' when a0 = '1' and a1 = '0' else
      '0';
  y3 <= '1' when a0 = '1' and a1 = '1' else
      '0';
end decoderp;
```

例 4-31 用 VHDL 行为描述的方法设计一个 8 线-3 线编码器,输入低电平有效。

解:首先作逻辑抽象。8-3 编码器有 8 个输入信号,分别用 I_0、I_1、$\cdots$、I_7 表示;3 个输出信号,分别用 Y_2、Y_1、Y_0 表示。画出系统框图,如图 4.42 所示。

采用自然二进制数作为编码器输出的编码,得到 8-3 编码器的真值表——编码表,如表 4.19 所示。

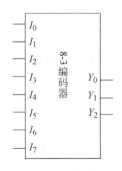

图 4.42 8-3 编码器的系统框图

表 4.19 8-3 编码器的编码表

	Y_2	Y_1	Y_0
I_0	0	0	0
I_1	0	0	1
I_2	0	1	0
I_3	0	1	1
I_4	1	0	0
I_5	1	0	1
I_6	1	1	0
I_7	1	1	1

组合逻辑电路

用行为描述的方法就是在 VHDL 程序的 Architecture 中描述表 4.19 的编码表。考虑到 8-3 编码器的输入、输出信号多,为了便于仿真,把输入设计成一个 8 位的向量 I,输出设计成一个 3 位的向量 Y。VHDL 源程序如下:

```
library ieee;
use ieee.std_logic_1164.all;
entity encoder8to3 is
port (I_L: in std_logic_vector (0 to 7);
         Y: out   std_logic_vector (2 downto 0));
end encoder8to3;
architecture encoder8to3p of encoder8to3 is
begin
process(I_L)
  begin
    case I_L is
    when "01111111" => Y <= "000";          -- I0 输入有效
    when "10111111" => Y <= "001";          -- I1 输入有效
    when "11011111" => Y <= "010";
    when "11101111" => Y <= "011";
    when "11110111" => Y <= "100";
    when "11111011" => Y <= "101";
    when "11111101" => Y <= "110";
    when "11111110" => Y <= "111";          -- I7 输入有效
    when others => null;
    end case;
end process;
end encoder8to3p;
```

例 4-32　用 VHDL 数据流描述的方法设计一个一位全加器。

解:首先作逻辑抽象。全加器有三个输入信号,分别用 A_i、B_i 和 C_i 表示;两个输出信号,分别用 S_i 和 C_O 表示。画出系统框图,如图 4.43 所示。

图 4.43　全加器的系统框图

为了节省篇幅,这里利用例 4-23 的结果,全加器的逻辑函数式为:

$$C_O = A_i \cdot B_i + (A_i \oplus B_i) \cdot C_i$$
$$S_i = A_i \oplus B_i \oplus C_i$$

数据流描述的方法就是在 VHDL 程序的 Architecture 中描述逻辑函数式。这里选用并行赋值语句。VHDL 源程序如下:

```
library ieee;
use ieee.std_logic_1164.all;
entity full_adder is
    port( ai, bi , ci: in std_logic;
        si, co : out std_logic);
end entity;
architecture adder of full_adder is
```

```
begin
    si <= ai xor bi xor ci;    -- 全加和
    co <= (ai and bi) or ((ai xor bi) and ci);    -- 进位
end adder;
```

例 4-33 用 VHDL 设计一个 4 位数据的 4 选 1 数据选择器。

解：首先作逻辑抽象。4 选 1 数据选择器有 4 路输入数据信号，分别用 A、B、C 和 D 表示，每路数据是 4 个二进制位；两位地址输入信号，用 S 表示；一个数据输出信号（4 个二进制位），用 Z 表示。画出系统框图，如图 4.44 所示。

根据题意作出 4 选 1 数据选择器的简化真值表，如表 4.20 所示。

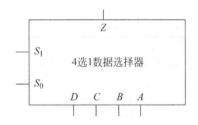

图 4.44　4 选 1 数据选择器的系统框图

表 4.20　4 选 1 数据选择器的简化真值表

S_1	S_0	Z
0	0	A
0	1	B
1	0	C
1	1	D

数据选择器用行为描述的方法设计最为方便。这里选用选择赋值语句。VHDL 源程序如下：

```
library ieee;
use ieee.std_logic_1164.all;
entity mux4to1 is
    port (a, b, c, d: in std_logic_vector(3 downto 0);
            s: in std_logic_vector(1 downto 0);
            z: out std_logic_vector(3 downto 0));
end mux4to1;
architecture archmux of mux4to1 is
begin
    with s select
    z <= a when "00",
            b when "01",
            c when "10",
            d when "11";
end archmux;
```

例 4-34 用 VHDL 设计一个 8-3 优先编码器。

解：首先作逻辑抽象。8-3 优先编码器有 8 个输入，分别用 I_0、I_1、$\cdots$、I_7 表示，I_7 的优先级最高，I_0 的优先级最低；3 个编码输出，分别用 F_2、F_1、F_0 表示。一个附加输出端 G，$G=0$ 表示没有输入。画出系统框图，如图 4.45 所示。

根据题意作出优先编码表，如表 4.21 所示。

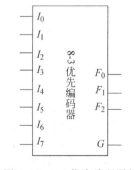

图 4.45　8-3 优先编码器的
系统框图

107

组合逻辑电路

表 4.21　例 4-34 的优先编码表

输　　入								输　　出			
I_0	I_1	I_2	I_3	I_4	I_5	I_6	I_7	F_2	F_1	F_0	G
1	0	0	0	0	0	0	0	0	0	0	1
×	1	0	0	0	0	0	0	0	0	1	1
×	×	1	0	0	0	0	0	0	1	0	1
×	×	×	1	0	0	0	0	0	1	1	1
×	×	×	×	1	0	0	0	1	0	0	1
×	×	×	×	×	1	0	0	1	0	1	1
×	×	×	×	×	×	1	0	1	1	0	1
×	×	×	×	×	×	×	1	1	1	1	1
0	0	0	0	0	0	0	0	0	0	0	0

本例用 if 语句编程,按照输入信号的优先级决定判断的先后顺序。VHDL 源程序如下:

```
library ieee;
use ieee.std_logic_1164.all;
entity priority_encoder is
port (I : in bit_vector(7 downto 0);        -- prioritised inputs
      F : out bit_vector(2 downto 0);       -- encoded outputs
      G : out bit);                         -- group signal output
end priority_encoder;
architecture behave of priority_encoder is
begin
  process( I )
  begin
    G <= '1';
    F <= "000";
    if I(7) = '1' then
       F <= "111";                          -- I₇ 的编码
    elsif I(6) = '1' then
       F <= "110";
    elsif I(5) = '1' then
       F <= "101";                          -- I₅ 的编码
    elsif I(4) = '1' then
       F <= "100";
    elsif I(3) = '1' then
       F <= "011";                          -- I₃ 的编码
    elsif I(2) = '1' then
       F <= "010";
    elsif I(1) = '1' then
       F <= "001";
    elsif I(0) = '1' then
       F <= "000";                          -- I₀ 的编码
    else
       G <= '0';                            -- 无输入的状态
    end if;
```

```
      end process;
  end behave;
```

例 4-35 用 VHDL 设计一个代码转换电路,能够把 0~9 这 10 个数字的 8421 BCD 码译成七段字形码。

解:首先作逻辑抽象。代码转换电路的输入为 4 位的 BCD 码,用 $BCDIN_3 \sim BCDIN_0$ 表示;输出为 7 位的七段字形码,用 $SEGOUT_6 \sim SEGOUT_0$ 表示。画出系统框图,如图 4.46 所示。图中用 B_i 代表 $BCDIN_i$,用 S_i 代表 $SEGOUT_i$。

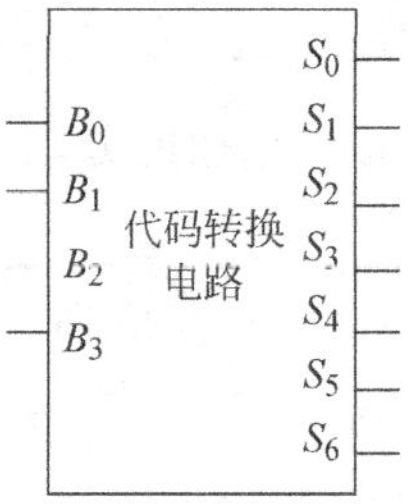

为了节省篇幅,这里利用例 4-14 的结果并选用选择赋值语句编程。VHDL 源程序如下:

图 4.46 代码转换电路的
系统框图

```
library ieee;
use ieee.std_logic_1164.all;
entity bcd2seg7 is
  port (bcdin : in std_logic_vector(3 downto 0);
        segout :   out std_logic_vector(6 downto 0));
end bcd2seg7;
architecture ver3 of bcd2seg7 is
begin
with bcdin select
  segout <= "1111110" when "0000",          -- display"0"
            "0110000" when "0001",          -- display"1";
            "1101101" when "0010",
            "1111001" when "0011",
            "0110011" when "0100",          -- display"4";
            "1011011" when "0101",
            "1011111" when "0110",
            "1110000" when "0111",          -- display"7";
            "1111111" when "1000",
            "1110011" when "1001",          -- display"9";
            "0000000" when others;          -- 其他情况不显示
END ver3;
```

例 4-36 用 VHDL 设计 6 位数据的偶校验码的生成和校验电路。

解:

奇数个 1 的连续异或运算的结果为 1,偶数个 1 的连续异或运算的结果为 0。奇偶校验电路就是利用异或门的这个功能构成的。生成 n 位数据的偶校验码需要 $n-1$ 个异或门。对 $n+1$ 位的偶校验码进行校验的电路则需要 n 个异或门。

奇偶校验码的生成方法是对 n 个数据位进行连续异或运算并将运算结果作为校验位,将校验位加到 n 位数据的左边或右边组成 $n+1$ 位的奇偶校验码。

6 位数据的偶校验码的校验位生成电路的输入是 6 位数据代码,输出是 1 个校验位。用 $D_5 \sim D_0$ 表示数据代码,P_E 为校验位。

7 位偶校验码的校验电路的输入是 7 位偶校验码(由 1 个校验位加 6 个数据位组成),输出是 1 个状态位 E,$E=1$ 表示有错误,$E=0$ 表示无错误。

首先画出 6 位数据的偶校验码的校验位生成和校验电路的系统框图,如图 4.47 所示。

图 4.47 偶校验码的生成和校验电路的系统框图

根据前面的分析,6 位数据的偶校验码的校验位生成电路的逻辑函数为:

$$P_E = D_0 \oplus D_1 \oplus D_2 \oplus D_3 \oplus D_4 \oplus D_5$$

用 VHDL 数据流描述的方法设计偶校验码的校验位生成电路程序。VHDL 源程序如下:

```
library ieee;
use ieee.std_logic_1164.all;
entity  parity_even  is
  port (d : in std_logic_vector (5 downto 0);   --数据
    pe :  out std_logic);                  --校验位
end parity_even;
architecture  parity of  parity_even is
begin
  pe <= d(0) XOR d(1) XOR d(2) XOR d(3) XOR d(4) XOR d(5);
end  parity;
```

7 位偶校验码的校验电路的逻辑函数为:

$$E = P_E \oplus D_0 \oplus D_1 \oplus D_2 \oplus D_3 \oplus D_4 \oplus D_5$$

用 VHDL 数据流描述的方法设计偶校验码的校验电路程序。VHDL 源程序如下:

```
library ieee;
use ieee.std_logic_1164.all;
entity  parity_even_check  is
  port (d : in std_logic_vector (5 downto 0);   --数据
      pe : in std_logic;                   --校验位
      e :  out std_logic);                 --状态位
end parity_even_check;
architecture  opt of  parity_even_check is
begin
  e <= d(0) XOR d(1) XOR d(2) XOR d(3) XOR d(4) XOR d(5) XOR pe;
end  opt;
```

在偶校验电路的基础上再增加一级非门就可构成奇校验电路。

本 章 小 结

组合逻辑电路在任何时刻的输出信号稳态值仅仅取决于该时刻的输入信号取值组合,与信号作用前电路原来的状态无关。常用的组合逻辑电路有编码器、译码器、数据选择器、加法器和数值比较器等。

组合逻辑电路的分析方法一般是根据给定的逻辑电路,写出输出函数表达式并化简,列出真值表。用门电路设计组合逻辑电路的方法一般是根据给定的逻辑要求进行逻辑抽象得到逻辑真值表，根据真值表写逻辑函数表达式，然后将函数式化简或变换成异或表达式，最后画出逻辑电路图。用 MSI 设计组合逻辑电路的方法则需要将逻辑函数表达式变换成与所用中规模集成电路的逻辑函数相同或类似的形式，一般不做化简。用硬件描述语言 VHDL 设计组合逻辑电路常用行为描述和数据流描述方法，在 Entity 中描述系统的外部端口，在 Architecture 中描述系统的内部逻辑功能或结构。

习 题 4

1. 试用与非门设计实现函数 $F(A,B,C,D)=\Sigma m(0,2,5,8,11,13,15)$ 的组合逻辑电路。

2. 试用逻辑门设计三变量的奇数判别电路。若输入变量中 1 的个数为奇数时，输出为 1，否则输出为 0。

3. 用与非门设计四变量多数表决电路。当输入变量 A、B、C、D 有三个或三个以上为 1 时输出为 1，输入为其他状态时输出为 0。

4. 用门电路设计一个代码转换电路，输入为 4 位二进制代码，输出为 4 位循环码。

5. 图 4.48 所示是一个由两台水泵向水池供水的系统。水池中安置了 A、B、C 三个水位传感器。当水池水位低于 C 点时，两台水泵同时供水。当水池水位低于 B 点且高于 C 点时，由水泵 M_1 单独供水。当水池水位低于 A 点且高于 B 点时，由水泵 M_2 单独供水。当水池水位高于 A 点时，两台水泵都停止供水。试设计一个水泵控制电路。要求电路尽可能简单。

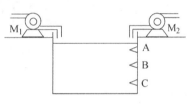

图 4.48 两台水泵向水池供水示意图

6. 试用 3 线-8 线译码器 74HC138 和门电路实现如下多输出逻辑函数并画出逻辑图。

$$\begin{cases} Y_1 = A\overline{B}C + \overline{A}(B+C) \\ Y_2 = A\overline{C} + \overline{A}B \\ Y_3 = \overline{(A+B)(\overline{A}+\overline{C})} \\ Y_4 = ABC + \overline{A}\cdot\overline{B}\cdot\overline{C} \end{cases}$$

7. 试用 3 线-8 线译码器 74HC138 和逻辑门设计一组合电路。该电路输入 X，输出 Y 均为 3 位二进制数。二者之间关系如下：

当 $3 \leqslant X < 7$ 时，$Y = X - 2$

$X < 3$ 时，$Y = 0$

$X = 7$ 时，$Y = 5$

8. 试用 4 选 1 数据选择器产生逻辑函数：

$$Y = A\overline{B}\cdot\overline{C} + \overline{A}\cdot\overline{C} + BC$$

9. 分析图 4.49 所示电路，写出输出 Y 的逻辑函数式并化简。

10. 试用 8 选 1 数据选择器产生逻辑函数：

$$Y = AC + \overline{A}B\overline{C} + \overline{A}\cdot\overline{B}C$$

11. 试用 3 线-8 线译码器 74HC138 和最少数量的 2 输入逻辑门设计一个不一致电路。

组合逻辑电路

当 A、B、C 三个输入不一致时,输出为 1;三个输入一致时,输出为 0。

12. 试用 8 选 1 数据选择器产生逻辑函数:

$$Y = A\bar{C}D + \bar{A} \cdot \bar{B}CD + ABCD + BC + B\bar{C} \cdot \bar{D}$$

13. 根据表 4.22 所示的功能表设计一个函数发生器电路,用 8 选 1 数据选择器实现。

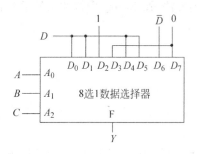

图 4.49 电路

表 4.22 功能表

S_1	S_0	Y
0	0	$A \odot B$
0	1	$A \cdot B$
1	0	$A + B$
1	1	$A \oplus B$

14. 图 4.50 所示是由 3 线-8 线译码器 74HC138 和 8 选 1 数据选择器构成的电路。试分析:

(1) 当数据 $C_2 C_1 C_0 = D_2 D_1 D_0$ 时,输出 $F = ?$

(2) 当数据 $C_2 C_1 C_0 \neq D_2 D_1 D_0$ 时,输出 $F = ?$

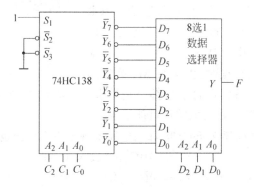

图 4.50 电路

15. 设计用三个开关控制一个电灯的逻辑电路,要求改变任何一个开关的状态都能控制电灯由亮变灭或者由灭变亮。用数据选择器实现。

16. 试用逻辑门设计一个带控制端的半加/半减器,控制端 $X = 1$ 时为半加器,$X = 0$ 时为半减器。

17. 试用 3 线-8 线译码器 74HC138 和门电路设计一个 1 位二进制全减器电路。输入是被减数、减数和来自低位的借位;输出是两数之差和向高位的借位信号。

18. 试用 4 位数据比较器 CC14585 设计一个判别电路。若输入的数据代码 $D_3 D_2 D_1 D_0 > 1001$ 时,判别电路输出为 1,否则输出为 0。

19. 试根据表 4.23 的功能表,用逻辑门设计一个数据分配器(Demultiplexer)。A_1、A_0 为地址输入,D 为数据输入,W_3、W_2、W_1、W_0 为数据输出。数据分配器的功能正好与数据选择器相反,是按照所给的地址,把一个输入数据,从 N 个输出通路中选择一个通路输出,如图 4.51 所示。

表 4.23　功能表

A_1	A_0	D	W_3	W_2	W_1	W_0
0	0	0	0	0	0	0
0	0	1	0	0	0	1
0	1	0	0	0	0	0
0	1	1	0	0	1	0
1	0	0	0	0	0	0
1	0	1	0	1	0	0
1	1	0	0	0	0	0
1	1	1	1	0	0	0

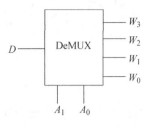

图 4.51　数据分配器

20. 试比较图 4.52 所示两个逻辑电路的功能。

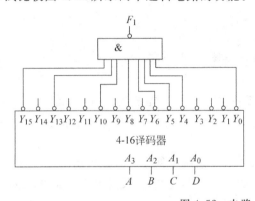

图 4.52　电路

21. 用 VHDL 设计一个代码转换电路,输入为 4 位循环码,输出为 4 位二进制代码。

22. 用 VHDL 设计一个代码转换逻辑电路。把 7 位的 ASCII 码转换成七段字符显示代码。能显示数字 0~9,字母 A,b,C,d,E,F,H,L,o,P,U 等。

23. 用 VHDL 设计一个 16 位串行进位全加器。

24. 用 VHDL 设计一个 8 位数值比较器。

25. 用 VHDL 设计一个 4 位超前进位加法器。

26. 试用两片 74HC138 实现 8421 BCD 码的译码。

27. 用 VHDL 设计一个 16 位组内并行、组间串行进位的全加器。

28. 试用输出低电平有效的 3 线-8 线译码器和逻辑门设计一组合电路。该电路输入 X,输出 F 均为 3 位二进制数。二者之间关系如下:

当 $2 \leqslant X \leqslant 5$ 时,$F = X + 2$

$X < 2$ 时,$F = 1$

$X > 5$ 时,$F = 0$

29. 用 VHDL 设计一个 4 位数值比较器。

第5章　触发器和寄存器

内容提要:本章首先介绍的是构成数字系统的另一种基本逻辑单元——触发器。分析各种电路结构的触发器和锁存器的工作原理和动作特点,在此基础上讨论触发器按逻辑功能的分类及其逻辑功能的表示方法,以及如何用 VHDL 描述触发器。最后介绍用触发器构成的功能最简单的时序逻辑电路——寄存器和移位寄存器的结构、原理及其 VHDL 描述。

5.1　概　　述

在数字系统中,触发器(Flip-Flop)是一类有记忆功能的逻辑电路。触发器有两个基本特点:一是具有两个能自行保持的稳定状态,即 1 状态和 0 状态;二是能够从外部用不同的信号将触发器置成 0 状态或 1 状态。

触发器的这两个基本特点使它能够在数字系统中保存 1 位二进制信号。触发器的记忆功能也使得对触发器电路的分析比分析组合逻辑要复杂,不仅要考虑当前输入的状态,还要考虑触发器原来的状态。

在数字电路中,触发器和锁存器(Latch)都属于双稳态器件(Bistable Multi-Vibrator Device),过去在中文文献中都被称为触发器。严格意义上的触发器指的是"时钟触发器(Clocked Flip-Flop)",其状态转换是在有效的时钟脉冲作用下。锁存器又称为简单的触发器或透明的(Transparent)触发器,其输出状态可直接被输入信号改变。

触发器的触发方式可分为脉冲触发方式和边沿触发方式。锁存器的触发方式为电平触发方式。

对触发器的分类有若干种不同的方法。按照电路结构,锁存器可分为基本 RS 锁存器、同步 RS 锁存器和 D 型锁存器等,触发器可分为主从触发器、维持阻塞触发器和边沿触发器等。按照触发器的逻辑功能,可以分为 RS 触发器、JK 触发器、D 触发器和 T 触发器等。按照触发器保存信息的原理的不同,可以分为静态触发器和动态触发器。静态触发器是靠电路状态的自锁存储数据的;而动态触发器则是靠 MOS 管栅极电容上充的电荷来存储数据的。本章只讨论静态触发器。

5.2　锁　存　器

锁存器是一类有两个稳定状态的暂存器件。锁存器有两个互补的输出端 Q 和 $\bar{Q}$。定义 $Q=1,\bar{Q}=0$ 为锁存器的 1 状态,$Q=0,\bar{Q}=1$ 为锁存器的 0 状态。

5.2.1 基本 RS 锁存器

最简单的锁存器电路是基本 RS 锁存器(Set-Reset Latch,S-R Latch),过去曾被称为基本 RS 触发器。各种时钟触发器都是在基本 RS 锁存器电路的基础上构成的。

1. 电路结构

基本 RS 锁存器可以用一对交叉耦合的反向器件(晶体三极管、MOS 管等)或反向的逻辑门(与非门、或非门等)构成。

例 5-1 用或非门构成的基本 RS 锁存器。

将两个或非门按图 5.1 所示的方法连接起来就构成一个基本 RS 锁存器。

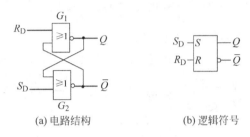

(a) 电路结构   (b) 逻辑符号

图 5.1 用或非门构成的基本 RS 锁存器

用或非门构成的基本 RS 锁存器有两个高电平有效(Active-high input)的信号输入端 R_D 和 S_D。当 $S_D=1$，$R_D=0$ 时,G_2 输出为 0。这个 0 又作为 G_1 的输入信号,使 G_1 输出为 1。电路的状态是 $Q=1$，$\bar{Q}=0$。

当 $S_D=0$，$R_D=1$ 时,G_1 输出为 0。这个 0 又作为 G_2 的输入信号,使 G_2 输出为 1。电路的状态是 $Q=0$，$\bar{Q}=1$。

当 $S_D=0$，$R_D=0$ 时,如果原来 $Q=0$，$\bar{Q}=1$,则 G_2 输出为 1,G_1 输出为 0,状态保持不变;如果原来 $Q=1$，$\bar{Q}=0$,则 G_1 输出为 1,G_2 输出为 0,状态也保持不变。因此,无论基本 RS 锁存器原来的状态是什么,只要 S_D 和 R_D 同时为 0,Q 和 $\bar{Q}$ 的状态保持不变。

当 $S_D=1$，$R_D=1$ 时,G_1 和 G_2 的输出都为 0,使得 $Q=0$,同时 $\bar{Q}=0$。这个状态既不是定义的 0 状态,也不是定义的 1 状态,是个非法状态(Invalid)。所以,输入 S_D 和 R_D 不允许同时为 1 是基本 RS 锁存器的约束条件,表示为 $S_D \cdot R_D=0$。

此外,如果输入 S_D 和 R_D 同时为 1,使 Q 和 $\bar{Q}$ 同时为 0,然后 S_D 和 R_D 又同时变成 0,将出现不定状态,无法判断出电路将从非法状态回到 1 状态还是 0 状态。

由于锁存器和触发器是有记忆功能的逻辑电路,锁存器和触发器的新状态 Q^{n+1}(称为次态)不仅与当时的输入有关,而且还与其原来的状态 Q^n(称为初态或现态)有关。因此,在将上述逻辑关系列成真值表时,要把 Q^n 也作为一个变量列入,称 Q^n 为状态变量。为了与组合逻辑的真值表有所区别,把这种包含状态变量的真值表称为锁存器/触发器的特性表或功能表。表 5.1 是用或非门构成的基本 RS 锁存器的特性表。

表 5.1   用或非门构成的基本 RS 锁存器的特性表

S_D	R_D	Q^n	Q^{n+1}	说明
0	0	0	0	保持
0	0	1	1	
0	1	0	0	复位
0	1	1	0	
1	0	0	1	置位
1	0	1	1	
1	1	0	0*	非法状态
1	1	1	0*	

* S_D 和 R_D 同时为 1 又同时变成 0 后，基本 RS 锁存器的状态不定。

例 5-2   用与非门构成的基本 RS 锁存器。

将两个与非门按图 5.2 所示的方法连接起来就构成一个基本 RS 锁存器。

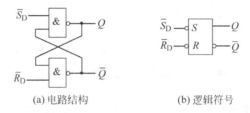

(a) 电路结构   (b) 逻辑符号

图 5.2   用与非门构成的基本 RS 锁存器

与例 5-1 不同的是，用与非门构成的基本 RS 锁存器的输入是低电平有效（Active-Low Input），表 5.2 是其特性表。用与非门构成的基本 RS 锁存器同样有约束条件 $S_D \cdot R_D = 0$，或者说 $\overline{S}_D$ 和 $\overline{R}_D$ 不允许同时为 0。

表 5.2   用与非门构成的基本 RS 锁存器的特性表

$\overline{S}_D$	$\overline{R}_D$	Q^n	Q^{n+1}	说明
1	1	0	0	保持
1	1	1	1	
0	1	0	1	置位
0	1	1	1	
1	0	0	0	复位
1	0	1	0	
0	0	0	1*	非法状态
0	0	1	1*	

* $\overline{S}_D$ 和 $\overline{R}_D$ 同时为 0 又同时变成 1 后，基本 RS 锁存器的状态不定。

2. 动作特点

从图 5.1 和图 5.2 可看出，输入信号是直接加到基本 RS 锁存器的输出门上。因此，输入信号在任何时候都可以直接改变输出端 Q 和 $\overline{Q}$ 的状态，即所谓"透明的"。这就是基本 RS 锁存器的动作特点。

从表 5.1 和表 5.2 可以看出，输入 S_D 与 $\overline{S}_D$ 的作用是把触发器置成 1 状态，R_D 与 $\overline{R}_D$ 的

作用是把触发器置成 0 状态。所以，称 S_D 与 $\overline{S}_D$ 为直接置位(Set)输入端，R_D 与 $\overline{R}_D$ 为直接复位(Reset)输入端。

例 5-3 在图 5.2(a)所示用与非门构成的基本 RS 锁存器电路中，若输入端 $\overline{S}_D$ 和 $\overline{R}_D$ 的电压波形如图 5.3 所示，试画出 Q 和 $\overline{Q}$ 的输出波形。

解：分析与门/与非门电路时要抓住输入的 0。画波形图时从时间原点开始，根据输入波形一小段一小段地画输出波形。在图 5.3 给出的输入波形中，先后两次出现了 $\overline{S}_D$ 和 $\overline{R}_D$ 同时为 0 的情况，但它们对电路的影响是不同的。只有在第二次 $\overline{S}_D$ 和 $\overline{R}_D$ 同时为 0 之后才出现 $\overline{S}_D$ 和 $\overline{R}_D$ 同时为 1 的情况，此时触发器的状态不定。

如无特别要求，画波形图时只需考虑逻辑关系，忽略门电路的延迟时间的影响。

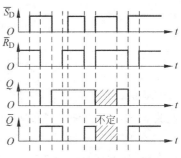

图 5.3　例 5-3 的电压波形

5.2.2　门控 RS 锁存器

1. 电路结构

在用与非门构成的基本 RS 锁存器电路的前面再增加两个与非门，并把这两个与非门的一个输入端连到一起与使能信号 EN 连接就得到门控 RS 锁存器(Gated S-R Latch)，如图 5.4 所示。

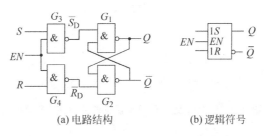

(a)电路结构　　　　　(b)逻辑符号

图 5.4　门控 RS 锁存器

在图 5.4 的电路中，当 $EN=0$ 时，门 G_3、G_4 被封锁，无论输入信号 S 和 R 是什么状态都不影响锁存器的输出状态。当 $EN=1$ 时，G_3、G_4 打开，输入信号 S、R 通过 G_3、G_4 反相后得到 $\overline{S}_D$ 和 $\overline{R}_D$ 加到基本 RS 锁存器的输入端。$EN=1$ 时门控 RS 锁存器的特性与基本 RS 锁存器相同，因此不难得出门控 RS 锁存器的特性表如表 5.3 所示。

表 5.3　门控 RS 锁存器的特性表

EN	S	R	Q^n	Q^{n+1}
0	$\times$	$\times$	0	0
0	$\times$	$\times$	1	1
1	0	0	0	0
1	0	0	1	1
1	0	1	0	0
1	0	1	1	0

EN	S	R	Q^n	Q^{n+1}
1	1	0	0	1
1	1	0	1	1
1	1	1	0	1*
1	1	1	1	1*

* EN 回到低电平后锁存器的状态不定。

EN 信号是输入门的控制信号。加了这个 EN 信号后,输入信号 S、R 不再能够随时影响触发器的状态。只有当 $EN=1$ 时,输入信号 S、R 才能影响触发器的状态。门控 RS 锁存器同样有 S 和 R 不能同时为 1 的约束。门控 RS 锁存器也称为同步 RS 触发器,门控信号 EN 也可叫做时钟信号 CLK。

触发器和锁存器电路在上电(接通电源)的时候会随机地停在某个状态,有时是 0 状态,有时是 1 状态。而 CLK 从 0 变到 1 后,系统将从这个状态开始运行。如果开始的状态不正确,有可能导致系统故障。为了使数字系统在启动时处于设计指定的初始状态,需要有办法能够在 CLK 信号无效时改变触发器的状态。这可以用在触发器/锁存器电路中增加异步复位输入端 $\overline{R}_D$ 和异步置位输入端 $\overline{S}_D$ 的方法实现,如图 5.5 所示。

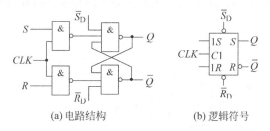

(a) 电路结构   (b) 逻辑符号

图 5.5　带异步复位和异步置位端的门控 RS 锁存器

所谓"异步"是指不与时钟信号同步。在 $CLK=0$ 时,只要 $\overline{R}_D$ 有效,触发器立即变成 0 状态;只要 $\overline{S}_D$ 有效,触发器立即变成 1 状态。

利用异步复位/置位输入端还可以在数字系统工作状态不正常时将其恢复到初始状态。

2. 动作特点

门控 RS 锁存器的动作特点是在 EN 信号是高电平的全部时间里,输入信号 S、R 能分别通过门 G_3、G_4 加到基本 RS 锁存器的输入端,因而在 $EN=1$ 的全部时间里,S 和 R 的变化都有可能改变触发器的状态。门控 RS 锁存器在 EN 信号是高电平时可以改变状态,属于电平触发的锁存器。

例 5-4　已知门控 RS 锁存器的输入信号波形如图 5.6 所示,试画出 Q 和 $\overline{Q}$ 的输出波形。设锁存器的初始状态为 $Q=0$。

解：门控 RS 锁存器的状态变化发生在 $EN=1$ 期间,而 $EN=0$ 期间 S 和 R 的变化对触发器的状态无影响。所以,画波形图时只需考虑 $EN=1$ 时 S 和 R 的变化。EN 从 1 变到 0 后,锁存器的状态保持不变。

在图 5.6 中,输入 $S=R=1$ 的情况出现了三次。在第一个时钟脉冲高电平期间,当 $S=R=1$ 后 S 和 R 同时变成 0,出现不定状态。在第二个时钟脉冲高电平期间,在 $S=R=1$ 后

是 $S=1$、$R=0$，锁存器是 1 状态。在第四个时钟脉冲高电平期间，在 $S=R=1$ 后是 $S=0$、$R=1$，锁存器是 0 状态。

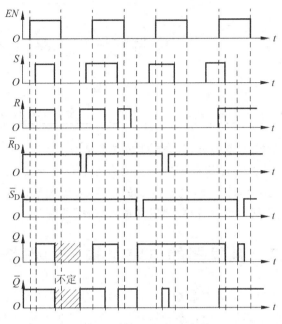

图 5.6 例 5-4 的电压波形

图 5.5 的电路在 $EN=0$ 时，$\overline{R}_D/\overline{S}_D$ 能够可靠地将触发器复位/置位。但在 $EN=1$ 期间，由于受输入 S、R 的影响，当 $\overline{R}_D/\overline{S}_D$ 返回高电平后不能保证触发器仍然是 0 状态/1 状态。而且，当 $EN=1$ 且 $S=1$ 时，$\overline{R}_D=0$，出现 Q 和 $\overline{Q}$ 都为 1 的非法状态。当 $EN=1$ 且 $R=1$ 时，$\overline{S}_D=0$，也出现 Q 和 $\overline{Q}$ 都为 1 的非法状态。

如果在 $EN=1$ 期间输入信号受干扰影响发生多次变化，门控 RS 锁存器的状态也会相应发生多次翻转，这些翻转都属于误动作。因此，电平触发方式存在抗干扰能力差的问题。

5.2.3 D 型锁存器

如果把门控 RS 锁存器的 S 和 R 输入端通过一个反向器连接到一起使得 $R=\overline{S}$，如图 5.7 所示，所得到的只有一个信号输入端的电路称为 D 型锁存器（D-Latch）。

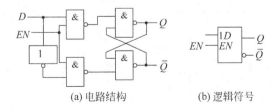

(a) 电路结构　　　　　　(b) 逻辑符号

图 5.7 D 型锁存器

当 $D=1$ 时，相当于 RS 锁存器的 $S=1$、$R=0$ 状态，输出 $Q=1$。当 $D=0$ 时，相当于 RS 锁存器的 $S=0$、$R=1$ 状态，输出 $Q=0$。由于不会出现 S 和 R 同时等于 1 的情况，D 型锁存器没有了 RS 锁存器的约束。D 型锁存器的特性表如表 5.4 所示。

表 5.4 D 型锁存器的特性表

EN	D	Q^n	Q^{n+1}
0	×	0	0
0	×	1	1
1	0	0	0
1	0	1	0
1	1	0	1
1	1	1	1

电平触发的锁存器/触发器是在时钟信号是高电平时($CLK=1$ 或 $EN=1$),输入信号可以改变输出的状态,而在时钟信号是低电平时($CLK=0$),输入信号不能影响输出的状态。由于在 $CLK=1$ 的全部时间里,电平触发的锁存器/触发器的状态都可能因输入信号的变化而改变,因此电平触发的锁存器/触发器也是"透明的"。

5.3 触发器的电路结构与动作特点

触发器有两个互补的输出端 Q 和 $\bar{Q}$。定义 $Q=1,\bar{Q}=0$ 为触发器的 1 状态,$Q=0,\bar{Q}=1$ 为触发器的 0 状态。触发器从一个状态转换到另一状态的过程称为翻转(Toggle)。

5.3.1 脉冲触发的触发器

脉冲触发(Pulse-Triggered)的触发器一般是在时钟脉冲 CP 的高电平期间接收输入信号,但触发器的输出状态并不改变,到时钟脉冲从 1 变 0 的时刻(CP 的下降沿)触发器才发生状态转换。典型的脉冲触发方式的触发器有主从 RS 触发器和主从 JK 触发器。

1. 主从 RS 触发器

主从 RS 触发器(Master-Slave S-R Flip-Flop)由两个门控 RS 锁存器和一个反相器组成,如图 5.8 所示。其中,门 $G_1 \sim G_4$ 组成的门控 RS 锁存器称为从触发器(Slave),$G_5 \sim G_8$ 组成的门控 RS 锁存器称为主触发器(Master)。反相器的作用是使主触发器和从触发器的时钟信号相位相反。

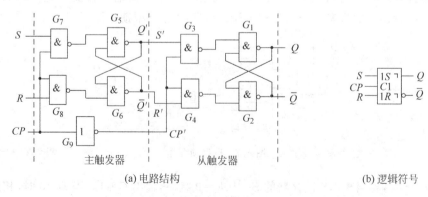

(a) 电路结构　　　　　　　　　　　　　(b) 逻辑符号

图 5.8 主从结构 RS 触发器

当 $CP=1$ 时,主触发器的输入门 G_7 和 G_8 打开,主触发器根据 R、S 的状态触发翻转。同时,由于 CP 经 G_9 反相后是低电平,G_3 和 G_4 被封锁,从触发器的状态保持不变。

　　当 CP 从 1 变成 0,情况则相反,G_7 和 G_8 被封锁,输入信号 R、S 不影响主触发器的状态。而这时从触发器的 G_3 和 G_4 打开,从触发器根据主触发器的状态触发翻转。从触发器的翻转发生在 CP 由 1 变 0 的时刻(CP 的下降沿)。表 5.5 是主从 RS 触发器的特性表。

表 5.5　主从 RS 触发器的特性表

CP	S	R	Q^n	Q^{n+1}
—	×	×	×	Q^n
⊓	0	0	0	0
⊓	0	0	1	1
⊓	0	1	0	0
⊓	0	1	1	0
⊓	1	0	0	1
⊓	1	0	1	1
⊓	1	1	0	1*
⊓	1	1	1	1*

　　*　CP 回到低电平后触发器的状态不定。

　　与表 5.1 相比,表 5.5 增加了一列 CP。CP 信号就是触发器的时钟脉冲(Clock Pulse)。有 CP 信号的触发器是真正意义的触发器——时钟触发器。主从 RS 触发器的状态变化受 CP 信号同步。在数字系统中,如果各个触发器的 CP 信号都来自同一个时钟脉冲,就可以保证它们的状态变化发生在同一个时刻,这就是同步的逻辑电路。

　　在表 5.5 中,不再像电平触发的触发器那样用 0 和 1 表示 CP 的状态,而用"⊓"图形表示有效的时钟信号是 CP 的下降沿。CP 的其他状态都不发生触发器的状态转换。

　　主从 RS 触发器的逻辑符号中的"¬"表示"延迟输出",即触发器在 $CP=1$ 期间并不转换状态,而是在 CP 从 1 变 0 的时刻(CP 的下降沿)才发生状态转换。

　　主从 RS 触发器仍然有 S 和 R 不能同时为 1 的约束。

　　例 5-5　画出主从 RS 触发器在图 5.9 的输入波形下 Q 和 $\bar{Q}$ 的输出波形。设触发器的初始状态为 $Q=0$。

　　解:主从 RS 触发器,在 $CP=1$ 时主触发器接收 S 和 R 信号的变化并相应改变状态,但从触发器的状态保持不变。在 CP 由 1 变 0 的时刻(CP 的下降沿),从触发器按照主触发器的状态翻转,而主触发器的状态保持不变。为了便于画输出波形图,可以分两步走。即先根据图 5.9 的输入波形画出主触发器的输出波形,然后再把主触发器的输出波形作为

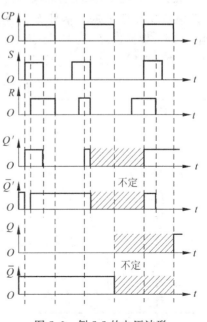

图 5.9　例 5-5 的电压波形

从触发器的输入波形画出主从 RS 触发器的输出波形。如果在 $CP=1$ 期间,输入 S、R 有多次变化,需要逐个分析其对主触发器的状态影响。

在图 5.9 中,$S=R=1$ 的情况出现了三次。其中,在第二个时钟脉冲高电平期间,当 $S=R=1$ 后 S 和 R 同时变成 0,触发器出现不定状态。

2. 主从 JK 触发器

虽然从触发器在一个时钟周期里只能改变一次,提高了主从结构 RS 触发器的抗干扰能力,但是如果在 $CP=1$ 期间输入 S、R 有多次变化,主触发器仍然会随着多次翻转。而且主从 RS 触发器还存在 S 和 R 不能同时为 1 的约束。要解决这两个问题,还需进一步改进触发器的电路。

把主从 RS 触发器的互补的输出分别交叉反馈到触发器的输入门,如图 5.10 所示,就得到一个新的触发器电路。为了与主从 RS 触发器有所区别,把输入信号的名称 S 和 R 分别改成 J 和 K,这就是主从 JK 触发器(Master-Slave JK Flip-Flop)。虽然主从 JK 触发器只比主从 RS 触发器多了两条内部连线,但是却解决了上面说的两个问题。

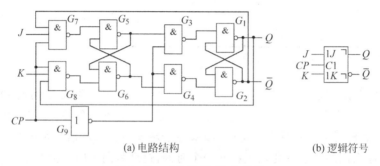

(a) 电路结构　　　　　　　　　(b) 逻辑符号

图 5.10　主从结构 JK 触发器

在正常情况下,触发器的输出信号 Q 和 $\bar{Q}$ 总有一个是 1,另一个是 0。当 $Q=0$ 时,这个 0 反馈到输入端,把输入信号 K 封锁。当 $\bar{Q}=0$ 时,这个 0 反馈到输入端,把输入信号 J 封锁。因此,即使出现 $J=K=1$ 的情况,这两个 1 中总有一个被封锁而不起作用。这样,$S=R=1$ 的情况就永远不会出现了。表 5.6 是主从 JK 触发器的特性表。

表 5.6　主从 JK 触发器的特性表

CP	J	K	Q^n	Q^{n+1}
—	×	×	×	Q^n
⊓	0	0	0	0
⊓	0	0	1	1
⊓	0	1	0	0
⊓	0	1	1	0
⊓	1	0	0	1
⊓	1	0	1	1
⊓	1	1	0	1
⊓	1	1	1	0

当 $J=1$、$K=0$ 时,相当于 RS 触发器的 $S=1$,$R=0$,其作用是使触发器置 1。

当 $J=0$、$K=1$ 时,相当于 RS 触发器的 $S=0$,$R=1$,其作用是使触发器置 0。

当 $J=0$、$K=0$ 时,相当于 RS 触发器的 $S=0$,$R=0$,其作用是使触发器保持状态不变。

当 $J=1$、$K=1$ 时,分 $Q^n=0$ 和 $Q^n=1$ 两种情况分析。如果触发器的现态 $Q^n=0$,输入信号 K 被封锁,实际上相当于 $J=1$、$K=0$,使触发器置 1。如果触发器的现态 $Q^n=1$,输入信号 J 被封锁,实际上相当于 $J=0$、$K=1$,使触发器置 0。也就是说,当 $J=1$、$K=1$ 时,触发器发生翻转,不会出现非法状态和不定状态。

由于主从 JK 触发器的两个输入端 J 和 K 在任何时刻都有一个被封锁,在 $CP=1$ 期间,如果输入信号 J、K 发生多次变化,主触发器的状态最多只会改变一次,不会出现空翻现象。

例 5-6 画出主从 JK 触发器在图 5.11 的输入波形下 Q 和 $\bar{Q}$ 的输出波形。设触发器的初始状态为 $Q=0$。

解:画波形图时注意两点:一是在 $CP=1$ 期间,如果输入信号可以使触发器的状态改变,主触发器的状态最多只会改变一次,决定最后状态的是在 $CP=1$ 期间主触发器状态的第一次翻转;二是主从 JK 触发器的状态在 CP 的下降沿时改变。

由于主从 JK 触发器没有约束条件,因此在画波形图时可以先分析完成 Q 的波形,最后将 Q 的波形变反就是 $\bar{Q}$ 的波形。

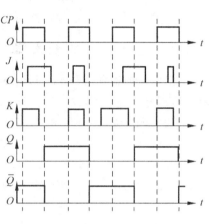

图 5.11 例 5-6 的电压波形

有些 JK 触发器的集成电路产品,输入端 J 和 K 不止一个。此时,J_1 和 J_2 之间,以及 K_1 和 K_2 之间都是与逻辑关系,如图 5.12 所示。

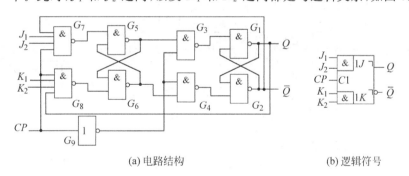

(a) 电路结构　　　　　　　　　　(b) 逻辑符号

图 5.12 具有多输入端的主从 JK 触发器

3. 动作特点

主从结构触发器由两级触发器构成。主从触发器的动作特点是:

(1) 触发器的翻转分两步动作。第一步,主触发器在 $CP=1$ 期间接收输入信号,并置成相应的状态,而从触发器的状态保持不变。第二步,当 CP 下降沿到来时,主触发器的状态不变,而从触发器按照主触发器的状态翻转。在每个时钟周期里,主从结构触发器的输出 Q 和 $\bar{Q}$ 端的状态只在 CP 的下降沿发生变化,在其他时刻都不改变,提高了主从结构触发器的抗干扰能力。

（2）由于主触发器本身是一个同步 RS 触发器(门控 RS 锁存器)，因此在 $CP=1$ 的全部时间里输入信号都能影响主触发器的状态。

在分析输入信号在 $CP=1$ 期间对触发器状态的作用时，不仅要注意上述两个动作特点，还要注意主从 RS 触发器和主从 JK 触发器在 $CP=1$ 期间的表现各不相同。

如果主从 RS 触发器的输入信号 S、R 在 $CP=1$ 期间有多次变化，当 CP 下降沿到来时，主触发器的状态取决于最后一个能够使主触发器翻转的输入信号组合。

如果主从 JK 触发器的输入信号 J、K 在 $CP=1$ 期间有多次变化，当 CP 下降沿到来时，主触发器的状态取决于第一个使主触发器翻转的输入信号组合。

只有在 $CP=1$ 的全部时间里输入信号始终稳定不变的情况下，才能根据 CP 下降沿到来时输入信号的组合决定触发器的次态。

5.3.2 边沿触发的触发器

边沿触发的触发器(Edge-Triggered Flip-Flop)有上升沿(Rising Edge)触发的，也有下降沿(Falling Edge)触发的。构成边沿触发的触发器电路有若干种方法，如利用 CMOS 传输门的边沿触发器、维持阻塞触发器、利用传输延迟时间的边沿触发器等。

1. 利用 CMOS 传输门的边沿触发器

图 5.13 是利用 CMOS 传输门构成的一种边沿 D 触发器。图 5.13 的电路结构虽然在形式上也属于主从结构，但它却有与主从 RS 触发器和主从 JK 触发器完全不同的动作特点。

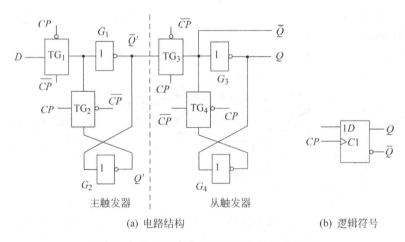

(a) 电路结构   (b) 逻辑符号

图 5.13 利用 CMOS 传输门的边沿 D 触发器

图 5.13 中，传输门 TG_1、TG_2 和反相器 G_1、G_2 构成主触发器，传输门 TG_3、TG_4 和反相器 G_3、G_4 构成从触发器。逻辑符号中，CP 输入端内的">"表示边沿触发方式。

当 $CP=0$ 时，$\overline{CP}=1$，传输门 TG_1 导通，D 端的输入信号进入主触发器，使 $Q'=D$。同时 TG_2 截止，主触发器内部不能形成自锁。由于传输门 TG_3 截止，主触发器的状态变化不能影响从触发器。而 TG_4 导通，在从触发器内部形成反馈通路，保持原来的状态不变。

当 CP 的上升沿(CP 从 0 跳变为 1)到达时，$\overline{CP}$ 跳变为 0，TG_1 截止，将输入信号切断。

而 TG_2 导通形成反馈通路,使输入信号 D 被切断前那一瞬间的状态($Q'=D$)保持在自锁的主触发器内。同时,这一状态也由于 TG_3 导通而被传送到输出端,使 $Q=Q'=D$,即触发器按 CP 的上升沿到达时 D 的状态翻转。此后,在 $CP=1$ 期间,以及 CP 从 1 变为 0 时,触发器的状态都保持不变。表 5.7 给出了 CMOS 边沿 D 触发器的特性表。

表 5.7　上升沿触发的边沿 D 触发器的特性表

CP	D	Q^n	Q^{n+1}
—	$\times$	$\times$	Q^n
$\sqcap$	0	0	0
$\sqcap$	0	1	0
$\sqcap$	1	0	1
$\sqcap$	1	1	1

利用 CMOS 传输门的边沿 D 触发器的动作特点是触发器输出状态的转换发生在 CP 的上升沿,而且触发器保存的是 CP 的上升沿到达时输入信号的状态。除 CP 上升沿以外的其他时间输入信号 D 的状态对触发器的状态无影响。

例 5-7　带异步复位和异步置位端的 CMOS 边沿 D 触发器。

利用 CMOS 传输门的边沿 D 触发器也可以有异步复位和异步置位端,图 5.14 所示是其电路的一种结构。S_D 和 R_D 是高电平有效并且同时作用到主触发器和从触发器。

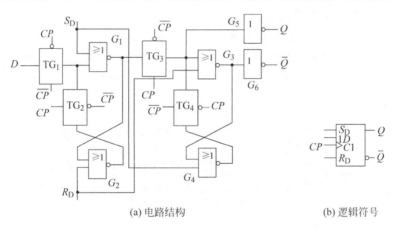

(a) 电路结构　　　　　　　　　(b) 逻辑符号

图 5.14　带异步复位和异步置位端的 CMOS 边沿 D 触发器

例 5-8　在图 5.14 所示电路的 D、S_D 和 R_D 输入图 5.15 的电压波形,试画出输出 Q 的波形。

解:图 5.14 所示电路,无论 $CP=1$ 还是 $CP=0$ 期间,S_D 或 R_D 有效都能可靠地将触发器置位或复位,并将状态保持到下一个 CP 上升沿到达。因此,画波形图时,一是根据 CP 的上升沿到达时 D 的状态画 Q 的波形;二是当 S_D 或 R_D 有效时立即将 Q 置 1 或置 0,结果如图 5.15 所示。

2. 用 D 型锁存器构成的边沿 D 触发器

图 5.16 是用 D 型锁存器构成的一种边沿 D 触发器。这个电路结构在形式上也属于主从结构。

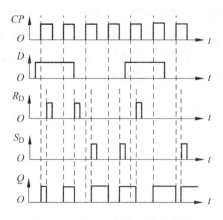

图 5.15　例 5-8 的输入输出波形

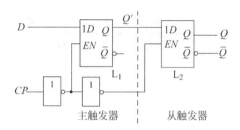

图 5.16　用 D 型锁存器构成的边沿 D 触发器

当 $CP=0$ 时，锁存器 L_1 的 $EN=1$，输入信号 D 可以改变 L_1 的状态，使 $Q'=D$。但 L_2 的 $EN=0$，从触发器保持原来的状态不变。

当 CP 的上升沿（CP 从 0 跳变为 1）到达时，L_1 的 EN 跳变为 0，主触发器的状态是此前 D 的状态。从触发器的 EN 跳变为 1，按照主触发器的状态翻转。

当 $CP=1$ 时，L_1 的 $EN=0$，主触发器保持原来的状态不变。但 L_2 的 $EN=1$，从触发器的输出就是主触发器的状态。

3. 利用 CMOS 传输门的边沿 JK 触发器

图 5.17 是用 CMOS 传输门的一种边沿 JK 触发器电路。实际上，这个电路就是在图 5.14 的带异步复位和异步置位端的 CMOS 边沿 D 触发器的基础上增加了 G_7、G_8 和 G_9 三个门。只要理解了图 5.14 所示电路的工作原理就不难理解图 5.17 的电路，读者可自行分析。

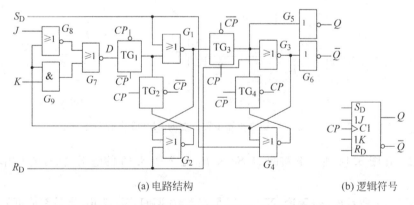

(a) 电路结构　　　　　　　　　　　(b) 逻辑符号

图 5.17　利用 CMOS 传输门的边沿 JK 触发器

4. 维持阻塞结构边沿 D 触发器

图 5.18 是一种维持阻塞结构的边沿 D 触发器电路。如果去掉连线①、②、③和门 G_5、G_6 就是门控 RS 锁存器电路。

首先在门控 RS 锁存器电路基础上增加连线①、②和门 G_5、G_6。使 G_3 和 G_5，G_4 和 G_6 分别形成基本 RS 锁存器。连线①和②的功能是形成自锁，维持所置的状态。

当 $CP=0$ 时,输入信号被封锁,G_3 和 G_4 输出都是 1,触发器保持原来的状态。

当 CP 从 0 变 1 时,如果 $D_1=D_2=0$,则 $R'=1$,G_4 和 G_5 输出是 0,G_3 输出是 1,使 $\bar{Q}=1$,$Q=0$。连线②将 G_4 输出的 0 反馈到输入端,形成自锁,所以称连线②为置 0 维持线。如果 CP 从 0 变 1 时 $D_1=D_2=1$,则 $R'=0$,G_4 和 G_5 输出是 1,G_3 输出是 0,使 $Q=1$,$\bar{Q}=0$。连线①将 G_3 输出的 0 反馈到输入端,形成自锁,所以称连线①为置 1 维持线。

再增加连线③和连线②的作用是阻塞输入变化的影响,以保证触发器只在 CP 的上升沿时翻转,在 $CP=1$ 期间无论输入 D 怎样变化都不能改变触发器的状态。

假设在 CP 的上升沿到来时 $D_1=D_2=1$,已经将触发器置成 1 状态,G_3 输出是 0,这个 0 被连线③反馈到输入端,使 G_4 输出是 1。如果在 $CP=1$ 期间,输入 D 发生变化,$D_1=D_2=0$,虽然 $R'=1$,但是不能改变 G_3 和 G_4 的状态。因此,连线③称为置 0 阻塞线。

假设在 CP 的上升沿到来时 $D_1=D_2=0$,已经将触发器置成 0 状态,G_4 输出是 0,这个 0 被连线②反馈到输入端,将 G_6 封锁。即使在 $CP=1$ 期间,输入 D 变成 1,也不能影响触发器的状态。因此,连线②既是置 0 维持线又是置 1 阻塞线。

维持阻塞结构 D 触发器的输入端 D 可以是一个,也可以是多个。图 5.18 中两个输入端 D_1 和 D_2 之间是与逻辑关系。

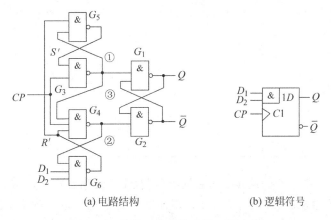

(a) 电路结构   (b) 逻辑符号

图 5.18 维持阻塞结构边沿 D 触发器

5. 动作特点

边沿触发器的动作特点是触发器的次态仅仅由 CP 信号的有效边沿(上升沿或下降沿)到达时刻的输入信号的状态决定,而不受此前或之后(无论 $CP=1$ 还是 $CP=0$)的输入信号的状态影响。这个特点有效提高了触发器的抗干扰能力。

5.4 触发器的逻辑功能及其描述方法

触发器有各种不同的电路结构(电路中门电路的种类、连接及组合方式等),如同步 RS 触发器、主从触发器和边沿触发器等。由于电路结构形式的不同,带来了各不相同的动作特点。

触发器的逻辑功能是指触发器的次态和现态及输入信号之间在稳态下的逻辑关系。根据逻辑功能的不同特点,可以把触发器分为 RS、JK、D 和 T 等几种类型。

同一种逻辑功能的触发器可以用不同的电路结构实现。反过来说,用同一种电路结构形式可以作成不同逻辑功能的触发器。例如,主从结构是一种电路形式。采用主从结构形式设计的触发器既可以是脉冲触发的(主从 RS 触发器、主从 JK 触发器),也可以是边沿触发的(边沿 D 触发器等)。

描述触发器的逻辑功能可以用特性表、特性方程或状态转换图等方法。特性表(Transition Table)是把触发器的输入、现态(Present State)和相应的次态(Next State)的所有可能的取值列成真值表的形式。特性方程(Characteristic Equation)则是用一组逻辑函数式来描述触发器的逻辑功能。状态转换图(State Diagram)是用图形方式形象地表示触发器的状态和状态转换的条件等逻辑功能。在状态转换图中,用圆圈表示触发器的状态,用箭头表示状态转换的方向,同时在箭头旁边注明转换的条件。

5.4.1 RS 触发器

凡在时钟信号作用下逻辑功能符合表 5.8 所示特性表所规定的逻辑功能的触发器称为 RS 触发器。

表 5.8　RS 触发器的特性表

S	R	Q^n	Q^{n+1}
0	0	0	0
0	0	1	1
0	1	0	0
0	1	1	0
1	0	0	1
1	0	1	1
1	1	0	不定
1	1	1	不定

显然,在 5.2 节中讨论的同步 RS 触发器(门控 RS 锁存器)、主从 RS 触发器电路的逻辑功能都属于 RS 触发器。但是,基本 RS 锁存器不属于这里定义的 RS 触发器,因为它不受时钟信号的控制。

根据表 5.8 可写出 RS 触发器的逻辑函数式:

$$\begin{cases} Q^{n+1} = \bar{S} \cdot \bar{R}Q^n + S\bar{R} \cdot \overline{Q^n} + S\bar{R}Q^n = S\bar{R} + \bar{R}Q^n \\ S \cdot R = 0 \quad (约束条件) \end{cases}$$

利用约束条件对上式化简,得到:

$$\begin{cases} Q^{n+1} = S + \bar{R}Q^n \\ S \cdot R = 0 \quad (约束条件) \end{cases}$$

这组逻辑函数式就是 RS 触发器的特性方程。

RS 触发器的状态转换图如图 5.19 所示。

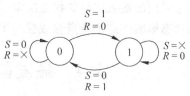

图 5.19　RS 触发器的状态转换图

5.4.2 JK 触发器

凡在时钟信号作用下逻辑功能符合表 5.9 所示特性表所规定的逻辑功能的触发器称为 JK 触发器。

表 5.9　JK 触发器的特性表

J	K	Q^n	Q^{n+1}
0	0	0	0
0	0	1	1
0	1	0	0
0	1	1	0
1	0	0	1
1	0	1	1
1	1	0	1
1	1	1	0

根据表 5.9 可写出 JK 触发器的特性方程:

$$Q^{n+1} = J\,\overline{Q^n} + \overline{K}Q^n$$

JK 触发器的状态转换图如图 5.20 所示。

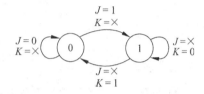

5.4.3　D 触发器

凡在时钟信号作用下逻辑功能符合表 5.10 所示特性表所规定的逻辑功能的触发器称为 D 触发器。

根据表 5.10 可写出 D 触发器的特性方程:

图 5.20　JK 触发器的状态转换图

$$Q^{n+1} = D$$

在各种时钟触发器中,D 触发器是唯一的一种次态只由输入决定的触发器。D 触发器的状态转换图如图 5.21 所示。

表 5.10　D 触发器的特性表

D	Q^n	Q^{n+1}
0	0	0
0	1	0
1	0	1
1	1	1

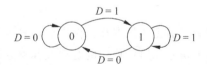

图 5.21　D 触发器的状态转换图

5.4.4　T 触发器

凡在时钟信号作用下逻辑功能符合表 5.11 所示特性表所规定的逻辑功能的触发器称为 T 触发器。

表 5.11　T 触发器的特性表

T	Q^n	Q^{n+1}	T	Q^n	Q^{n+1}
0	0	0	1	0	1
0	1	1	1	1	0

根据表 5.11 可写出 T 触发器的特性方程:

$$Q^{n+1} = T\,\overline{Q^n} + \overline{T}Q^n$$

T 触发器的状态转换图和逻辑符号如图 5.22 所示。

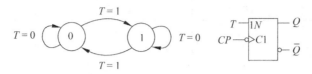

图 5.22 T 触发器的状态转换图和逻辑符号

T 触发器没有集成电路产品,这是因为可以很容易地用 JK 触发器、D 触发器等构成 T 触发器。图 5.23 是用 JK 触发器和 D 触发器构成 T 触发器的电路。

图 5.23 用 JK 触发器和 D 触发器构成 T 触发器

当 T 触发器的控制端接至固定的高电平时(即 T 恒等于 1),称为 T′触发器。T′触发器的特性方程是:

$$Q^{n+1} = \overline{Q^n}$$

T′触发器其实是 T 触发器的一个特例。T′触发器的特点是每来一个时钟脉冲,触发器的状态都发生翻转。

在计数器电路中,触发器通常都是连接成 T 触发器或 T′触发器。

*5.5　触发器的动态特性

为了保证触发器在工作中能可靠地翻转,有必要分析其动态翻转过程,找出触发器电路对输入信号与时钟信号的要求及其相互配合关系的要求。

当加在门电路输入端的信号电平发生变化,到门电路输出端的信号电平发生变化并达到稳定所需要的时间称为门电路的传输延迟时间。为方便起见,下面的分析用 t_{pd} 表示一级门电路的平均传输延迟时间,忽略不同逻辑门(如与门和或门之间)传输延迟时间的差别。

5.5.1　基本 RS 锁存器的动态特性

1. 输入信号宽度

设基本 RS 锁存器的初始状态为 $Q=0$,$\overline{Q}=1$,输入信号波形如图 5.24 所示。当 $\overline{S}_D$ 的下降沿到达后,经过一个 t_{pd} 的传输延迟时间,使门 G_1 的 Q 端变为高电平。这个高电平又反馈到门 G_2 的输入端,再经过一个 t_{pd} 的传输延迟时间,使 $\overline{Q}$ 端变为低电平。由于这个低电平又反馈到门 G_1 的输入端,形成自锁。即使 $\overline{S}_D$ 回到高电平,基本 RS 锁存器的 1 状态也能够保持。可见,为保证触发器可靠地翻转,必须等到 $\overline{Q}=0$ 的状态反馈到 G_1 的输入端以后,$\overline{S}_D=0$ 的信号才可以取消。因此,$\overline{S}_D$ 输入的低电平信号宽度 t_w 应满足 $t_w \geqslant 2t_{pd}$。

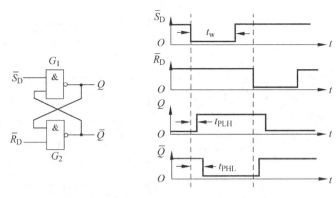

图 5.24　与非门组成的基本 RS 锁存器的电路与动态波形

同理，从 $\overline{R}_D$ 端输入的置 0 信号的宽度也必须满足 $t_w \geqslant 2t_{pd}$。

2. 传输延迟时间

触发器的传输延迟时间（Propagation Delay Time）指的是从输入信号到达起，到触发器输出端新状态稳定地建立起来为止所经过的这段时间。从图 5.24 可看出，输出端从低电平变为高电平的传输延迟时间 $t_{PLH} = t_{pd}$，从高电平变为低电平的传输延迟时间 $t_{PHL} = 2t_{pd}$，二者是不相等的。

由或非门组成的基本 RS 锁存器的传输延迟时间分别为 $t_{PHL} = t_{pd}$，$t_{PLH} = 2t_{pd}$。

5.5.2　门控 RS 锁存器的动态特性

1. 输入信号宽度

与非门组成的门控 RS 锁存器（同步 RS 触发器）电路和信号波形如图 5.25 所示。根据前面的分析，$\overline{S}_D$ 和 $\overline{R}_D$ 的宽度必须大于等于 $2t_{pd}$。因此，在 CLK 为高电平时输入 S、R 为高电平的时间也应大于等于 $2t_{pd}$。

2. 传输延迟时间

从 S 和 CLK（或 R 和 CLK）都变为高电平开始，到输出端新状态稳定地建立起来为止所经过的时间为门控 RS 锁存器的传输延迟时间。由图 5.25 可见，$t_{PLH} = 2t_{pd}$，$t_{PHL} = 3t_{pd}$。

5.5.3　主从结构触发器的动态特性

主从结构触发器是分两步动作的：在 $CP=1$ 期间主触发器接收输入信号，并置成相应的状态，当 CP 下降沿到来时，从触发器按照主触发器的状态翻转。

1. 传输延迟时间

从 CP 下降沿到来开始，到输出端新状态稳定地建立起来为止所经过的时间为主从 JK 触发器的传输延迟时间。由图 5.26 可见，$t_{PLH} = 3t_{pd}$，$t_{PHL} = 4t_{pd}$。

2. 最高时钟频率（Maximum Clock Frequency）

主从结构触发器是由两个门控 RS 锁存器级联而成。根据门控 RS 锁存器的动态特性，要保证主触发器可靠翻转，CP 高电平的持续时间 t_{WH} 应大于 $3t_{pd}$。同理，要保证从触发器可靠翻转，CP 低电平的持续时间 t_{WL} 也应大于 $3t_{pd}$。因此，时钟脉冲的最小周期为 $T_{C(min)} \geqslant 6t_{pd}$。最高时钟频率 $f_{C(max)} \leqslant 1/(6t_{pd})$。

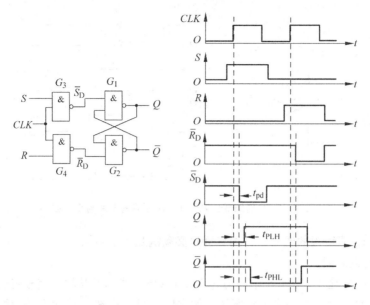

图 5.25　门控 RS 锁存器的电路与动态波形

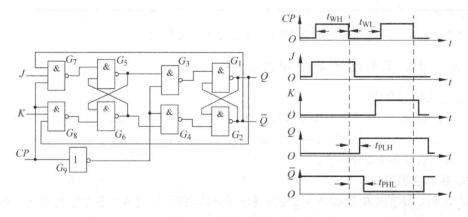

图 5.26　主从 JK 触发器的电路与动态波形

最后需要说明一点,上面的分析是忽略了门电路传输延迟时间的差别,而实际的逻辑器件中,每个门的传输延迟时间是不同的。另外,实际的集成电路往往对内部逻辑进行了简化,因此传输延迟时间与上面的分析可能不同。

5.6　用 VHDL 设计触发器

用 VHDL 设计触发器不必拘泥于现有的集成触发器产品,可以按照需求设计出与集成触发器不同的触发器。用 VHDL 设计触发器最好采用行为描述方式,即描述触发器的特性表。这样就不需要知道触发器内部的逻辑函数或逻辑结构,只要有触发器的特性表就可以写出 VHDL 程序了。

如果触发器的特性表已知,用 VHDL 设计触发器的方法大致为以下两步。

第一步：逻辑抽象。

分析给定的问题,确定触发器的输入、输出信号,得到一个系统框图。这个框图就是后面设计 VHDL 程序的 Entity 的依据。

注意,不要忘记触发器有一个时钟信号输入端。有时触发器还有异步的复位和异步的置位输入端,这些输入端可以是高电平有效,也可以是低电平有效。

第二步：程序设计。

根据前面做的系统框图设计 VHDL 程序的 Entity,描述触发器的外部输入输出端口。根据给定的特性表设计 VHDL 程序的 Architecture,描述时钟有效边沿到来前后不同输入信号下触发器的输出状态。

时钟触发器是在时钟信号的有效边沿发生状态转换,VHDL 描述时钟信号有两种方法。假设时钟信号名是 CLK,描述时钟上升沿用 clk 'event and clk = '1'或者 rising_edge(clk)。描述时钟下降沿用 clk 'event and clk = '0'或者 falling_edge (clk)。clk 'event 的意思是"时钟事件",即时钟信号的值发生变化。'event 是信号属性函数,若在当前周期内信号有一个事件发生则值为真,否则为假。clk 'event and clk = '1'就是时钟信号从 0 变成 1。rising_edge 是脉冲的上升沿,falling_edge 是脉冲的下降沿。

除了与时钟信号同步的操作外,触发器还可以有异步的复位和异步的置位操作。

写出的 VHDL 程序还需要通过编译和仿真消除错误得到正确的程序。

下面通过一些例子讲解用 VHDL 设计触发器的方法。

例 5-9　已知 D 型锁存器的特性表如表 5.4 所示,外部输入输出引脚如图 5.7 所示。试设计 D 型锁存器的 VHDL 程序。

解：根据图 5.7 设计 VHDL 程序的 Entity,根据表 5.4 设计 VHDL 程序的 Architecture。D 型锁存器属于电平触发方式,在 EN 为高电平期间,$Q=D$。

VHDL 程序如下：

```
library ieee;
use ieee.std_logic_1164.all;
entity D_Latch is
  port (EN, d : in std_logic;
       q, nq : out std_logic);
end entity;
architecture behave of D_Latch is
signal q1: std_logic;
begin
  process (EN)
  begin
    if (EN = '1') then              -- 时钟高电平
      q1 <= d;
    end if;
  end process;
  q <= q1;
  nq <= not q1;
end behave;
```

例 5-10　已知 D 触发器的特性表如表 5.12 所示,试设计该触发器的 VHDL 程序。

表 5.12   D 触发器特性表

CLK	D	Q^n	Q^{n+1}
—	×	0	0
—	×	1	1
↑	0	0	0
↑	0	1	0
↑	1	0	1
↑	1	1	1

解:分析表 5.12 可知,要设计的是一个上升沿触发的 D 触发器。有一个 D 输入端和互补的 Q 输出端。做出该 D 触发器的系统框图,如图 5.27 所示。

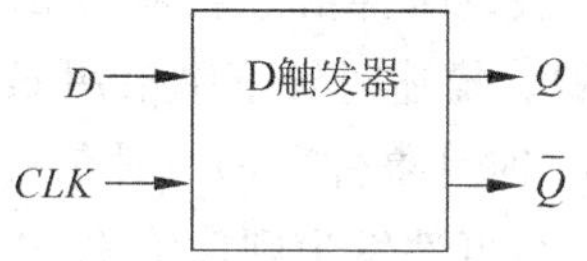

根据图 5.27 的系统框图和表 5.12 的特性表写出
VHDL 程序如下:

图 5.27   例 5-10 的 D 触发器
系统框图

```
library ieee;
use ieee.std_logic_1164.all;
entity D_FF is
  port (clk, d : in std_logic;
        q, nq : out std_logic);
end entity;
architecture behave of D_FF is
signal q1: std_logic;
begin
  process (clk)
  begin
    if (clk'event and clk = '1') then        --时钟上升沿
      q1 <= d;
    end if;
  end process;
  q <= q1;
  nq <= not q1;
end behave;
```

例 5-11   已知 D 触发器的特性表如表 5.13 所示,试设计该触发器的 VHDL 程序。

表 5.13   有异步复位和异步置位端的 D 触发器特性表

CP	$\bar{R}_D$	$\bar{S}_D$	D	Q^n	Q^{n+1}
—	0	1	×	×	0
—	1	0	×	×	1
—	1	1	×	×	Q^n
↑	1	1	0	0	0
↑	1	1	0	1	0
↑	1	1	1	0	1
↑	1	1	1	1	1

解:比较表 5.12 和表 5.13 可见,例 5-11 要设计的 D 触发器与例 5-10 相比,多了低电平有效的异步复位和异步置位输入端,其他要求是一样的。

根据题意,做出所设计的 D 触发器的系统框图,如图 5.28 所示。

编程时只要在例 5-10 的 VHDL 程序中增加相应的语句,并把判断复位/置位信号是否有效的语句放到判断时钟信号之前就可以了。VHDL 程序如下:

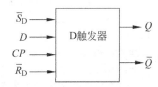

图 5.28 有异步复位和异步置位端的 D 触发器系统框图

```
library ieee;
use ieee.std_logic_1164.all;
entity D_FF2 is
    port (cp, d : in std_logic;
        reset_L, set_L : in std_logic;       -- 复位/置位信号是低电平有效
          q : buffer std_logic;              -- 用 buffer 模式是为了便于对 q 的值做其他运算
          nq : out std_logic);
end entity;
architecture behave of D_FF2 is
begin
    process (cp, reset_L, set_L)
    begin
        if (reset_L = '0') then q <= '0';        -- 异步复位
          elsif (set_L = '0') then q <= '1';     -- 异步置位
          elsif rising_edge (cp) then   q <= d;  -- 时钟上升沿
        end if;
      end process;
      nq <= NOT q;
end behave;
```

例 5-10 的程序把端口信号 Q 定义为 out 模式,而例 5-11 的程序把端口信号 Q 定义为 buffer 模式,这样在 Architecture 中就不用像例 5-10 的程序那样定义变量 q1 了。

例 5-12　已知 T 触发器的特性表如表 5.14 所示,试设计该触发器的 VHDL 程序。

表 5.14　T 触发器特性表

CP	T	Q^n	Q^{n+1}
—	×	×	Q^n
⊓↓	0	0	0
⊓↓	0	1	1
⊓↓	1	0	1
⊓↓	1	1	0

解:分析表 5.14 可知,要设计的是一个下降沿触发的 T 触发器。有一个 T 输入端和互补的 Q 输出端。做出该 T 触发器的系统框图,如图 5.29 所示。

根据图 5.29 的系统框图和表 5.14 的特性表,写出 VHDL 程序如下:

图 5.29　T 触发器系统框图

```
library ieee;
use ieee.std_logic_1164.all;
entity T_FF is
    port (cp, T: in std_logic;
          q, nq : out std_logic);
```

```
end T_FF;
architecture behavet of T_FF is
signal qn: std_logic;
begin
  process (cp)
  begin
    if cp'event and cp = '0' then          -- 时钟下降沿
      if T = '1' then qn <= not qn;        -- T = 1 触发器翻转
      end if;
    end if;
  end process;
  q <= qn;
  nq <= not qn;
end behavet;
```

例 5-13 已知 JK 触发器的特性表如表 5.15 所示,试设计该触发器的 VHDL 程序。

表 5.15   JK 触发器特性表

CP	J	K	Q^n	Q^{n+1}
—	×	×	×	Q^n
⎍	0	0	0	0
⎍	0	0	1	1
⎍	0	1	0	0
⎍	0	1	1	0
⎍	1	0	0	1
⎍	1	0	1	1
⎍	1	1	0	1
⎍	1	1	1	0

解:分析表 5.15 可知,要设计的是一个下降沿触发的 JK 触发器。有 J、K 输入端和互补的 Q 输出端。做出该 JK 触发器的系统框图,如图 5.30 所示。

根据图 5.30 的系统框图和表 5.15 的特性表,写出 VHDL 程序如下:

图 5.30   JK 触发器系统框图

```
library ieee;
use ieee.std_logic_1164.all;
entity JK_FF is
  port (cp, J,K: in std_logic;
        q, nq : out std_logic);
end JK _FF;
architecture behavejk of JK_FF is
signal qn: std_logic;
signal jk: std_logic_vector (1 downto 0) ;
begin
  process (cp)
  begin
    jk <= J&K;
    if falling_edge (cp) then              -- 时钟下降沿
```

```
        case jk is
          when "10" => qn <= '1';            -- J = 1 且 K = 0,触发器置 1
          when "01" => qn <= '0';            -- J = 0 且 K = 1,触发器置 0
          when "11" => qn <= not qn;         -- J = 1 且 K = 1,触发器翻转
          when others => null;               -- J = 0 且 K = 0,触发器保持
        end case;
      end if;
    end process;
    q <= qn;
    nq <= not qn;
end behavejk;
```

5.7 寄 存 器

寄存器(Register)是最简单的时序逻辑电路。一个 N 位的寄存器是由 N 个触发器组成的。一个触发器能保存 1 位二值代码,一个 N 位的寄存器能够寄存一组 N 位二值代码。在计算机的 CPU 中通常包含有十多个寄存器,在接口电路中一般也有若干个寄存器。

5.7.1 数码寄存器

数码寄存器一般指的是用脉冲触发的触发器或边沿触发的触发器构成的具有接收、保持、清除数码功能的寄存器。

例 5-14 集成 4 位 D 寄存器 74HC175。

74HC175 内部由 4 个维持阻塞结构 D 触发器组成。图 5.31 是其逻辑图。

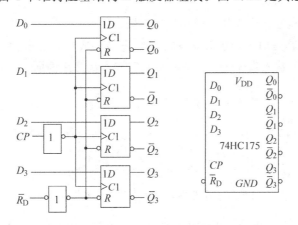

图 5.31 集成寄存器 74HC175 的内部逻辑和外部引脚

74HC175 内部的 4 个 D 触发器共用一个时钟信号,还有一个公共的异步复位端。在异步复位端加低电平,4 个触发器同时被复位。在时钟脉冲的上升沿到达时,从 $D_0 \sim D_3$ 输入的 4 位数据被同时写入寄存器。

常用的数码寄存器还有具有三态输出的 4D 寄存器 CD4076 和 8D 寄存器 74HC374 等。

5.7.2 数据锁存器

数据锁存器一般指的是用电平触发的触发器或锁存器构成的具有接收、保持数码功能的寄存器。

例 5-15 集成双二位 D 锁存器 74HC75。

74HC75 内部是由 4 个 D 型锁存器组成的两个二位的锁存器。图 5.32 是其逻辑图。

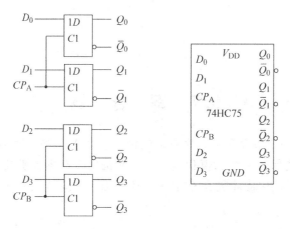

图 5.32　集成锁存器 74HC75 的内部逻辑和外部引脚

5.7.3 移位寄存器

移位寄存器(Shift Register)不仅具有接收、保持数码的功能,还可以在移位脉冲作用下把寄存器中暂存的数据向左或向右移动。用移位寄存器可以实现数据的串行-并行转换、数据的运算和处理等。

例 5-16 用 D 触发器构成的 4 位移位寄存器。

图 5.33 所示电路是用 4 个边沿触发的 D 触发器构成的移位寄存器。其中第一个触发器 FF_0 的输入端接收输入数据 D_1,其余触发器的输入端连接前面一个触发器的输出端 Q。

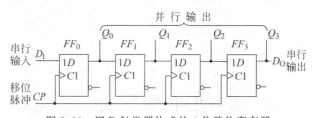

图 5.33　用 D 触发器构成的 4 位移位寄存器

从图 5.33 可以看出,当 CP 脉冲的上升沿到达时,串行输入(Serial-In)的第一位数据从 D_1 进入第一个触发器 FF_0,再经过一段传输延迟时间后才出现在 FF_0 的输出端 Q_0。而在 CP 脉冲的上升沿到达时,第二个触发器 FF_1 的输入端接收到的数据还是 CP 脉冲上升沿到达前 FF_0 的输出。FF_3 和 FF_4 的情况相同。当第二个 CP 脉冲的上升沿到达时,串行输入的第二位数据从 D_1 进入第一个触发器 FF_0。此时,第二个触发器 FF_1 按照此前 FF_0 的状态(即串行输入的第一位数据)翻转。所以,每来一个 CP 脉冲都使一个数据位在移位寄存器中向右移动一位。经过 4 个 CP 脉冲的时间,4 位输入数据就全部移入移位寄存器中。

N 位数据串行的输入移位寄存器需要 N 个 CP 脉冲的时间。

当输入数据移入移位寄存器后,可以从 Q_3、Q_2、Q_1、Q_0 端并行输出数据,实现数据的串行-并行转换。在 CP 脉冲作用下,移位寄存器中的数据还可以从 D_O 端串行输出(Serial-Out)。在移位寄存器中的 N 位数据,经过 N 个 CP 脉冲就可以完全移出,实现串行的输出。

例 5-17 移位寄存器电路如图 5.34 所示,若输入数据为 1101,试画出电路的输出波形图。假设移位寄存器的初始状态为 0000。

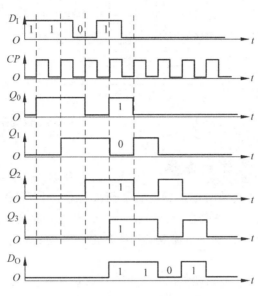

图 5.34 例 5-17 的电压波形

解:FF_0 的输入是 D_1,每来一个 CP 脉冲上升沿,FF_0 按照 D_1 翻转,这样就画出了 Q_0 的波形。用同样的方法可依次画出其他触发器的波形:FF_1 的输入是 Q_0,FF_2 的输入是 Q_1,FF_3 的输入是 Q_2。画出的波形图如图 5.34 所示。其中,前 4 个 CP 脉冲的时间段为移位寄存器电路在输入 1101 过程的波形变化,后 4 个 CP 脉冲的时间段为移位寄存器电路从 D_O 端串行的输出数据过程的波形。D_O 的波形与 Q_3 的波形相同。

除了单方向移位的移位寄存器外,移位寄存器的集成电路产品还有能双向移位的,如 4 位双向移位寄存器 74HC194A。

例 5-18 4 位双向移位寄存器 74HC194A。

集成 4 位双向移位寄存器 74HC194A 内部包含 4 个触发器,具有左/右移控制、数据并行输入、保持、异步复位(置 0)等功能。图 5.35 是 74HC194A 的外部引脚图。表 5.16 是 74HC194A 的功能表。

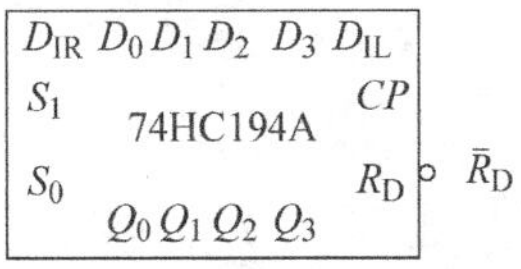

图 5.35 4 位双向移位寄存器 74HC194A 的外部引脚

表 5.16 双向移位寄存器 74HC194A 的功能表

$\overline{R}_D$	S_1	S_0	工作模式
0	$\times$	$\times$	置 0
1	0	0	保持
1	0	1	右移
1	1	0	左移
1	1	1	并行输入

触发器和寄存器

用 74HC194A 可以很容易地连接成多位移位寄存器。图 5.36 是用两片 74HC194A 连接成 8 位双向移位寄存器的连接图。

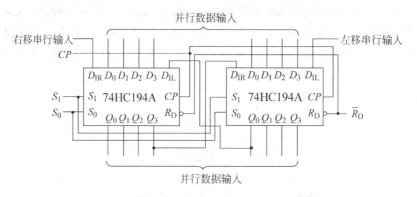

图 5.36　用两片 74HC194A 连接成 8 位双向移位寄存器

5.7.4　用 VHDL 设计寄存器

寄存器的逻辑功能比其他时序逻辑电路要简单得多,用 VHDL 设计寄存器也比较容易。用 VHDL 设计寄存器一般采用行为描述方式,即描述寄存器的特性表。这样就不需要知道寄存器内部的逻辑函数或逻辑结构,只要有寄存器的特性表就可以写出 VHDL 程序了。

如果寄存器的特性表或逻辑功能已知,用 VHDL 设计寄存器的方法大致为以下两步。

第一步:逻辑抽象。

分析给定的问题,确定寄存器的输入、输出信号,得到一个系统框图,这个框图就是后面设计 VHDL 程序的 Entity 的依据。

注意,不要忘记寄存器有一个时钟信号输入端,有时寄存器还有异步的复位输入端,这些输入端可以是高电平有效,也可以是低电平有效。

第二步:程序设计。

根据给定的特性表设计 VHDL 程序的 Architecture,即描述时钟有效边沿到来前后不同输入信号下寄存器的输出状态。

下面通过一些例子讲解用 VHDL 设计寄存器的方法。

例 5-19　试用 VHDL 设计一个 16 位寄存器,在时钟脉冲的上升沿置数,有一个低电平有效的异步复位端。

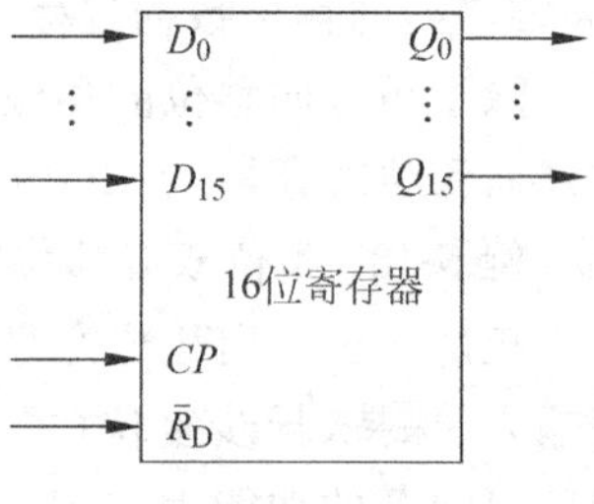

解:根据题目要求,做出该寄存器的系统框图,如图 5.37 所示。

图 5.37　例 5-19 的系统框图

VHDL 程序如下:

```
library ieee;
use ieee.std_logic_1164.all;
entity register16 is
  port (cp, reset_L : in std_logic;         -- 复位信号是低电平有效
        d : in std_logic_vector(15 downto 0);
```

```
        q : out std_logic_vector(15 downto 0));
end register16;
architecture behave of register16 is
begin
  process (cp, reset_L)
  begin
    if (reset_L = '0') then q<= "0000000000000000";        --异步复位
       elsif rising_edge (cp) then   q <= d;                --时钟上升沿
      end if;
  end process;
end behave;
```

从这个例子可以看出,尽管一个寄存器是由多个触发器组成的,但是基本寄存器的 VHDL 程序并不比触发器的 VHDL 程序复杂。

例 5-20 试用 VHDL 设计一个 4 位移位寄存器,具有以下功能:并行置数、串行右移 1 位、串行左移 1 位。有数据并行输出端,数据并行输入端,同步置数控制端 Load,移位控制端 left_right。时钟脉冲的上升沿有效。

解:根据题目要求,做出该移位寄存器的系统框图,如图 5.38 所示。

$D_0 \sim D_3$ 是 4 位并行数据输入端,其中,D_0 也是数据串行右移的输入端,D_3 也是数据串行左移的输入端。控制信号 left_right=0 是串行右移,left_right=1 是串行左移。

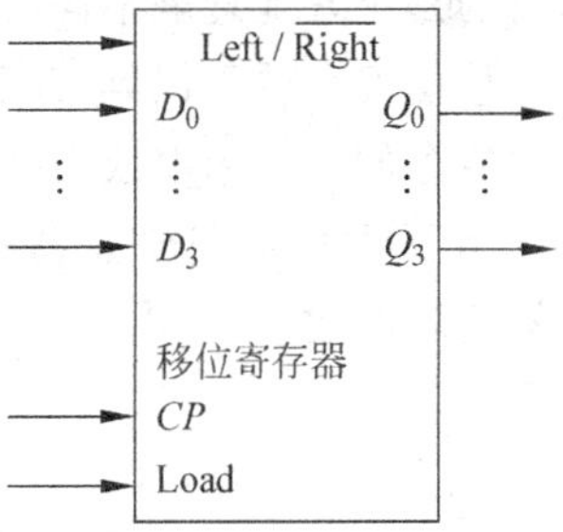

VHDL 程序如下:

```
library ieee;
use ieee.std_logic_1164.all;
entity shifter4B is
  port(din: in std_logic_vector (3 downto 0);
       clk, load, left_right: in std_logic;
       dout: buffer std_logic_vector (3 downto 0));
end shifter4B;
architecture behave of shifter4B is
signal shift_val: std_logic_vector (3 downto 0);
begin
  nxt: process(load, left_right, din)
    begin
        if (load = '1') then
         shift_val <= din;                          --并行输入
        elsif (left_right = '0') then
        shift_val (2 downto 0) <= dout(3 downto 1);  --寄存器内容右移
        shift_val (3)<= din(3);                      --串行右移输入
        else
        shift_val (3 downto 1) <= dout(2 downto 0);  --寄存器内容左移
        shift_val(0) <= din(0);                      --串行左移输入
        end if;
    end process;
  current : process
    begin
      wait until clk'event and clk = '1';
```

图 5.38 例 5-20 的系统框图

```
        dout <= shift_val;
    end process;
end behave;
```

本 章 小 结

触发器是构成时序逻辑电路的一种基本逻辑单元,是计算机存储器的最基本单元。触发器的基本特点是能够保存一位二值信息。

时钟触发器是在时钟信号的有效边沿发生状态转换。除时钟触发器外,还有一些现在叫做锁存器的简单的(透明的)触发器电路。

触发器的逻辑功能是指触发器的次态和现态及输入信号之间在稳态下的逻辑关系。按照逻辑功能的不同,触发器可分为 RS、JK、D 和 T 等类型。

描述触发器的逻辑功能可以用特性表、特性方程或状态转换图等方法。

根据触发器电路结构的不同,可分为基本 RS 锁存器、同步 RS 触发器、主从触发器和边沿触发器等。同一种逻辑功能的触发器可以用不同的电路结构实现。了解触发器电路结构的目的是更好地理解不同触发器的动作特点,便于正确选用合适的集成电路。

移位寄存器不仅具有寄存器的接收、保持数码的功能,还可以在移位脉冲作用下把寄存器中暂存的数据向左或向右移动。

用 VHDL 设计触发器和寄存器一般采用行为描述方法。在 Entity 中描述触发器/寄存器的外部输入、输出。在 Architecture 中描述触发器/寄存器的内部逻辑功能。

习 题 5

1. 画出用与非门构成的基本 RS 锁存器输出端 Q 和 $\bar{Q}$ 的电压波形。输入端 $\bar{S}_D$ 和 $\bar{R}_D$ 的电压波形如图 5.39 所示。

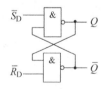
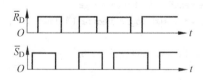

图 5.39 输入电压波形

2. 试分析图 5.40 所示电路的逻辑功能,列出真值表,写出逻辑函数表达式。

3. 试画出 D 型锁存器输出端 Q 的电压波形。输入波形如图 5.41 所示。

4. 试画出主从 RS 触发器在图 5.42 的输入波形下 Q 和 $\bar{Q}$ 的输出波形。设触发器的初始状态为 $Q=0$。

5. 图 5.43(a)所示是一个机械开关消除抖动电路。当拨动开关 S 时,由于开关在接通过程中触点发生振颤,造成输出

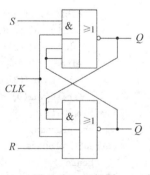

图 5.40 逻辑图

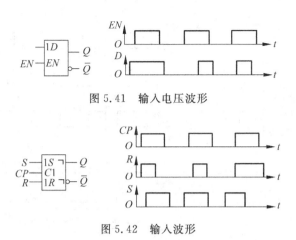

图 5.41　输入电压波形

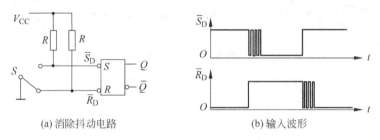

图 5.42　输入波形

电压出现许多毛刺。试画出基本 RS 锁存器输出端 Q 和 $\overline{Q}$ 的电压波形。$\overline{R}_D$ 和 $\overline{S}_D$ 的电压波形如图 5.43(b)所示。

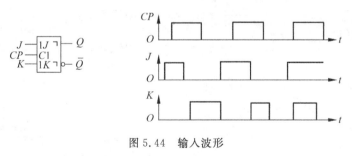

(a) 消除抖动电路　　　　　(b) 输入波形

图 5.43　电路和输入波形

6. 画出主从 JK 触发器在图 5.44 的输入波形下输出端 Q 的波形。设触发器的初始状态为 $Q=0$。

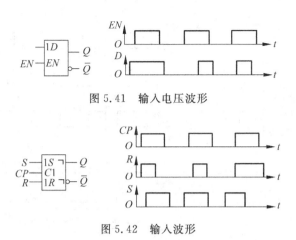

图 5.44　输入波形

7. 试画出边沿 JK 触发器在图 5.45 的输入波形下输出端 Q 的波形。设触发器的初始状态为 $Q=0$。

8. 试画出边沿 D 触发器在图 5.46 的输入波形下输出端 Q 的波形。设触发器的初始状态为 $Q=0$。

9. 试画出图 5.47(a)所示电路在图 5.47(b) 的输入 V_I 波形下输出 V_O 的波形。设触发器的初始状态为 $Q=0$。

10. 设图 5.48 中各触发器的初始状态均为 $Q=0$。试画出在 CP 信号的连续作用下各触发器输出端的波形。

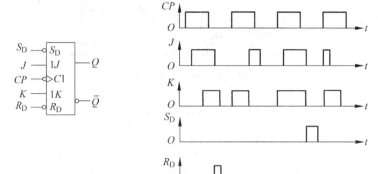

图 5.45　输入波形

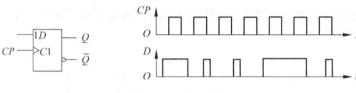

图 5.46　输入波形

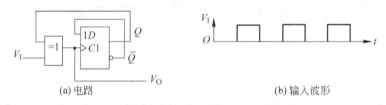

(a) 电路　　　　　　　　　　　　(b) 输入波形

图 5.47　电路和输入波形

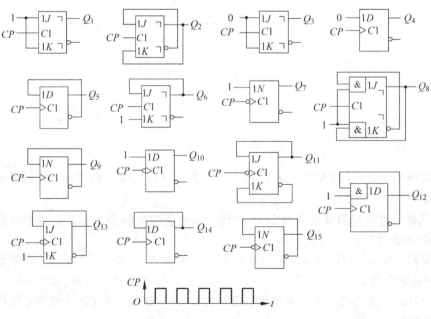

图 5.48　电路和 CP 波形

11. 试画出图 5.49(a)所示电路在图 5.49(b) 的输入波形下输出 Q 的波形。设触发器的初始状态为 $Q=0$。

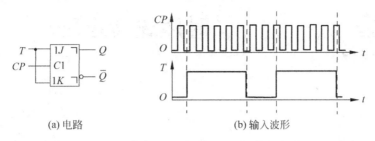

(a) 电路　　　　　　　　　　　　(b) 输入波形

图 5.49　电路和输入波形

12. 试画出图 5.50(a)所示各电路在图 5.50(b) 的输入波形下输出 Q_1、Q_2 的波形。设触发器的初始状态为 $Q=0$。

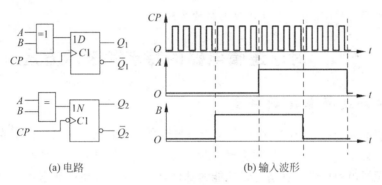

(a) 电路　　　　　　　　　　　　(b) 输入波形

图 5.50　电路和输入波形

13. 试用 JK 触发器构成具有图 5.33 电路功能的 4 位移位寄存器。

14. 用 VHDL 设计一个三态输出的 16 位寄存器,有清零功能。

第6章　时序逻辑电路

内容提要：本章系统阐述时序逻辑电路的工作原理、分析方法和设计方法。首先介绍时序逻辑电路在逻辑功能和电路结构上的特点。然后着重讨论同步时序电路的分析方法，对异步时序电路的分析方法也做简单介绍。分析计数器等常用的时序逻辑电路的结构与工作原理。最后分别讲解基于触发器的时序逻辑电路的设计方法、基于 MSI 的时序逻辑电路的设计方法和用 VHDL 设计时序逻辑电路的方法。

6.1　时序逻辑电路的特点和表示方法

6.1.1　时序逻辑电路的特点

时序逻辑电路(Sequential Logic Circuits)与组合逻辑电路最主要的区别在于时序逻辑电路在任一时刻稳定的输出不仅取决于该时刻的输入,还与电路原来的状态有关。这一特点表明时序逻辑电路内部存在有记忆功能的部件,时序逻辑电路的状态和输出是由当时的输入和电路存储的状态共同决定的。时序逻辑电路通常包含存储电路和组合逻辑电路两部分。时序逻辑电路的一般结构可以用图 6.1 所示的结构框图表示。

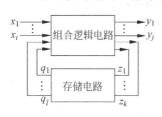

图 6.1　时序逻辑电路的
结构框图

图 6.1 中,$X(x_1,x_2,\cdots,x_i)$代表输入变量,$Y(y_1,y_2,\cdots,y_j)$代表输出变量,$Z(z_1,z_2,\cdots,z_k)$代表存储电路的输入信号,$Q(q_1,q_2,\cdots,q_l)$代表存储电路的输出。当然,也有一些时序电路是没有输入变量的。

在时序逻辑电路中有记忆功能的部件,或者叫做存储电路就是第 5 章讨论的触发器。

对时序逻辑电路的分类有若干种不同的方法。

根据电路中各个触发器的动作是否有统一的时钟,可以把时序逻辑电路分为同步时序电路与异步时序电路。同步(Synchronous)时序电路中所有触发器使用统一的时钟脉冲,状态变化发生在同一时刻,即受统一的时钟信号同步。异步(Asynchronous)时序电路中各个触发器没有统一的时钟信号,各个触发器的状态不是在同一时刻改变。

根据电路输出信号的特点,可以把时序逻辑电路分为 Mealy 型和 Moore 型。Mealy 型时序逻辑电路的输出信号不仅取决于存储电路的状态,而且还取决于输入变量。Moore 型时序逻辑电路没有输入变量,电路的输出信号仅仅取决于存储电路的状态,每来一个时钟脉冲电路的状态就发生改变。

6.1.2 时序逻辑电路的表示方法

由于时序逻辑电路中有存储电路,不仅有输入输出,还有状态和状态的转换,因此对时序逻辑电路功能的描述要比对组合逻辑电路功能的描述复杂,不再是简单的输出与输入的关系。表示时序逻辑电路功能的方法有逻辑函数式、状态转换表、状态转换图、时序图和硬件描述语言等。下面先介绍前 4 种方法,用硬件描述语言设计时序逻辑电路的方法将在 6.6 节讨论。

1. 逻辑函数式

用逻辑函数式描述时序逻辑电路的功能需要三个方程组:

输出方程:$Y=F[X,Q]$

驱动方程:$Z=G[X,Q]$

状态方程:$Q^{n+1}=H[Z,Q^n]$

2. 状态转换表

将任何一组输入变量及电路初态的取值代入状态方程和输出方程,即可算出电路的次态以及现态下的输出值。把电路全部状态一一求出列成表格就是状态转换真值表,简称状态转换表(Next-State Table)。状态转换表直观地反映了时序逻辑电路的输出 $Y(t_n)$、次态 Q^{n+1} 与输入 $X(t_n)$、现态 Q^n 之间对应取值关系。

3. 状态转换图

状态转换图是反映时序逻辑电路的状态转换规律及相应输入、输出取值情况的几何图形。在状态转换图中,用圆圈表示电路的状态;用箭头表示状态转换的方向,同时在箭头旁边注明转换的条件(输入)及输出。

4. 时序图

时序图是用工作波形图的形式表现在输入信号和时钟脉冲序列作用下的电路状态、输出信号等的取值在时间上的对应关系。

6.2 基于触发器的时序逻辑电路的分析

分析一个时序逻辑电路就是要找出给定时序电路的逻辑功能,即找出电路的状态和输出在输入变量和时钟脉冲作用下的变化规律。

6.2.1 同步时序逻辑电路的分析

分析同步时序逻辑电路的一般步骤如下:

(1) 根据给定的逻辑电路写出每个触发器的驱动方程,得到整个电路的驱动方程。驱动方程描述的是存储电路中每个触发器的输入信号的逻辑式。

(2) 将每个触发器的驱动方程代入触发器的特性方程,得到其状态方程。所有触发器的状态方程组成整个电路的状态方程组。

(3) 根据给定的逻辑图写出电路的输出方程。输出方程是现态的函数。

时序逻辑电路也被称为"状态机"。上述方程组虽然描述了时序逻辑电路的逻辑关系,但是仅仅从这些方程组并不能直观地看出时序逻辑电路的每个状态和状态是怎样转换的。

所以,还需要进一步求出状态转换表和状态转换图才能清楚地看出时序逻辑电路的功能。

(4) 求状态转换表。具体做法是从一个初始状态开始,将输入变量及电路初态的取值代入状态方程和输出方程,算出电路的次态和现态下的输出值。用得到的次态作为新的初态,与此时的输入变量取值一起再代入状态方程和输出方程进行计算,又得到一组新的次态和输出值。如此继续进行,直到把全部可能的状态都计算完并把结果列成表。

(5) 求状态转换图。状态转换图与状态转换表是直接对应的,根据状态转换表可以很容易地画出状态转换图。画状态转换图的方法与触发器的状态转换图画法类似,只是状态数要多一些。N 个触发器总共有 2^N 个状态。

一般情况下,得到了状态转换图就可以清楚地看出时序逻辑电路的功能了。有时候还可以再画出时序图。对于用 VHDL 设计的逻辑电路的仿真结果也是以时序图的形式给出的。

(6) 画时序图。一般是根据逻辑图,从初始状态开始,逐步分析画出时序图,也可根据状态转换图直接画时序图。

分析时不要把时钟信号误认为是输入变量。在时序逻辑电路中,虽然时钟信号也是输入的,但时钟信号的作用是同步触发器的动作,所以时钟信号是系统的同步信号而不是电路的输入变量。

例 6-1 试分析图 6.2 所示电路的逻辑功能。

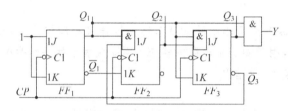

图 6.2 例 6-1 的时序逻辑电路

解：图 6.2 的逻辑电路中没有输入信号,属于 Moore 型时序电路。其中第一个触发器 FF_1 连接成 T' 触发器。

(1) 根据图 6.2 的逻辑图依次写出三个 JK 触发器的驱动方程。

$$\begin{cases} J_1 = 1 & K_1 = 1 \\ J_2 = Q_1\bar{Q}_3 & K_2 = \bar{Q}_1 \\ J_3 = Q_1Q_2 & K_3 = Q_1 \end{cases}$$

(2) 将第(1)步写出的驱动方程代入 JK 触发器的特性方程,得到三个触发器的状态方程。

$$\begin{cases} Q_1^{n+1} = \bar{Q}_1 \\ Q_2^{n+1} = Q_1\bar{Q}_3 \cdot \bar{Q}_2 + \bar{Q}_1Q_2 \\ Q_3^{n+1} = Q_1Q_2\bar{Q}_3 + \bar{Q}_1Q_3 \end{cases}$$

(3) 根据图 6.2 的逻辑图写出电路的输出方程。

$$Y = Q_3Q_1$$

(4) 求状态转换表。通常把 $Q_3^nQ_2^nQ_1^n = 000$ 作为计算状态转换表的初始状态。

把 $Q_3^nQ_2^nQ_1^n = 000$ 代入各个触发器的状态方程和输出方程,得到 $Q_3^{n+1}Q_2^{n+1}Q_1^{n+1} = 001$ 和

$Y=0$。再把这个结果作为新的初态，即 $Q_3^n Q_2^n Q_1^n = 001$，重新代入状态方程和输出方程，又得到一组新的次态和输出值。如此继续进行。当把 $Q_3^n Q_2^n Q_1^n = 101$ 作为初态，计算出的次态是 $Q_3^{n+1} Q_2^{n+1} Q_1^{n+1} = 000$，回到了开始的初态，表明这个电路的状态是在 $000 \sim 101$ 之间循环。三个触发器应该有 $2^3 = 8$ 个不同的状态，而这个状态机的有效循环只有 6 个状态。因此，还需要把不在有效循环中的两个状态 110 和 111 分别作为新的初态代入状态方程和输出方程，继续计算其次态和输出。最后把全部的计算结果列成状态转换表，如表 6.1 所示。

表 6.1　图 6.2 所示电路的状态转换表

Q_3^n	Q_2^n	Q_1^n	Q_3^{n+1}	Q_2^{n+1}	Q_1^{n+1}	Y
0	0	0	0	0	1	0
0	0	1	0	1	0	0
0	1	0	0	1	1	0
0	1	1	1	0	0	0
1	0	0	1	0	1	0
1	0	1	0	0	0	1
1	1	0	1	1	1	0
1	1	1	0	0	0	1

（5）求状态转换图。根据上一步得到的状态转换表画出状态转换图，如图 6.3 所示。

（6）画时序图。这里可根据状态转换图画出时序图，如图 6.4 所示。画图时需要注意，图 6.2 所示电路中的 JK 触发器是下降沿触发的边沿触发器，每个触发器的状态转换都发生在时钟脉冲的下降沿。

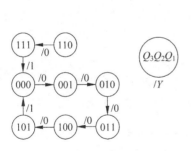

图 6.3　例 6-1 电路的状态转换图

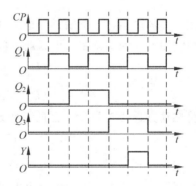

图 6.4　例 6-1 电路的时序图

从上面的分析可以看出，图 6.2 所示电路的状态编码，从 $Q_3 Q_2 Q_1 = 000$ 开始，每来一个时钟脉冲都增加 1，具有对脉冲计数的功能。当计到最大的数 101 时，Y 输出为 1。再来一个时钟脉冲，电路的状态又回到 000，Y 也回到 0。以后都在这 6 个状态循环。所以，图 6.2 所示电路是一个六进制加法计数器。输出 Y 是计数器的进位信号。此外，该电路的两个无效状态都能够在时钟脉冲的作用下回到有效循环中，所以是一个能自启动的电路。

除了可以按表 6.1 的形式列状态转换表外，还可以把状态转换表列成表 6.2 的形式。表 6.2 形式的状态转换表表现了在一系列时钟脉冲的作用下电路的状态转换的顺序。

时序逻辑电路

表 6.2　图 6.2 所示电路的状态转换表的另一种形式

CP 的顺序	Q_3	Q_2	Q_1		Y
0	0	0	0	←	0
1	0	0	1		0
2	0	1	0		0
3	0	1	1		0
4	1	0	0		0
5	1	0	1		1
6	0	0	0		0
0	1	1	0		0
1	1	1	1		1
2	0	0	0		0

例 6-2　试分析图 6.5 所示电路的逻辑功能。

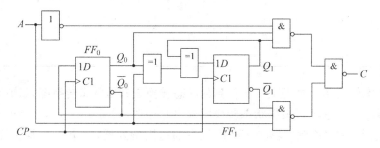

图 6.5　例 6-2 的时序逻辑电路

解：图 6.5 的电路有一个输入变量 A，所以是 Mealy 型时序逻辑电路。

(1) 根据图 6.5 的电路图写出驱动方程。

$$\begin{cases} D_0 = \overline{Q}_0 \\ D_1 = A \oplus Q_0 \oplus Q_1 \end{cases}$$

(2) 将驱动方程代入 D 触发器的特性方程，得到电路的状态方程。

$$\begin{cases} Q_0^{n+1} = D_0 = \overline{Q}_0 \\ Q_1^{n+1} = D_1 = A \oplus Q_0 \oplus Q_1 \end{cases}$$

(3) 根据图 6.5 的电路图写出输出方程。

$$C = \overline{\overline{A Q_0 Q_1} \cdot \overline{A \overline{Q}_0 \cdot \overline{Q}_1}} = \overline{A} Q_0 Q_1 + A \overline{Q}_0 \cdot \overline{Q}_1$$

(4) 根据状态方程和输出方程求状态转换表，如表 6.3 所示。

表 6.3　图 6.5 电路的状态转换表

A	Q_1^n	Q_0^n	Q_1^{n+1}	Q_0^{n+1}	C
0	0	0	0	1	0
0	0	1	1	0	0
0	1	0	1	1	0
0	1	1	0	0	1

A	Q_1^n	Q_0^n	Q_1^{n+1}	Q_0^{n+1}	C
1	0	0	1	1	1
1	1	1	1	0	0
1	1	0	0	1	0
1	0	1	0	0	0

（5）根据状态转换表画出状态转换图，如图 6.6 所示。

（6）从状态转换图可以看出，图 6.5 所示电路有 4 个有效状态。当 $A=0$ 时，按 00→01→10→11→00 的顺序循环；当 $A=1$ 时，按 00→11→10→01→00 的顺序循环。所以，图 6.5 所示电路是一个可逆同步四进制计数器。输入变量 A 是计数器工作模式的控制信号，当 $A=0$ 时是加法计数器，C 是进位输出信号；当 $A=1$ 时是减法计数器，C 是借位输出信号。

例 6-3 试画出图 6.7 所示电路的时序图，分析其逻辑功能。

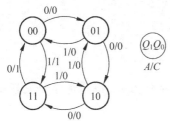

图 6.6 例 6-2 电路的状态转换图

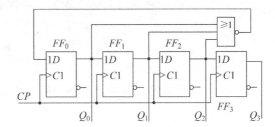

图 6.7 例 6-3 的时序逻辑电路

解：图 6.7 的电路是在移位寄存器电路基础上增加反馈回路构成的，反馈逻辑为

$$D_0 = \overline{Q_0 + Q_1 + Q_2}$$

如果 Q_0、Q_1、Q_2 都是 0，$D_0=1$；如果 Q_0、Q_1、Q_2 中至少有一个是 1，则 $D_0=0$。

移位寄存器电路每来一个 CP 脉冲，电路中的数据向右移动 1 位。

根据上面的分析可画出时序图，如图 6.8 所示。设各触发器的初始状态都是 0。

从图 6.8 可看出，Q_0、Q_1、Q_2、Q_3 输出的是一组

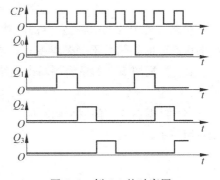

图 6.8 例 6-3 的时序图

在时间上有一定先后顺序的脉冲信号。所以，图 6.8 是顺序脉冲发生器电路。

*6.2.2 异步时序逻辑电路的分析

异步时序逻辑电路的分析方法与同步时序逻辑电路的分析方法有所不同。异步时序逻辑电路发生状态转换时，并不是所有的触发器都有时钟信号，只有那些有时钟信号的触发器才有可能按照其状态方程转换状态。因此，在分析时只需要对该时刻有时钟信号的触发器用状态方程计算次态。

在分析异步时序逻辑电路时，除了在分析同步时序逻辑电路时要列出的驱动方程、输出方程和状态方程外，还必须列出每个触发器的时钟方程。时钟方程给出了触发器在什么时

刻有时钟信号。根据触发器的时钟方程,就可以知道哪个时刻需要用状态方程计算触发器的次态。其他时刻该触发器的状态保持不变。

例 6-4 试分析图 6.9 所示电路的逻辑功能。

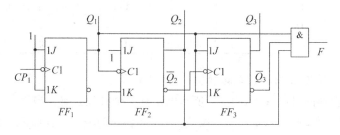

图 6.9 例 6-4 的时序逻辑电路

解:首先写方程组。

(1)根据图 6.9 的逻辑图写出每个触发器的驱动方程。

$$\begin{cases} J_1 = K_1 = 1 \\ J_2 = 1 \qquad\qquad K_2 = Q_2 \\ J_3 = K_3 = Q_1 \end{cases}$$

(2)将第(1)步写出的驱动方程代入 JK 触发器的特性方程,得到每个触发器的状态方程。

$$\begin{cases} Q_1^{n+1} = \overline{Q}_1 \cdot cp_1 \\ Q_2^{n+1} = \overline{Q}_2 \cdot cp_2 \\ Q_3^{n+1} = (Q_1\overline{Q}_3 + \overline{Q}_1 Q_3) \cdot cp_3 \end{cases}$$

状态方程中的 cp 是触发器的时钟信号,表示在这个时钟信号有效时按该方程计算触发器的次态。时钟信号不是逻辑变量。本例时钟信号是在下降沿有效。

(3)根据图 6.9 的逻辑图写出电路的输出方程。

$$F = Q_1 Q_2 \overline{Q}_3$$

(4)根据图 6.9 的逻辑图写时钟方程。第一个触发器的时钟信号 cp_1 来自外部的 CP,就不用写了。

$$\begin{cases} cp_2 = Q_1 \\ cp_3 = \overline{Q}_2 \end{cases}$$

(5)画时序图。异步时序逻辑电路分析起来比较麻烦,但是时序图往往比较好画。画异步时序逻辑电路的时序图不需根据方程组计算,可以直接根据逻辑图画时序图。

假设各触发器的初始状态都是 0。

首先画第一个触发器的输出波形。这是很容易的,因为第一个触发器 FF_1 连接成 T′触发器,每当 CP_1 的下降沿到来都翻转。

第二个触发器也连接成 T′触发器,其时钟信号是第一个触发器的输出 Q_1。当 Q_1 的下降沿到来时,FF_2 翻转。

第三个触发器连接成 T 触发器,其时钟信号是 $\overline{Q}_2$,当 $\overline{Q}_2$ 出现下降沿时(Q_2 的上升沿),FF_3 有时钟信号。此时只要 $Q_1=1$(即 $T=1$),FF_3 就翻转。

在 Q_1 的第一个下降沿到来时,FF_2 和 FF_3 从 0 翻转成 1。在 Q_1 的第二个下降沿到来时,FF_2 翻转成 0。FF_3 没有时钟信号,保持不变。在 Q_1 的第三个下降沿到来时,FF_2 翻转成 1。FF_3 有时钟信号且 $Q_1=1$,FF_3 翻转成 0。在 Q_1 的第四个下降沿到来时,FF_2 翻转成 0。FF_3 没有时钟信号,保持不变。

最后画输出信号 F 的波形。根据电路的输出方程,当 $Q_1=1$,$Q_2=1$,$Q_3=0$ 时 $F=1$。

画出的时序图如图 6.10 所示。

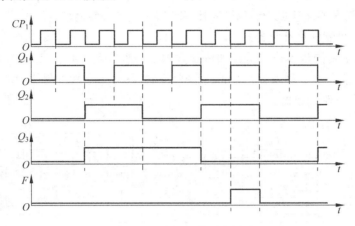

图 6.10   例 6-4 的时序图

(6) 求状态转换图。根据第(5)步得到的时序图做状态转换图,如图 6.11 所示。

从时序图和状态转换图可以看出,图 6.9 的电路是一个状态机,在 8 个状态之间循环,没有无效状态。

分析异步时序逻辑电路最困难、最费时的是根据状态方程和输出方程求状态转换表。如果先根据逻辑图画出时序图,然后根据时序图画出状态转换图,最后利用状态转换图和状态转换表直接对应的关系就很容易地做出状态转换表。

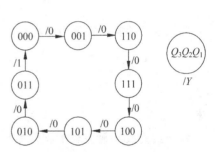

图 6.11   例 6-4 的状态转换图

6.3   计   数   器

计数器的功能是对计数脉冲计数,是数字系统中使用最多的一类时序逻辑电路。除计数功能外,计数器还可以作为分频器、定时器使用,以及用于产生节拍脉冲和序列脉冲等。

如果按照电路中各个触发器是否随统一的时钟翻转,计数器可以分为同步计数器和异步计数器。如果按照计数过程中数字是递增或是递减,计数器可以分为加法计数器和减法计数器。如果按照计数器使用的数字编码,计数器可以分为二进制计数器、BCD 码计数器和格雷码计数器等。如果按照计数器的模(计数容量)分类,可以分为二进制计数器、十进制计数器及其他任意进制的计数器等。除可控计数器外,计数器一般没有输入逻辑变量,属于 Moore 型时序逻辑电路。

6.3.1 同步计数器

1. 同步二进制计数器

观察一下自然二进制数的变化规律可以发现,任何相邻的两个二进制数的最低位都是不同的。也就是说,当计数器在按二进制计数时,每来一个计数脉冲,其最低位的状态都会翻转。因此,构成二进制计数器的最低位的触发器应该连接成 T' 触发器,其他位的触发器应该连接成 T 触发器并且在应该翻转时使 $T=1$,不应该翻转时使 $T=0$。

(1) 同步二进制加法计数器。

图 6.12 所示是同步 4 位二进制加法计数器的一种电路。4 个 JK 触发器的 J 和 K 输入端连接在一起,成为 T 触发器。4 个二进制位刚好是一个十六进制位,所以 4 位二进制计数器也称为十六进制计数器。

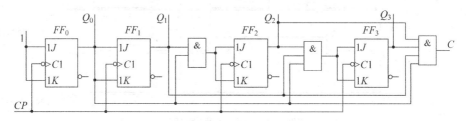

图 6.12 同步 4 位二进制加法计数器

各触发器的驱动方程为:

$$\begin{cases} T_0 = 1 \\ T_1 = Q_0 \\ T_2 = Q_0 Q_1 \\ T_3 = Q_0 Q_1 Q_2 \end{cases}$$

将上式代入 T 触发器的特性方程得到电路的状态方程为:

$$\begin{cases} Q_0^{n+1} = \bar{Q}_0 \\ Q_1^{n+1} = Q_0 \bar{Q}_1 + \bar{Q}_0 Q_1 \\ Q_2^{n+1} = Q_0 Q_1 \bar{Q}_2 + \overline{Q_0 Q_1} Q_2 \\ Q_3^{n+1} = Q_0 Q_1 Q_2 \bar{Q}_3 + \overline{Q_0 Q_1 Q_2} Q_3 \end{cases}$$

电路的输出方程为:

$$C = Q_0 Q_1 Q_2 Q_3$$

根据电路的状态方程和输出方程求出状态转换表,如表 6.4 所示。

图 6.13 和图 6.14 是 4 位二进制加法计数器的状态转换图和时序图。

从时序图可看出,若计数脉冲 CP 的频率为 f_0,则计数器的 Q_0、Q_1、Q_2 和 Q_3 端输出脉冲的频率分别为 $f_0/2$、$f_0/4$、$f_0/8$ 和 $f_0/16$。这就是 T 触发器电路的二分频功能。因此,二进制计数器常用做分频器。

4 位二进制加法计数器从 0000 开始按自然二进制数递增的规律计数,当计到最大的数 1111 时,产生进位输出信号($C=1$),再来一个 CP 脉冲,计数器的状态又回到 0000,即 4 位二进制计数器的模是 16($=2^4$)。N 位二进制计数器的模是 2^N,能计的最大数是 2^N-1。

表 6.4　图 6.12 所示电路的状态转换表

计数顺序	电路状态				进位输出 C
	Q_3	Q_2	Q_1	Q_0	
0	0	0	0	0 ←	0
1	0	0	0	1	0
2	0	0	1	0	0
3	0	0	1	1	0
4	0	1	0	0	0
5	0	1	0	1	0
6	0	1	1	0	0
7	0	1	1	1	0
8	1	0	0	0	0
9	1	0	0	1	0
10	1	0	1	0	0
11	1	0	1	1	0
12	1	1	0	0	0
13	1	1	0	1	0
14	1	1	1	0	0
15	1	1	1	1	1
16	0	0	0	0	0

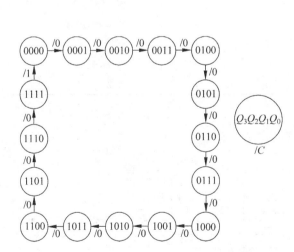

图 6.13　4 位二进制加法计数器的状态转换图

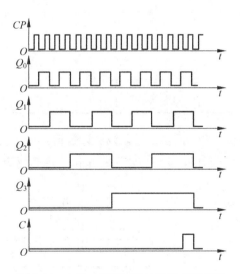

图 6.14　4 位二进制加法计数器的时序图

例 6-5　集成同步 4 位二进制加法计数器 74161。

74161 是常用的一种集成 4 位二进制计数器。图 6.15 是 74161 的功能引脚图。

74161 不仅具有 4 位二进制计数器的计数功能,还具有预置数、保持和异步清零等附加功能。预置数控制端 $\overline{LD}$ 和异步清零控制端 $\overline{R_D}$ 都是低电平输入有效。表 6.5 是 74161 的功能表。

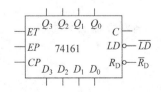

图 6.15　集成计数器 74161 的功能引脚

表 6.5 集成计数器 74161 的功能表

CP	$\bar{R}_D$	$\overline{LD}$	EP	ET	工 作 状 态
$\times$	0	$\times$	$\times$	$\times$	置零(异步)
$\sqcap$	1	0	$\times$	$\times$	预置数(同步)
$\times$	1	1	0	1	保持
$\times$	1	1	$\times$	0	保持(但 $C=0$)
$\sqcap$	1	1	1	1	计数

当 $\overline{LD}=0$ 且 $\bar{R}_D=1$ 时,电路为预置数状态。但不是立即使 $Q_i=D_i$,而是要等到 CP 脉冲的上升沿到来才使 $Q_i=D_i$。

当 $\bar{R}_D=0$ 时,计数器被立即清零,不需要与 CP 脉冲同步。

当 $\bar{R}_D$ 和 $\overline{LD}$ 都无效,若工作状态控制端 ET 和 EP 同时为 1,允许对 CP 计数脉冲;若 $EP=0$,电路保持状态和输出不变;若 $ET=0$,虽然电路仍保持状态不变,但进位输出 $C=0$。

例 6-6 集成同步 4 位二进制加法计数器 74163。

74163 也是常用的一种集成 4 位二进制计数器,其功能引脚图与 74161 的相同。74163 与 74161 的差别在于置 0 控制,74163 是同步置 0 方式。当 $\bar{R}_D=0$ 时,计数器并不是立即清零,而是要等到 CP 脉冲的上升沿到来才使 $Q=0$。表 6.6 是 74163 的功能表。

表 6.6 集成计数器 74163 的功能表

CP	$\bar{R}_D$	$\overline{LD}$	EP	ET	工 作 状 态
$\sqcap$	0	$\times$	$\times$	$\times$	置 0(同步)
$\sqcap$	1	0	$\times$	$\times$	预置数(同步)
$\times$	1	1	0	1	保持
$\times$	1	1	$\times$	0	保持(但 $C=0$)
$\sqcap$	1	1	1	1	计数

(2) 同步二进制减法计数器。

图 6.16 所示是同步 4 位二进制减法计数器的一种电路。

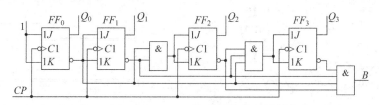

图 6.16 同步 4 位二进制减法计数器

各触发器的驱动方程为:

$$\begin{cases} T_0 = 1 \\ T_1 = \bar{Q}_0 \\ T_2 = \bar{Q}_0 \cdot \bar{Q}_1 \\ T_3 = \bar{Q}_0 \cdot \bar{Q}_1 \cdot \bar{Q}_2 \end{cases}$$

电路的状态方程为：

$$\begin{cases} Q_0^{n+1} = \bar{Q}_0 \\ Q_1^{n+1} = \bar{Q}_0 \cdot \bar{Q}_1 + Q_0 Q_1 \\ Q_2^{n+1} = \bar{Q}_0 \cdot \bar{Q}_1 \cdot \bar{Q}_2 + \overline{\bar{Q}_0 \cdot \bar{Q}_1} Q_2 \\ Q_3^{n+1} = \bar{Q}_0 \cdot \bar{Q}_1 \cdot \bar{Q}_2 \cdot \bar{Q}_3 + \overline{\bar{Q}_0 \cdot \bar{Q}_1 \cdot \bar{Q}_2} Q_3 \end{cases}$$

电路的输出方程为：

$$B = \bar{Q}_0 \cdot \bar{Q}_1 \cdot \bar{Q}_2 \cdot \bar{Q}_3$$

图 6.17 和图 6.18 是 4 位二进制减法计数器的时序图和状态转换图。

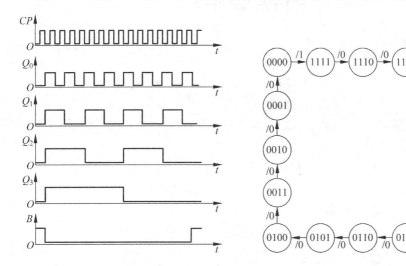

图 6.17　4 位二进制减法计数器的时序图　　　图 6.18　4 位二进制减法计数器的状态转换图

从时序图和状态转换图可看出，4 位二进制减法计数器按自然二进制数递减的规律计数。从 0000 开始，第一个 CP 脉冲使计数器的状态变为 1111。因为 0 减 1 不够减，所以当 $Q_3 Q_2 Q_1 Q_0 = 0000$ 时，借位信号 $B = 1$。

（3）同步二进制可逆计数器。

可逆计数器既可以按加法计数，也可以按减法计数。构成可逆计数器有两种方案：单时钟方案和双时钟方案。

单时钟方案的电路增加了一个加/减控制端 $\bar{U}/D$，在进行加法计数和减法计数时都使用同一个时钟信号。当 $\bar{U}/D = 0$ 时电路按加法计数，当 $\bar{U}/D = 1$ 时电路按减法计数。典型的集成电路器件有同步 4 位二进制加/减计数器 74191 等。

双时钟方案的电路没有加/减控制端，但是在进行加法计数和减法计数时分别使用不同的时钟信号。如果从加计数时钟端输入 CP 脉冲，电路就按加法计数；如果从减计数时钟端输入 CP 脉冲，电路就按减法计数。典型器件有同步 4 位二进制加/减计数器 74193 等。

2. 同步十进制计数器

十进制计数器又称为 BCD 码计数器，采用不同的 BCD 码编码方案可以设计出不同的十进制计数器。十进制计数器与十六进制计数器最主要的区别在于十进制计数器只有 10 个状态，在计数循环中必须设法跳过 6 个非法状态，因此十进制计数器的逻辑要比十六进制计数器的复杂。同步十进制计数器同样有加法计数器、减法计数器和可逆计数器，下面只对同步十进制加法计数器的电路原理进行分析。

图 6.19 所示是同步十进制加法计数器的一种电路。

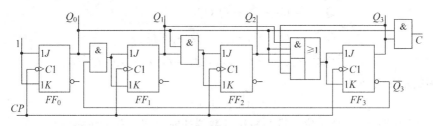

图 6.19　同步十进制加法计数器

各触发器的驱动方程为：

$$\begin{cases} T_0 = 1 \\ T_1 = Q_0 \bar{Q}_3 \\ T_2 = Q_0 Q_1 \\ T_3 = Q_0 Q_1 Q_2 + Q_0 Q_3 \end{cases}$$

电路的输出方程为：

$$C = Q_0 Q_3$$

电路的状态方程为：

$$\begin{cases} Q_0^{n+1} = \bar{Q}_0 \\ Q_1^{n+1} = Q_0 \bar{Q}_3 \cdot \bar{Q}_1 + \overline{Q_0 \bar{Q}_3} Q_1 \\ Q_2^{n+1} = Q_0 Q_1 \bar{Q}_2 + \overline{Q_0 Q_1} Q_2 \\ Q_3^{n+1} = Q_0 Q_1 Q_2 \bar{Q}_3 + \overline{Q_0 Q_1 Q_2 + Q_0 Q_3} Q_3 \end{cases}$$

图 6.20 和图 6.21 是十进制加法计数器的状态转换图和时序图。从状态转换图可看出，图 6.19 所示电路是按 8421 BCD 码计数的。

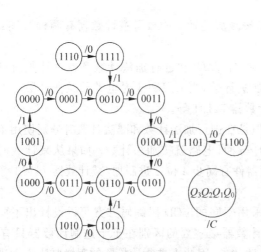

图 6.20　十进制加法计数器的状态转换图

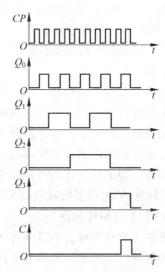

图 6.21　十进制加法计数器的时序图

常用的同步十进制加法计数器的集成电路产品有 74160。74160 是按 8421 BCD 码计数的,并且在图 6.19 所示电路的基础上增加了预置数、保持和异步清零等附加功能。74160 的功能引脚图与 74161 的相同,各附加控制端的功能和用法与 74161 的相同,功能表也与 74161 的功能表相同;不同的是 74160 是十进制计数器,而 74161 是十六进制计数器。

6.3.2 异步计数器

异步计数器有二进制计数器、十进制计数器等,电路结构同样有加法计数器、减法计数器和可逆计数器。

1. 异步二进制计数器

图 6.22 所示是异步 3 位二进制加法计数器的一种电路。

在图 6.22 的电路中,除第一个触发器 FF_0 的时钟信号来自外部的 CP_0 外,其余触发器的时钟信号 CP_i 都来自前一级触发器的输出 Q_{i-1}。

图 6.23 所示是异步 3 位二进制减法计数器的一种电路。与图 6.22 所示电路比较不难发现,区别仅在于二进制减法计数器电路后一级触发器的时钟信号 CP_i 不是来自前一级触发器的输出 Q_{i-1},而是来自 $\overline{Q}_{i-1}$。

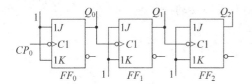

图 6.22　异步 3 位二进制加法计数器　　　图 6.23　异步 3 位二进制减法计数器

在 5.5 节已经分析过触发器电路存在传输延迟时间。异步计数器电路,后一级触发器的时钟信号来自前一级触发器的输出,因此后一级触发器的翻转总比前一级触发器的翻转滞后一个传输延迟时间 t_{pd}。如果考虑触发器的传输延迟时间的影响,则异步二进制加法计数器的时序图应该如图 6.24 所示。

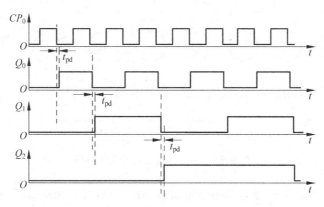

图 6.24　异步二进制加法计数器的时序图

2. 异步十进制计数器

图 6.25 所示是异步十进制加法计数器的一种电路。

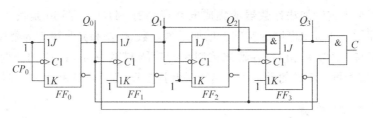

图 6.25　异步十进制加法计数器

异步计数器的突出特点是电路简单,但由于各个触发器不是在统一的时刻翻转,造成异步计数器电路的工作噪声大,有竞争-冒险现象,可靠性降低。异步计数器的各级触发器是串行进位方式,传输延迟时间长,工作频率比较低。

6.3.3　移位寄存器型计数器

移位寄存器型计数器是在移位寄存器电路的基础上变化形成的。

1. 环形计数器

如果把移位寄存器的输出端与输入端连接起来,如图 6.26 所示,得到的电路就是一个环形计数器,每来一个 CP 脉冲,其中的数据就向右循环移动一位。

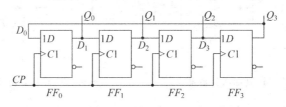

图 6.26　环形计数器

假设图 6.26 所示电路的初始状态是 $Q_0Q_1Q_2Q_3=1000$,在 CP 脉冲的作用下,计数器的状态将按 1000→0100→0010→0001→1000 的次序循环。在不同初始状态下,电路的状态如图 6.27 所示。

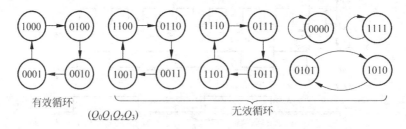

图 6.27　环形计数器的状态转换图

从图 6.27 可以看出,这个电路是不能自启动的,一旦进入无效循环,电路不能自动返回有效循环。因此,在计数器开始工作之前,必须通过某种方式把电路预置成某个有效状态。此外,环形计数器还有一个缺点,就是触发器的利用率很低。图 6.26 所示电路中有 4 个触发器,而有效循环仅仅包含了 4 个状态。前面讲的各种计数器用 4 个触发器可以有 $2^4=16$ 个状态。

2. 扭环形计数器

对环形计数器的反馈逻辑的一种改进电路是扭环形计数器。图 6.28 所示是扭环形计数器的一种电路。图 6.29 所示是扭环形计数器的状态转换图。

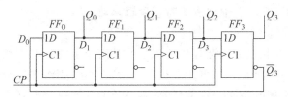

图 6.28　扭环形计数器

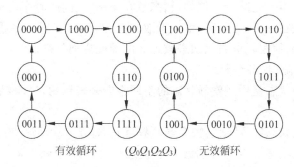

图 6.29　扭环形计数器的状态转换图

从图 6.29 可看出,图 6.28 的扭环形计数器电路有两个循环,仍然是不能自启动的。

扭环形计数器的状态利用率比环形计数器提高了一倍。

移位寄存器型计数器的状态编码与二进制数不同,还需要有译码电路进行状态译码,所以移位寄存器型计数器电路更适合作为状态机使用。由于移位寄存器型计数器在状态转换时每次只有一个位发生变化,在进行状态译码时不会产生竞争-冒险现象。

6.4　基于触发器的同步时序逻辑电路的设计

时序逻辑电路的设计方法可以分为三类。传统的设计时序逻辑电路的方法是以触发器为基本单元,即所谓"基于触发器的时序逻辑电路的设计"。这个方法难度比较大,设计出的系统使用的元器件多,设计周期长,成本高。基于 MSI 的时序逻辑电路的设计方法则把现成的中规模集成电路(计数器、寄存器等)作为基本单元,设计出的系统使用的元器件少,设计周期短,成本低。在设计可编程逻辑器件(PLD)、超大规模集成电路(VLSI)和计算机的处理器等领域,用硬件描述语言设计时序逻辑电路的方法则被越来越多的设计人员所采用。

由于现代的计算机系统一般不按照异步系统设计,只是在局部电路中采用异步时序逻辑,因此本书只介绍同步时序逻辑电路的设计方法。

基于触发器的同步时序逻辑电路的设计,一般按照以下步骤进行。

第一步:逻辑抽象。

逻辑抽象就是用时序逻辑函数关系来表示要求实现的时序逻辑功能。一般采用状态转换图的形式来表示时序逻辑函数。具体做法如下:

(1) 分析给定的逻辑问题,确定输入变量、输出变量、电路的状态数 M。

(2) 定义输入、输出逻辑状态和每个电路状态的含义,将电路状态顺序编号。

(3) 按照题意画出电路的状态转换图。

这样就把给定的逻辑问题抽象成为时序逻辑函数。

第二步:状态化简。

分析是否存在等价状态。所谓等价状态指的是两个电路状态在相同的输入下有相同的输出,并且转换到同一个次态。如果发现有等价状态存在,则将它们合并。时序逻辑电路的状态数越多,其复杂程度就越高。将重复的、不必要的状态合并就降低了时序逻辑电路的复杂性。但与组合逻辑电路设计不同的是,状态化简后,实现这个时序逻辑电路所需的触发器和门电路的数目并不一定减少。例如,状态数在 5~8 之间的时序逻辑电路都需要三个触发器。而且当状态数在 5~7 之间时,由于无效状态的存在,必须用一些逻辑来在有效循环中跳过无效状态,因而使逻辑电路比状态数是 8 的情况更加复杂。

第三步:状态分配(状态编码)。

时序逻辑电路的状态是用触发器状态的不同组合来表示的,N 个触发器最多可以有 2^N 种状态组合。

首先根据电路的状态数 M 确定触发器的数目 N,即 $2^{N-1} < M \leqslant 2^N$。

然后给每个电路状态规定对应的触发器状态组合。N 个触发器的每个状态组合是一个 N 位的二值代码,而 N 位代码可以有多种编码方案。例如,可以用递增的自然二进制数作为一种状态编码,也可以用递减的自然二进制数作为一种状态编码,还可以用格雷码作为一种状态编码。当 $M < 2^N$ 时,从 2^N 个状态中取出 M 个状态的组合可能有很多种。

确定编码方案后,画出编码后的状态转换图,列出状态转换表。

第四步:求出电路的状态方程、驱动方程和输出方程。

首先选定触发器的类型。

不同逻辑功能的触发器有不同的驱动方式,所以必须先确定触发器的类型,然后求出电路的方程组。常用的集成触发器有 D 触发器和 JK 触发器。由于 RS 触发器有约束,因此很少用。此外,为了便于电路实现和产品生产,在一个系统中应该尽可能使用同一类型的触发器。

选定触发器的类型后,根据状态转换表就可求出电路的状态方程、驱动方程和输出方程。在求触发器的状态方程和输出方程时可以利用卡诺图化简。

第五步:检查电路能否自启动。

当 $M < 2^N$ 时,所设计的系统中存在无效状态,所以还需要检查每个无效状态能否在有限的时钟脉冲作用下回到有效循环中。如果发现电路不能自启动,就应该修改逻辑或者采取在开始工作前预置成某个有效状态的方法。

检查电路能否自启动的工作最好提前在一求出状态方程就做,而不是等到画出逻辑图之后才检查。如果发现不能自启动可以及早修改逻辑,这样可以减少返工的工作量。

第六步:根据得到的方程式画出逻辑图。

下面通过两个例子进一步说明同步时序逻辑电路的设计方法。

例 6-7 试用 JK 触发器和门电路设计一个同步十进制加法计数器,能自启动。

解:首先进行逻辑抽象。

计数器的工作是每来一个时钟脉冲就计一个数,即在时钟脉冲的作用下自动地从一个状态转换为下一个状态。加法计数器在计到最大的数时应该产生进位输出信号。

用逻辑变量 C 表示进位(Carry)输出信号,并规定 $C=0$ 表示没有进位,$C=1$ 表示有进位输出。

十进制计数器应该有 10 个有效状态。现用 S_0,S_1,$\cdots$,S_9 分别表示这 10 个状态,画出状态转换图如图 6.30 所示。

因为十进制计数器必须有 10 个状态,所以不能再化简了。

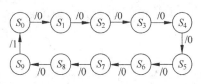

图 6.30 例 6-7 的状态转换图

状态数 $M=10$,根据 $2^{N-1}<M\leqslant2^N$,可算出需要 $N=4$ 个触发器。

题目没有对计数器的编码提出要求,所以解题时可以自由选择一种 BCD 码。现采用余 3 码作为状态 $S_0\sim S_9$ 的编码,得到电路的状态转换表如表 6.7 所示。

表 6.7 例 6-7 的状态转换表

状态变化顺序	状态编码				进位输出 C	等效十进制数
	Q_3	Q_2	Q_1	Q_0		
S_0	0	0	1	1	0	0
S_1	0	1	0	0	0	1
S_2	0	1	0	1	0	2
S_3	0	1	1	0	0	3
S_4	0	1	1	1	0	4
S_5	1	0	0	0	0	5
S_6	1	0	0	1	0	6
S_7	1	0	1	0	0	7
S_8	1	0	1	1	0	8
S_9	1	1	0	0	1	9
S_0	0	0	1	1	0	0

由于 Moore 型时序逻辑电路的次态 $Q_3^{n+1}Q_2^{n+1}Q_1^{n+1}Q_0^{n+1}$ 和进位输出 C 唯一地取决于电路的现态 $Q_3^nQ_2^nQ_1^nQ_0^n$ 的取值,因此可根据表 6.7 画出表示次态逻辑函数和进位输出逻辑函数的卡诺图,如图 6.31 所示。

在图 6.31 的卡诺图中,把 6 个无效状态作为约束项处理,用×表示。

为了便于用卡诺图进行化简,下面把图 6.31 所示的卡诺图分解成 Q_3^{n+1}、Q_2^{n+1}、Q_1^{n+1}、Q_0^{n+1} 和 C 这 5 个逻辑函数卡诺图,如图 6.32 所示。

利用图 6.32 的卡诺图进行化简,得到电路的状态方程为:

$Q_3^nQ_2^n$ \ $Q_1^nQ_0^n$	00	01	11	10
00	××××/×	××××/×	0100/0	××××/×
01	0101/0	0110/0	1000/0	0111/0
11	0011/1	××××/×	××××/×	××××/×
10	1001/0	1010/0	1100/0	1011/0

图 6.31 例 6-7 电路的次态 $Q_3^{n+1}Q_2^{n+1}Q_1^{n+1}Q_0^{n+1}$ 和输出 C 的卡诺图

$$\begin{cases} Q_3^{n+1} = Q_3\overline{Q}_2 + \overline{Q}_3 Q_2 Q_1 Q_0 \\ Q_2^{n+1} = \overline{Q}_3 Q_2 \overline{Q}_1 + \overline{Q}_2 Q_1 Q_0 + \overline{Q}_3 Q_2 \overline{Q}_0 \\ Q_1^{n+1} = Q_1 \overline{Q}_0 + Q_3 Q_2 \overline{Q}_1 + Q_0 \overline{Q}_1 \\ Q_0^{n+1} = \overline{Q}_0 \end{cases}$$

为了简化书写,在方程中将 Q_3^n、Q_2^n、Q_1^n、Q_0^n 简写成 Q_3、Q_2、Q_1、Q_0,省略了表示现态的右上角标注 n。

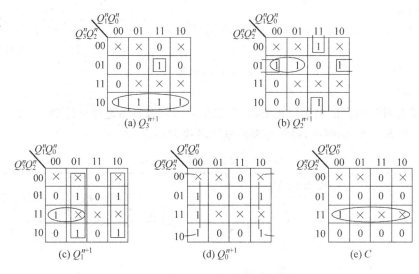

图 6.32 图 6.30 的卡诺图的分解

在用卡诺图化简 Q_1^{n+1} 时,为什么不是把 $Q_3 Q_2 = 11$ 的一行 4 个最小项合并,而是只合并了其中两项呢?这与本题指定用 JK 触发器有关。我们知道,JK 触发器的特性方程是 $Q^{n+1} = J\overline{Q}^n + \overline{K}Q^n$。如果状态方程化简后某个乘积项中既不包含因子 Q_1 又不包含 $\overline{Q}_1$,则在根据状态方程写驱动方程时将会出现困难,不得不再设法把因子 Q_1 或者 $\overline{Q}_1$ 加上。在化简 Q_3^{n+1} 时有一个最小项没有与相邻的无关项合并也是基于同样的考虑。因此,在用卡诺图化简 Q_i^{n+1} 时,一定注意使合并后的每个乘积项中都包含因子 Q_i 或者 $\overline{Q}_i$。

现在检查所设计的电路能否自启动。方法是在图 6.31 的卡诺图中把那些在化简时与最小项合并的无关项改成 1,没有与最小项合并的无关项改成 0。这样就可以知道每个无效状态的次态是什么了。化简后的次态 $Q_3^{n+1} Q_2^{n+1} Q_1^{n+1} Q_0^{n+1}$ 和输出 C 的卡诺图如图 6.33 所示。

$Q_3^n Q_2^n \backslash Q_1^n Q_0^n$	00	01	11	10
00	0001/0	0010/0	0100/0	0011/0
01	0101/0	0110/0	1000/0	0111/0
11	0011/0	0010/1	0000/1	0011/0
10	1001/0	1010/0	1100/0	1011/0

图 6.33 化简后的次态 $Q_3^{n+1} Q_2^{n+1} Q_1^{n+1} Q_0^{n+1}$ 和输出 C 的卡诺图

从图 6.33 可以看出,所设计的电路是能自启动的。根据图 6.33 的次态和输出的卡诺图可做出所设计电路的状态转换图,如图 6.34 所示。

为了便于找出驱动方程,接下来还应该把上面求出的状态方程进一步变换成与 JK 触发器的特性方程相同的形式,即 $Q_i^{n+1} = J_i \overline{Q}_i^n + \overline{K}_i Q_i^n$。

$$\begin{cases} Q_3^{n+1} = Q_2 Q_1 Q_0 \overline{Q_3} + \overline{Q_2} Q_3 \\ Q_2^{n+1} = Q_1 Q_0 \overline{Q_2} + (\overline{Q_3} \cdot \overline{Q_1 Q_0}) Q_2 \\ Q_1^{n+1} = (Q_3 Q_2 + Q_0) \overline{Q_1} + \overline{Q_0} Q_1 \\ Q_0^{n+1} = \overline{Q_0} \end{cases}$$

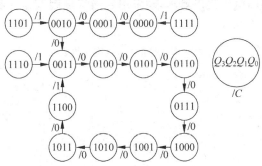

图 6.34 例 6-7 电路的状态转换图

卡诺图化简后的输出方程为 $C = Q_3 Q_2$。

根据上面求出的状态方程写出驱动方程如下：

$$\begin{cases} J_0 = K_0 = 1 \\ J_1 = Q_3 Q_2 + Q_0 = \overline{\overline{Q_3 Q_2} \cdot \overline{Q_0}} \qquad K_1 = \overline{Q_0} \\ J_2 = Q_1 Q_0 \qquad\qquad\qquad\qquad K_2 = \overline{\overline{Q_3} \cdot \overline{Q_1 Q_0}} \\ J_3 = Q_2 Q_1 Q_0 \qquad\qquad\qquad\quad K_3 = Q_2 \end{cases}$$

有了驱动方程就清楚了每个触发器的输入是怎样连接的。根据驱动方程和输出方程画出逻辑图,如图 6.35 所示。

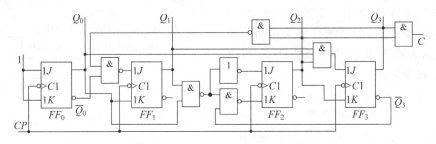

图 6.35 例 6-7 电路的逻辑图

例 6-8 试用 JK 触发器和门电路设计一个同步十一进制减法计数器,能自启动。

解: 对于计数器这类问题,状态数是很明确的,十一进制计数器有 11 个有效状态,而且不能化简。用 $S_0, S_1, \cdots, S_{10}$ 分别表示这 11 个状态,画出状态转换图如图 6.36 所示。

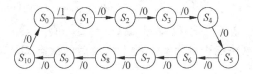

图 6.36 十一进制减法计数器的状态转换图

减法计数器,0 减 1 不够减,需借位。通常假设初始状态 S_0 是触发器全 0 的状态,所以此时有借位信号。在 S_0 状态减 1 后的 S_1 状态应该是该计数器能计的最大的数。用逻辑变量 B 表示借位(Borrow)输出信号,并规定 $B=0$ 表示没有借位,$B=1$ 表示有借位输出。

状态数 $M=11$,根据 $2^{N-1}<M\leqslant 2^N$ 可算出需要 $N=4$ 个触发器。

题目没有对计数器的编码提出要求,现采用自然二进制数作为状态 $S_0 \sim S_{10}$ 的编码,得到电路的状态转换表如表 6.8 所示。

表 6.8 例 6-8 的状态转换表

状态变化顺序	状态编码				借位输出 B	等效十进制数
	Q_3	Q_2	Q_1	Q_0		
S_0	0	0	0	0 ←	1	0
S_1	1	0	1	0	0	10
S_2	1	0	0	1	0	9
S_3	1	0	0	0	0	8
S_4	0	1	1	1	0	7
S_5	0	1	1	0	0	6
S_6	0	1	0	1	0	5
S_7	0	1	0	0	0	4
S_8	0	0	1	1	0	3
S_9	0	0	1	0	0	2
S_{10}	0	0	0	1	0	1
S_0	0	0	0	0	0	0

根据表 6.8 画出表示次态和借位输出逻辑函数的卡诺图,如图 6.37 所示。

在图 6.37 的卡诺图中,把 5 个无效状态作为约束项处理,用×表示。由于输出 $B=1$ 的最小项只有一个,而且没有无关项与其相邻,因此输出函数 B 已经不能化简了,可以直接写出输出方程:

$$B = \bar{Q}_3 \cdot \bar{Q}_2 \cdot \bar{Q}_1 \cdot \bar{Q}_0$$

为了便于用卡诺图进行化简,下面把图 6.37 的卡诺图分解成 Q_3^{n+1}、Q_2^{n+1}、Q_1^{n+1} 和 Q_0^{n+1} 这 4 个逻辑函数卡诺图,如图 6.38 所示。

$Q_3^n Q_2^n$ ＼ $Q_1^n Q_0^n$	00	01	11	10
00	1010/1	0000/0	0010/0	0001/0
01	0011/0	0100/0	0110/0	0101/0
11	××××/×	××××/×	××××/×	××××/×
10	0111/0	1000/0	××××/×	1001/0

图 6.37 例 6-8 电路的次态 $Q_3^{n+1} Q_2^{n+1} Q_1^{n+1} Q_0^{n+1}$ 和输出 B 的卡诺图

利用图 6.38 的卡诺图进行化简,得到电路的状态方程为:

$$\begin{cases} Q_0^{n+1} = Q_1 \bar{Q}_0 + Q_3 \bar{Q}_0 + Q_2 \bar{Q}_0 = (Q_1 + Q_2 + Q_3)\bar{Q}_0 = (\overline{\bar{Q}_1 \cdot \bar{Q}_2 \cdot \bar{Q}_3})\bar{Q}_0 \\ Q_1^{n+1} = \bar{Q}_0 \cdot \bar{Q}_1 + Q_0 Q_1 \\ Q_2^{n+1} = \bar{Q}_2 Q_3 \bar{Q}_1 \cdot \bar{Q}_0 + Q_2 Q_1 + Q_2 Q_0 = \bar{Q}_1 \cdot \bar{Q}_0 Q_3 \bar{Q}_2 + (\overline{\bar{Q}_1 \cdot \bar{Q}_0})Q_2 \\ Q_3^{n+1} = \bar{Q}_3 \cdot \bar{Q}_2 \cdot \bar{Q}_1 \cdot \bar{Q}_0 + Q_3 Q_1 + Q_3 Q_0 = \bar{Q}_2 \cdot \bar{Q}_1 \cdot \bar{Q}_0 \cdot \bar{Q}_3 + (\overline{\bar{Q}_1 \cdot \bar{Q}_0})Q_3 \end{cases}$$

接着检查所设计的电路能否自启动。做出化简后的次态 $Q_3^{n+1} Q_2^{n+1} Q_1^{n+1} Q_0^{n+1}$ 和输出 B 的卡诺图如图 6.39 所示。

从图 6.39 可以看出,所设计的电路是能自启动的。根据图 6.39 的次态和输出的卡诺

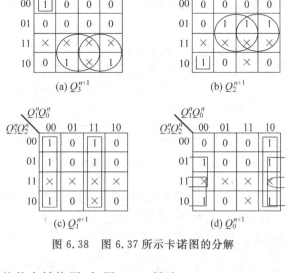

图 6.38　图 6.37 所示卡诺图的分解

图可做出所设计电路的状态转换图,如图 6.40 所示。

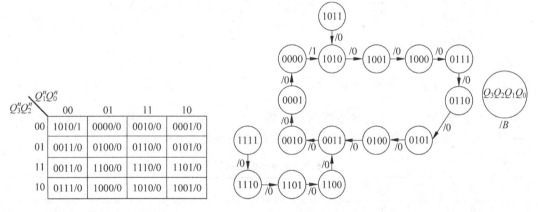

图 6.39　化简后的次态 $Q_3^{n+1}Q_2^{n+1}Q_1^{n+1}Q_0^{n+1}$
和输出 C 的卡诺图

图 6.40　例 6-8 电路的状态转换图

根据上面求出的状态方程写出驱动方程:

$$\begin{cases} J_0 = \overline{\overline{Q}_1 \cdot \overline{Q}_2 \cdot \overline{Q}_3} & K_0 = 1 \\ J_1 = \overline{Q}_0 & K_1 = \overline{Q}_0 \\ J_2 = \overline{Q}_1 \cdot \overline{Q}_0 Q_3 & K_2 = \overline{Q}_1 \cdot \overline{Q}_0 \\ J_3 = \overline{Q}_2 \cdot \overline{Q}_1 \cdot \overline{Q}_0 & K_3 = \overline{Q}_1 \cdot \overline{Q}_0 \end{cases}$$

根据驱动方程和输出方程画出逻辑图,如图 6.41 所示。

例 6-9　设计一个串行数据检测器,其功能是连续输入 3 个或 3 个以上的 1 时输出为 1,其他输入情况的输出为 0。

解:

(1) 逻辑抽象。用输入变量 A 表示输入数据,输出变量 Z 表示检测结果。

设电路在没有"1"输入之前的状态为初始状态 S_0,输入一个"1"后状态转换为 S_1,连续输入两个"1"后状态转换为 S_2,连续输入 3 个或 3 个以上的"1"后状态转换为 S_3。当状态为 S_3 时输出为 1,其他状态输出为 0。据此做出状态转换图,如图 6.42 所示。

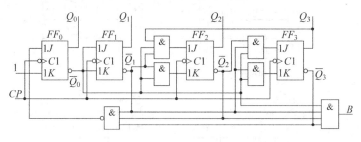

图 6.41　例 6-8 设计的逻辑图

　　(2) 状态化简。观察图 6.42 的状态转换图,不难发现状态 S_2 和 S_3 在同样的输入下有同样的输出和次态。因此,状态 S_2 和 S_3 是等价状态,应该合并为一个状态。状态化简后的状态转换图如图 6.43 所示。

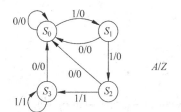

图 6.42　例 6-9 逻辑抽象得到的状态转换图

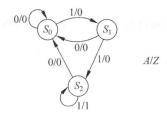

图 6.43　化简后的例 6-9 的状态转换图

　　(3) 状态编码。电路的状态数 $M=3$,需 $N=2$ 个触发器。采用二位循环码 00、01、11 分别作为状态 S_0、S_1 和 S_2 的编码,求出状态转换表如表 6.9 所示。

表 6.9　例 6-9 的状态转换表

A	Q_1	Q_0	Q_1^{n+1}	Q_0^{n+1}	Z
0	0	0	0	0	0
0	0	1	0	0	0
0	1	1	0	0	0
1	0	0	0	1	0
1	0	1	1	1	0
1	1	1	1	1	1

　　(4) 求出电路的状态方程、驱动方程和输出方程。选定 JK 触发器。根据表 6.9 的状态转换表做出次态和输出的卡诺图,如图 6.44 所示。

　　为了便于用卡诺图进行化简,下面把图 6.44 的卡诺图分解成 Q_1^{n+1}、Q_0^{n+1} 和 Z 三个卡诺图,如图 6.45 所示。

　　利用图 6.45 的卡诺图进行化简,得到电路的状态方程为:

$$\begin{cases} Q_1^{n+1} = AQ_0 \cdot \overline{Q_1} + AQ_1 \\ Q_0^{n+1} = A\overline{Q_0} + AQ_0 \end{cases}$$

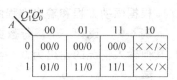

图 6.44　例 6-9 电路的次态 $Q_1^{n+1}Q_0^{n+1}$ 和输出 Z 的卡诺图

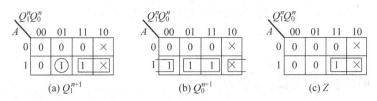

图 6.45　图 6.44 所示卡诺图的分解

化简后的输出方程为：

$$Z = AQ_1$$

接着检查所设计的电路能否自启动。求出化简后的次态和输出的卡诺图，如图 6.46 所示。

从图 6.46 可以看出，所设计的电路是能自启动的。根据图 6.46 的次态和输出的卡诺图可做出所设计电路的状态转换图，如图 6.47 所示。

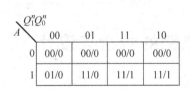

图 6.46　化简后的次态和输出的卡诺图

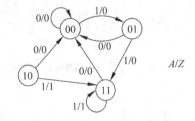

图 6.47　例 6-9 设计电路的状态转换图

根据上面求出的状态方程写出驱动方程：

$$\begin{cases} J_0 = A & K_0 = \overline{A} \\ J_1 = AQ_0 & K_1 = \overline{A} \end{cases}$$

根据驱动方程和输出方程画出逻辑图，如图 6.48 所示。

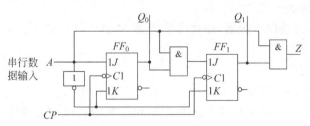

图 6.48　例 6-9 用 JK 触发器设计的逻辑电路

本例若选用 D 触发器设计，用卡诺图化简次态函数的结果有所不同，如图 6.49 所示。

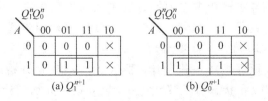

图 6.49　用 D 触发器时化简次态函数的卡诺图

利用图 6.49 的卡诺图进行化简,得到电路的状态方程为:

$$\begin{cases} Q_0^{n+1} = A \\ Q_1^{n+1} = AQ_0 \end{cases}$$

根据求出的状态方程写出驱动方程:

$$\begin{cases} D_0 = A \\ D_1 = AQ_0 \end{cases}$$

根据驱动方程和输出方程画出逻辑图,如图 6.50 所示。

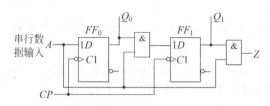

图 6.50 例 6-9 用 D 触发器设计的逻辑电路

6.5 基于 MSI 的时序逻辑电路的分析与设计

6.5.1 基于 MSI 的时序逻辑电路的设计

以中规模集成电路作为基本元件来设计时序逻辑电路,最典型的问题是用集成计数器构成任意进制计数器和其他时序逻辑电路。因此,下面主要讨论用中规模集成计数器构成任意进制计数器的设计方法。

计数器的集成电路产品有十进制、十六进制(4 位二进制)、7 位二进制、12 位二进制和 14 位二进制计数器等。如果需要其他进制的计数器,可以利用已有的集成计数器通过外部电路(组合逻辑)的不同连接方式得到。

假定已有的是 N 进制计数器,需要得到的是 M 进制计数器,在 $N>M$ 和 $N<M$ 的情况下有不同的设计方法。

1. $M<N$ 的情况

当 $M<N$ 时,N 进制计数器的计数循环中有 $N-M$ 个状态是 M 进制计数器所不需要的,必须设法跳过这 $N-M$ 个状态才能用 N 进制计数器构成 M 进制计数器。要在计数器的计数过程中强制地改变计数器的工作状态,只能利用集成计数器的置 0 功能或置数功能,因而实现的方法有置 0 法(复位法)和置数法两大类。

(1) 置 0 法。

集成计数器有采用异步置 0(复位)的,也有采用同步置 0 的。异步置 0 法适用于有异步置 0 输入端的集成计数器(如 74160、74161 和 74193 等),同步置 0 法适用于有同步置 0 输入端的集成计数器(如 74163、74162 等)。

异步置 0 法的工作原理是当 N 进制计数器从全 0 状态 S_0 开始计数,接收了 M 个计数脉冲后进入 S_M 状态,对 S_M 状态的译码产生一个置 0 信号并加到计数器的置 0 输入端,使计数器立即返回 S_0 状态,跳过了 $S_M \sim S_{N-1}$ 这 $N-M$ 个状态,如图 6.51(a)所示。由于电路

一进入 S_M 状态就立即被置成 S_0 状态,因此 S_M 状态仅存在极短的时间,不是一个稳定状态,但是会使输出的计数值出现毛刺。

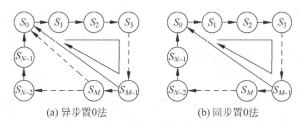

(a) 异步置0法   (b) 同步置0法

图 6.51 用置 0 法构成 M 进制计数器的状态转换图

异步置 0 法的另一个问题是可靠性比较低。原因是置 0 信号存在时间极短,随着计数器被置 0 而立即消失。如果计数器内部各个触发器的复位速度不同,则有可能在动作慢的触发器翻转到 0 之前置 0 信号就已经消失了,从而导致电路误动作。

同步置 0 法的工作原理是当 N 进制计数器从全 0 状态 S_0 开始计数,接收了 $M-1$ 个计数脉冲后进入 S_{M-1} 状态,对 S_{M-1} 状态的译码产生一个置 0 信号并加到计数器的置 0 输入端,但是计数器并非立即返回 S_0 状态,而要等到下一个计数脉冲的有效边沿到来才返回 S_0 状态,如图 6.51(b)所示。这样就跳过了 $N-M$ 个状态,成为 M 进制计数器。S_{M-1} 状态是稳定状态。

(2) 置数法。

置数法是采用给计数器重复置入某个数值的方法跳过 $N-M$ 个状态,成为 M 进制计数器的。置数操作可以在电路的任一状态下进行。所置的数可以是 0000,也可以是其他小于 N 的数值。有同步置数输入端的集成计数器(如 74160、74161 和 74163 等)可采用同步置数法,有异步置数输入端的集成计数器(如 74190、74191 等)可采用异步置数法。

如果所置的数是 0000,置数法和置 0 法一样都是跳过计数循环的最后 $N-M$ 个状态。异步置数法是在计数器计到 S_M 状态时译码产生置数信号并加到计数器的置数输入端,立即将数 0000 通过数据输入端置入计数器($Q=D$),使计数器立即返回 S_0 状态,状态转换图与异步置 0 法的相同(如图 6.51(a)所示)。同步置数法是在计数器计到 S_{M-1} 状态时译码产生置数信号并加到计数器的置数输入端,但要等到下一个计数脉冲的有效边沿到来才将数 0000 通过数据输入端置入计数器($Q=D$),使计数器返回 S_0 状态,状态转换图与同步置 0 法的相同(如图 6.51(b)所示)。

如果所置的数是某个非 0 的数 k,置数法是要跳过计数循环中间一段(S_1 与 S_{N-1} 之间)的 $N-M$ 个状态,而不是像置 0 法那样跳过最后的($S_{M+1} \sim S_{N-1}$)$N-M$ 个状态。异步置数法是在计数器计到 S_{i+1} 状态时译码产生置数信号并加到计数器的置数输入端,立即将数 k 通过数据输入端置入计数器($Q=D$),使计数器立即跳到 S_k 状态,然后继续计数循环,如图 6.52(a)所示。$S_{i+1} \sim S_{k-1}$ 共有 $N-M$ 个状态。状态 S_{i+1} 仅存在极短的时间,不是一个稳定状态。异步置数法和异步置 0 法有同样的缺点。

同步置数法是在计数器计到 S_i 状态时译码产生置数信号并加到计数器的置数输入端,但要等到下一个计数脉冲的有效边沿到来才将数 k 通过数据输入端置入计数器($Q=D$),使计数器跳到 S_k 状态,然后继续计数循环,如图 6.52(b)所示。S_i 状态是稳定状态。

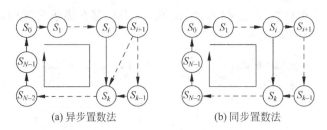

图 6.52　用置数法置入某个非 0 的数 k 构成 M 进制计数器的状态转换图

例 6-10　试用同步十进制计数器 74160 构成七进制计数器。

解：74160 具有同步置数和异步置 0 功能。若采用同步置数法(置入 0000)构成七进制计数器,计数器计到 0110 时产生置数信号,下一个 CP 脉冲的上升沿到来时将数 0000 置入,使计数器回到 0000 状态,电路连接如图 6.53(a)所示。若采用异步置 0 法构成七进制计数器,计数器计到 0111 时产生置 0 信号,计数器立即回到 0000 状态,电路连接如图 6.53(b)所示。0111 不是稳定状态。

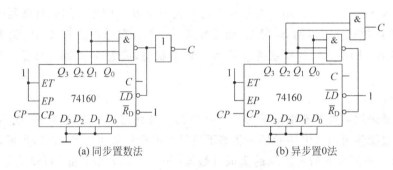

图 6.53　用 74160 构成七进制计数器

七进制计数器应该在计到最大的数 0110 时输出一个进位信号。由于 74160 是在计到最大的数 1001 时从 C 端输出一个进位信号,在计到 0110 时不能输出进位信号,因此还需要增加逻辑对状态 0110 译码产生进位输出信号。

例 6-11　试用同步十六进制计数器 74163 构成十五进制计数器。

解：74163 具有同步置数和同步置 0 功能。若采用同步置 0 法,计数器计到 1110 时产生置 0 信号并加到计数器的置 0 输入端,下一个 CP 脉冲的上升沿到来时计数器回到 0000 状态,电路连接如图 6.54(a)所示。

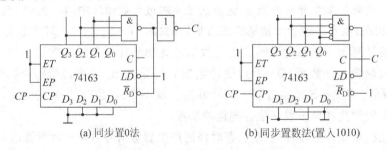

图 6.54　用 74163 构成十五进制计数器

若采用同步置数法构成十五进制计数器,假设置入的数是 1010,则计数器应该计到 1000 时产生置数信号,下一个 CP 脉冲的上升沿到来时 1010 被置入,使计数器跳过 1001 状态,从 1010 状态继续计数,电路连接如图 6.54(b)所示。由于此方法使计数器能够计到 1111 状态,74163 的进位输出信号有效,不再需要增加逻辑来产生进位输出信号。

2. $M>N$ 的情况

由于 $M>N$,需要用若干片 N 进制计数器才能实现 M 进制计数器。计数器芯片的连接方法有整体置 0 法、整体置数法和级联法等。下面以用两片 N 进制计数器构成 M 进制计数器为例进行讲解,读者可举一反三总结出用更多的芯片构成 M 进制计数器的方法。

(1)级联法。

级联法适用于 $M=N_1 \times N_2$ 的情况,N_1 和 N_2 都是小于 N 的数。当 M 可以分解成 $N_1 \times N_2$ 时,只要把两片 N 进制计数器分别连接成 N_1 进制计数器和 N_2 进制计数器,并把它们级联起来就构成 M 进制计数器了。级联的方法是两个计数器芯片都对同一个 CP 脉冲计数,用低位的计数器输出的进位信号作为高位的计数器的计数允许控制信号。这样连接成的 M 进制计数器是一个同步系统。

例 6-12 试用同步十进制计数器 74160 构成一百进制计数器。

解:因为 $100 = 10 \times 10$,所以要构成一百进制计数器,需要两片十进制计数器 74160。电路连接如图 6.55 所示。

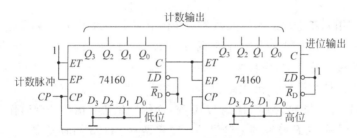

图 6.55 用 74160 构成一百进制计数器

例 6-13 试用同步十进制计数器 74160 构成五十六进制计数器。

解:因为 $56 = 7 \times 8$,所以需要用两片 74160 分别连接成七进制计数器和八进制计数器,再级联起来构成五十六进制计数器。电路连接如图 6.56 所示。

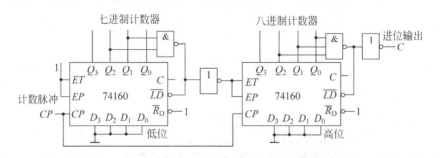

图 6.56 用 74160 构成五十六进制计数器

(2)整体置 0 法。

整体置 0 法是先把两片 N 进制计数器连接成一个 M' 进制计数器($M'>M$),然后再对

M' 计数器的状态进行译码,产生置 0 信号,同时作用到两个计数器芯片的置 0 输入端,使其同时复位。整体置 0 法实质是把前面讲的置 0 法从一个计数器芯片推广到多个计数器芯片,因而也有同步置 0 和异步置 0 的不同。

例 6-14 试用同步十进制计数器 74160 构成三十一进制计数器,要求用整体置 0 法。

解:要构成三十一进制计数器,需要两片 74160。74160 具有异步置 0 功能。

若采用异步整体置 0 法,应将两片 74160 先连接成一百进制计数器,如图 6.57 所示。当高位的 74160 计到 0011,且低位的 74160 计到 0001 时,译码产生置 0 信号并同时作用到两片 74160 的置 0 输入端,将两片 74160 立即复位。

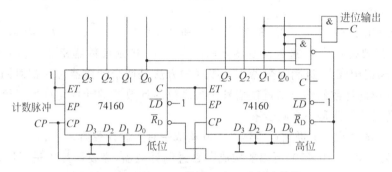

图 6.57 用 74160 构成三十一进制计数器

例 6-15 试用同步十六进制计数器 74163 构成三十一进制计数器,要求用整体置 0 法。

解:要构成三十一进制计数器,需要两片 74163。74163 具有同步置 0 功能。

若采用同步整体置 0 法,应将两片 74163 先连接成二百五十六进制计数器,如图 6.58 所示。三十一进制计数器计的最大数是 30。$(30)_{10} = (1E)_{16} = (0001\ 1110)_2$。当高位的 74163 计到 0001,且低位的 74163 计到 1110 时,译码产生置 0 信号并同时作用到两片 74163 的置 0 输入端,下一个 CP 脉冲的上升沿到来时将两片 74163 同时复位。

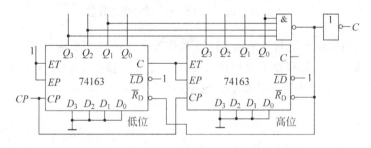

图 6.58 用 74163 构成三十一进制计数器

(3) 整体置数法。

整体置数法是先把两片 N 进制计数器连接成大于 M 进制的计数器,然后再对计数器的状态进行译码,产生置数信号,同时作用到两个计数器芯片的置数输入端,同时给每个计数器芯片分别置数。置入的数可以是 0000,也可以是其他数值。各个计数器芯片可以置入相同的数,也可以置入不同的数。整体置数法实质是把前面讲的置数法从一个计数器芯片推广到多个计数器芯片,因而也有同步置数和异步置数的不同。

例 6-16 试用同步十六进制计数器 74161 构成三十一进制计数器,要求用整体置数法。

解：要构成三十一进制计数器,需要两片 74161。74161 具有同步置数功能。

若采用同步整体置数法,应将两片 74161 先连接成二百五十六进制计数器,如图 6.59 所示。当高位的 74161 计到 0001,且低位的 74161 计到 1110 时,译码产生置 0 信号并同时作用到两片 74161 的置数输入端,下一个 CP 脉冲的上升沿到来时将数 0000 0000 置入,使计数器回到 0000 0000 状态。

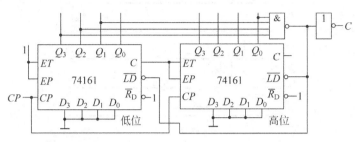

图 6.59 用 74161 构成三十一进制计数器

6.5.2 基于 MSI 的时序逻辑电路的分析

在时序逻辑电路中常用的中规模集成电路包括计数器、寄存器、译码器和数据选择器等。分析基于 MSI 的时序逻辑电路的方法并无一定之规,需根据具体电路的特点采取不同的方法,但基本点是以各个中规模集成电路的外部特性(逻辑功能、端口引脚)为中心,不需要知道中规模集成电路芯片的内部电路。

例 6-17 分析图 6.60 所示电路的逻辑功能。

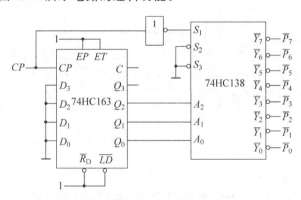

图 6.60 例 6-17 的逻辑图

解：图 6.60 的逻辑电路中有两个 MSI 器件。一个是十六进制计数器 74HC163,另一个是 3-8 译码器 74HC138。74HC163 的计数输出端口只连接了低 3 位,因此是作为八进制计数器使用,计数循环为 000~111。74HC163 的计数输出与 74HC138 的地址输入端连接。74HC163 每计一个数,74HC138 的地址就顺序改变一次,译码输出也相应改变,从地址 $A_2A_1A_0 = 000$ 开始,$\overline{P}_0 \sim \overline{P}_7$ 依次循环输出一个负脉冲。通过分析画出输出波形图,如图 6.61 所示。

从输出波形图可以看出,图 6.60 所示电路的输出是一组在时间上有一定先后顺序的脉冲信号,所以其功能是顺序脉冲发生器。

此外,图 6.60 的逻辑电路中,74HC138 的使能端 S_1 通过一个反向器与 CP 连接。当

$CP=0$ 时,74HC138 可以产生译码输出。这样做的目的是利用 CP 脉冲作为选通信号,将计数器在计数过程中可能产生的毛刺输出封锁,等到 CP 从 1 变 0 后,计数器的状态已经稳定,才允许 74HC138 译码输出,避免了竞争-冒险现象的发生。

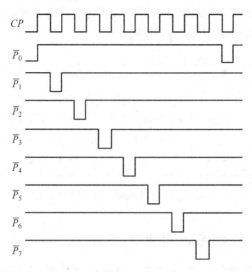

图 6.61　例 6-17 电路的输出波形

例 6-18　分析图 6.62 所示电路的逻辑功能。

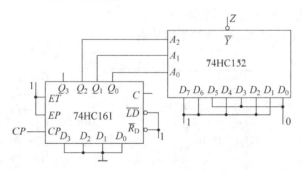

图 6.62　例 6-18 的逻辑图

　　解：图 6.62 的逻辑电路中有两个 MSI 器件。一个是十六进制计数器 74HC161,另一个是数据选择器 74HC152。74HC161 的计数输出端口只连接了低 3 位,作为八进制计数器使用,计数循环为 $000 \sim 111$。74HC161 的计数输出与 74HC152 的地址输入端连接。74HC161 每计一个数,数据选择器 74HC152 就按照 $D_0 \sim D_7$ 的顺序依次改变一个输入数据并从 $\overline{Y}$ 端输出。图 6.62 中 74HC152 的输入 $D_0 \sim D_7$ 连接依次为 01101011,所以其输出按 10010100 循环。因此,图 6.62 所示逻辑电路的功能为序列信号发生器。

6.6　用 VHDL 设计时序逻辑电路

　　用 VHDL 设计时序逻辑电路(状态机)最好采用行为描述方式,即描述时序逻辑电路的状态转换图或状态转换表。这样就不需要知道时序逻辑电路内部的逻辑函数或逻辑结构,只要有状态转换图或状态转换表就可以写出 VHDL 程序了。

用 VHDL 设计时序逻辑电路(状态机)的方法大致为以下三步。

第一步:逻辑抽象。

分析给定问题的因果关系,确定输入、输出信号,得到一个系统框图。

这个框图就是后面设计 VHDL 程序的 Entity 部分的依据。

需要注意的是,时序逻辑电路一定有一个时钟输入。有时候还可能需要复位(清零)信号等。复位(清零)信号可以是同步的,也可以是异步的;可以是高电平有效,也可以是低电平有效。

第二步:状态分析。

由给定的问题分析其有哪些状态、每个状态下的输出以及状态转换的条件。作出状态转换图,分析是否存在等价状态,如果存在等价状态,就需要进行状态化简。然后决定状态编码,作出状态转换表。如果采用行为描述的方法,有了状态转换图或状态转换表就可以写出状态机的程序了。

第三步:程序设计。

根据前面的系统框图设计 VHDL 程序的 Entity,描述状态机的外部输入输出端口。根据状态转换图和/或状态转换表,设计 VHDL 程序的 Architecture,描述时钟有效边沿到来前后各个状态与不同输入信号下电路的输出状态。

如果输入变量的某些组合是有约束的,应该在程序中明确表达这些有约束的输入组合下的输出及对状态的影响。

如果采用数据流描述的方法,还必须根据状态转换表求出电路的状态方程和输出方程(具体方法参见 6.4.1 节),根据这些方程组设计 VHDL 程序的 Architecture。这显然要比用行为描述的方法麻烦得多。

复杂的时序逻辑电路可能需要分解成若干个模块或部件,这时就需要先根据系统中各个模块/部件的外部端口引脚和各部件之间的连接方法画出逻辑图,然后采用结构描述的方法分层次设计系统的 VHDL 程序。对于底层部件的内部逻辑仍然可以采用行为描述的方法。

写出的 VHDL 程序还要通过编译和仿真消除错误才能得到正确的程序。

下面通过几个例子来说明如何用 VHDL 设计时序逻辑电路。

例 6-19　按照 74161 的功能表(表 6.5),用 VHDL 设计一个十六进制计数器。

解:74161 是异步清零、同步置数,都是低电平输入有效。74161 有两个模式控制端 ENP、ENT,当 $ENP=1$ 且 $ENT=1$ 时工作在计数状态,$ENP=0$ 或 $ENT=0$ 时为保持状态。

74161 的外部端口如图 6.15 所示。根据图 6.15 设计 Entity 部分,这里就不用画系统框图了。根据 74161 的功能表用行为描述的方法设计 Architecture 部分。VHDL 程序如下:

```
library ieee;
use ieee.std_logic_1164.all;
use ieee.std_logic_arith. all;
entity counter161 is
port(
    clk, clr_l, ld_l,enp,ent : in std_logic;
    d: in unsigned (3 downto 0);
    q : out unsigned (3 downto 0);
    rco : out std_logic);
```

```
end counter161;
architecture counter161_arch of counter161 is
signal iq : unsigned (3 downto 0);
begin
process(clk, ent, enp, clr_l, ld_l)
  begin
    if clr_l = '0' then
      iq <= (others =>'0');                          --异步清零
    elsif clk'event and clk = '1' then
      if ld_l = '0' then iq <= d;                    --同步置数
      elsif (ent and enp) = '1' then iq <= iq + 1;   --计数
      end if;
    end if;
    if (iq = 15) and (ent = '1') then rco <= '1';    --计到 15 产生进位输出
    else rco <= '0';
    end if;
    q <= iq;
end process;
end counter161_arch;
```

例 6-20 按照 74163 的功能表(表 6.6),用 VHDL 设计一个十六进制计数器。

解:74163 是同步清零、同步置数,其他与 74161 相同。74163 的外部端口也与 74161 相同。因此,VHDL 程序的 Entity 部分可以与 74161 的 VHDL 程序完全相同。VHDL 程序的 Architecture 部分则应把清零语句改到判断时钟上升沿之后。VHDL 程序如下:

```
library ieee;
use ieee.std_logic_1164.all;
use ieee.std_logic_arith. all;
entity counter163 is
port(
    clk, clr_l, ld_l,ctp,ctt : in std_logic;
    d: in unsigned (3 downto 0);
    q : out unsigned (3 downto 0);
    co : out std_logic);
end counter163;
architecture counter163_arch of counter163 is
signal iq : unsigned (3 downto 0);
begin
process(clk, ctt, ctp, clr_l, ld_l)
begin
    if clk'event and clk = '1' then
      if  clr_l = '0'  then
        iq <= (others =>'0');                        --同步清零
      elsif  ld_l = '0'  then iq <= d;               --置数
      elsif  (ctt and ctp) = '1'  then iq <= iq + 1; --计数
      end if;
    end if;
    if (iq = 15) and (ctt = '1') then co <= '1';     --计到 15 产生进位输出
      else co <= '0';
    end if;
    q <= iq;
  end process;
end counter163_arch;
```

十六进制计数器的模是 2^4。实际上，只要所设计的计数器的模是 2^N，就可以参考上面两个例子，对十六进制计数器的 VHDL 程序略加修改，得到 2^N 进制计数器的 VHDL 程序。例如，要设计六十四进制计数器的 VHDL 程序，只要将 Entity 部分的两条语句修改为：

```
d: in unsigned (5 downto 0);
q : out unsigned (5 downto 0);
```

以及将 architecture 部分的两条语句修改为：

```
signal iq : unsigned (5 downto 0);
```

和

```
if (iq = 63) and (ent = '1') then co <= '1';          -- 计到 63 产生进位输出
```

就可以了。

例 6-21　按照 74160 的功能表，用 VHDL 设计一个十进制计数器。

解：74160 的功能表与 74161 的(参见表 6.5)相同，也是异步清零、同步置数。所不同的是 74160 是十进制计数器，74161 是十六进制计数器。74160 的外部端口也与 74161 相同。因此，VHDL 程序的 Entity 部分与 74161 的 VHDL 程序可以完全相同。由于十进制计数器的模不是 2^N，当计到最大的数 1001 后，再来一个 CP 脉冲并不能自动回到 0000 状态，因此，还必须在程序中增加语句 elsif rco = '1' then iq <= (others=>'0')，强制使计数器在计到最大的数并产生进位输出后回到 0000 状态。VHDL 程序如下：

```
library ieee;
use ieee. std_logic_1164. all;
use ieee. std_logic_arith. all;
entity counter160 is
port(
    clk, clr_l, ld_l,enp, ent : in std_logic;
    d: in unsigned (3 downto 0);
    q : out unsigned (3 downto 0);
    rco : buffer std_logic);
end counter160;
architecture counter160_arch of counter160 is
signal iq : unsigned (3 downto 0);
begin
process(clk, ent, enp, clr_l, ld_l)
  begin
    if clr_l =  '0' then
      iq <= (others =>'0');                          -- 异步清零
    elsif clk'event and clk = '1' then
        if ld_l = '0' then iq <= d;                  -- 同步置数
          elsif (rco and ent and enp) = '1' then iq <= (others =>'0');      -- 计数满回 0
          elsif (ent and enp) = '1' then iq <= iq + 1;    -- 计数
        end if;
    end if;
    if (iq = 9) and (ent = '1') then rco <= '1';     -- 计到 9 产生进位输出
      else rco <= '0';
    end if;
```

179

时序逻辑电路

```
      q <= iq;
    end process;
  end counter160_arch;
```

只要所设计的计数器的模不是 2^N,都可以参考这个例子,对十进制计数器的 VHDL 程序略加修改,得到任意($M \neq 2^N$)进制计数器的 VHDL 程序。例如,要设计七十三进制计数器的 VHDL 程序,只要将 Entity 部分的两条语句修改为:

```
d: in unsigned (6 downto 0);
q : out unsigned (6 downto 0);
```

以及将 architecture 部分的两条语句修改为:

```
signal iq : unsigned (6 downto 0);
```

和

if (iq = 72) and (ent = '1') then rco < = '1';　　　　　　　── 计到 72 产生进位输出

就可以了。

例 6-22　试根据表 6.10 的状态转换表用 VHDL 设计一个 Mealy 型状态机。

表 6.10　例 6-22 的状态转换表

| | 输　　入 | | | | | S^N | S^{N+1} | 输　　出 | |
CLK	RST	I_3	I_2	I_1	I_0			Y_1	Y_0
—	1	×	×	×	×	×	S_0	0	0
⌐	0	0	0	1	1	S_0	S_1	0	1
⌐	0	其他				S_0	S_0	0	0
⌐	0	×	×	×	×	S_1	S_2	1	1
⌐	0	0	1	1	1	S_2	S_3	1	0
⌐	0	其他				S_2	S_2	1	1
⌐	0	0	1	1	1	S_3	S_0	0	0
⌐	0	1	0	0	1	S_3	S_4	1	1
⌐	0	其他				S_3	S_3	1	0
⌐	0	1	0	1	1	S_4	S_0	0	0
⌐	0	其他				S_4	S_4	1	1

解:首先分析该状态机的外部端口。该状态机有 4 个逻辑输入 I_3、I_2、I_1、I_0,两个输出 Y_1、Y_0,一个异步复位端 RST。画出该状态机的系统框图,如图 6.63 所示。

然后根据图 6.63 设计 VHDL 程序的 Entity 部分,根据表 6.10 的状态转换表设计 VHDL 程序的 Architecture 部分。VHDL 程序如下:

```
library ieee;
use ieee.std_logic_1164.all;
entity mealy_state_machine is
port( clk, rst: in std_logic;
      id: in std_logic_vector(3 downto 0);
      y: out std_logic_vector(1 downto 0));
```

图 6.63　例 6-22 的系统框图

```vhdl
end mealy_state_machine;
architecture archmealy of mealy_state_machine is
type states is (state0, state1, state2, state3, state4);
signal state: states;
begin
mealy: process (clk, rst)
  begin
    if rst = '1' then
      state <= state0;                        -- 异步复位
      y <= "00";
      elsif (clk'event and clk = '1') then
        case state is
          when state0 =>
            if id = x"3" then
              state <= state1;                 -- 输入为 0011
              y <= "01";
              else
                state <= state0;
                y <= "00";
            end if;
          when state1 =>
            state <= state2;
            y <= "11";
          when state2 =>
            if id = x"7" then
              state <= state3;                 -- 输入为 0111
              y <= "10";
              else
              state <= state2;
              y <= "11";
            end if;
          when state3 =>
            if id = x"7" then
              state <= state0;
              y <= "00";
              elsif id = x"9" then
                state <= state4;               -- 输入为 1001
                y <= "11";
              else
                state <= state3;
                y <= "10";
            end if;
          when state4 =>
            if id = x"b" then
              state <= state0;                 -- 输入为 1011
              y <= "00";
              else
                state <= state4;
                y <= "11";
            end if;
          end case;
        end if;
  end process;
end archmealy;
```

本 章 小 结

时序逻辑电路与组合逻辑电路在逻辑功能及其描述方法、电路结构、分析和设计的方法上都有很大不同。时序逻辑电路在任一时刻稳定的输出不仅取决于该时刻的输入,还与电路原来的状态有关,因此时序逻辑电路一定包含存储电路。

描述时序逻辑电路逻辑功能的方法有方程组(状态方程、输出方程和驱动方程)、状态转换表、状态转换图、时序图和硬件描述语言等。其中,方程组是与具体的电路结构直接对应的一种表示方式,而其他方法则主要描述的是电路的逻辑行为。在分析时序逻辑电路时,并不一定要严格地从写方程组开始,有些电路(如异步时序逻辑电路、环形计数器等)的分析往往是根据逻辑图直接画时序图会更加容易。

时序逻辑电路的设计方法可以分为三类。传统的设计时序逻辑电路的方法是以触发器为基本单元,即所谓"基于触发器的时序逻辑电路的设计"。这个方法难度比较大,设计出的系统使用的元器件多,设计周期长,成本高。基于 MSI 的时序逻辑电路的设计方法则把现成的中规模集成电路(计数器、寄存器等)作为基本单元,设计出的系统使用的元器件少,设计周期短,成本低。在设计可编程逻辑器件(PLD)、超大规模集成电路(VLSI)和计算机的处理器等领域,用硬件描述语言设计时序逻辑电路的方法则被越来越多的设计人员所采用。

习 题 6

1. 分析图 6.64 所示时序逻辑电路的逻辑功能,写出电路的驱动方程、输出方程和状态方程,画出电路的状态转换图。

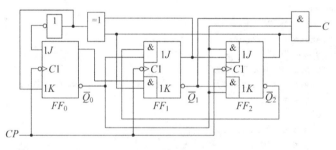

图 6.64 逻辑电路

2. 分析图 6.65 所示时序逻辑电路当输入变量 A 为不同值时的逻辑功能,写出电路的驱动方程、输出方程和状态方程,画出电路的状态转换图。

3. 分析图 6.66 所示时序逻辑电路的逻辑功能,写出电路的驱动方程、输出方程和状态方程,画出电路的状态转换图,检查电路能否自启动。

4. 分析图 6.67 所示时序逻辑电路的逻辑功能,写出电路的驱动方程、输出方程和状态方程,画出电路的状态转换图,检查电路能否自启动。

5. 分析图 6.68 所示时序逻辑电路的逻辑功能,写出电路的驱动方程、输出方程和状态方程,画出电路的状态转换图,检查电路能否自启动。

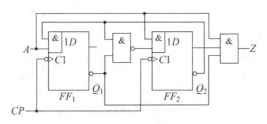

图 6.65　逻辑电路

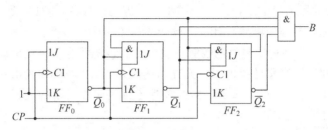

图 6.66　逻辑电路

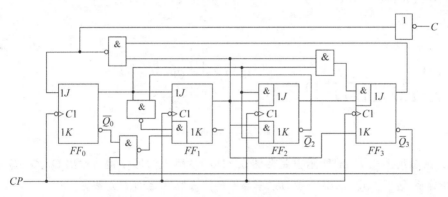

图 6.67　逻辑电路

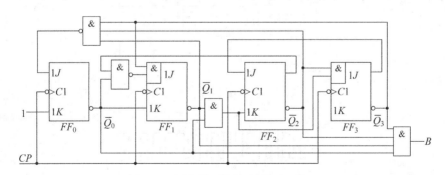

图 6.68　逻辑电路

6. 分析图 6.69 所示时序逻辑电路的逻辑功能,写出电路的驱动方程、输出方程和状态方程,画出电路的状态转换图,检查电路能否自启动。

7. 试用 JK 触发器和门电路设计一个同步十二进制计数器,能自启动。

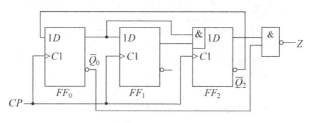

图 6.69　逻辑电路

8．试用 D 触发器和门电路设计一个同步十五进制计数器，能自启动。

9．试用 JK 触发器和门电路设计一个同步 4 位格雷码计数器。

10．试设计一个自动售饮料机的控制逻辑电路。该机器有一个投币口，每次只能投入 1 枚一元或五角的硬币。当累计投入了一元五角的硬币后，机器自动给出一杯饮料。当累计投入了二元的硬币，机器在自动给出一杯饮料时还找回一枚五角的硬币。要求设计的电路能自启动。

11．试画出图 6.70 所示电路在一系列 *CP* 脉冲作用下输出 Q_0、Q_1、Q_2 的电压波形。设各触发器的初始状态为 $Q=0$。

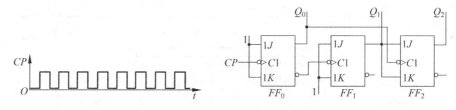

图 6.70　逻辑电路

12．试画出图 6.71(a)所示电路在图 6.71(b)的输入波形作用下输出 Q_0、Q_1、Q_2 的电压波形，并分析 Q_0、Q_1、Q_2 输出信号的频率与 *CP* 信号频率之间的关系。

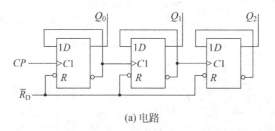

(a)电路

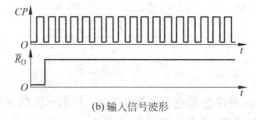

(b)输入信号波形

图 6.71　逻辑电路和输入信号波形

13. 试用同步十六进制计数器 74163 构成十三进制计数器。

14. 试用同步十进制计数器 74160 构成五十七进制计数器。

15. 试分析图 6.72 的各计数器电路是多少进制的计数器。

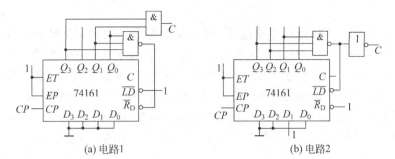

(a) 电路1　　　　　　　　　(b) 电路2

图 6.72　计数器电路

16. 试分析图 6.73 的计数器电路当 $A=1$ 和 $A=0$ 时各为多少进制的计数器。

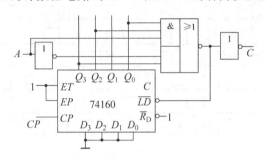

图 6.73　计数器电路

17. 试分析图 6.74 的计数器电路是多少进制的计数器。

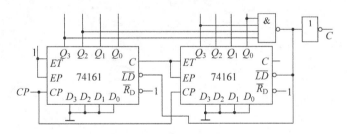

图 6.74　计数器电路

18. 试用 VHDL 结构描述方法设计一个四十六进制计数器。底层器件为 74163 和逻辑门。

19. 试用 VHDL 结构描述方法设计一个余 3 码计数器。底层器件为 74161 和逻辑门。

20. 试用同步十六进制计数器 74161 构成一百三十进制计数器。

21. 试设计一个数字钟电路,要求能用七段数码管显示从 0 时 0 分 0 秒到 23 时 59 分 59 秒之间的所有时间。

22. 试用 VHDL 设计一个具有同步清零、同步置数功能的一百五十六进制计数器。要求有一个计数控制端 EN,当 $EN=1$ 时为计数状态。

23. 试用 VHDL 设计一个具有异步清零、同步置数功能的二百五十六进制计数器。要求有一个计数控制端 E,当 $E=1$ 时为计数状态。

24. 试用 VHDL 结构描述方法设计一个六十进制计数器。底层器件为 74160 和逻辑门。

25. 试用 VHDL 结构描述方法设计一个可控计数器。当控制信号 $S=0$ 时,是四进制计数器;当控制信号 $S=1$ 时,是十四进制计数器。底层器件为 74161 和逻辑门。

26. 试用 VHDL 结构描述方法设计一个数字钟电路,要求能用七段数码管显示从 0 时 0 分 0 秒到 23 时 59 分 59 秒之间的所有时间。底层器件为 74160 和逻辑门。

27. 试设计一个能够产生图 6.75 所示波形的逻辑电路。CP 是输入的时钟脉冲。

28. 试用 VHDL 设计一个能够产生图 6.75 所示波形的逻辑电路。

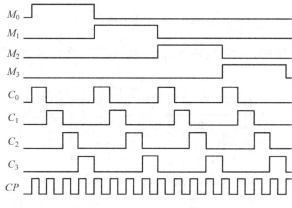

图 6.75　波形

第7章　半导体存储器和可编程逻辑器件

内容提要：本章包括存储器和可编程逻辑器件两方面内容。

存储器部分：首先介绍半导体存储器的特点、分类和基本存储单元的组成。然后介绍 ROM、PROM、EPROM、EEPROM 和 Flash Memory 等类型的只读存储器和 SRAM、DRAM 等类型的随机读/写存储器的基本工作原理，并着重介绍存储器容量的扩展技术及用存储器设计组合逻辑电路的原理和方法。

可编程逻辑器件部分：介绍可编程逻辑器件的一般概念、分类和基本结构，以及 GAL 和 FPGA 的基本结构和特点。

7.1　半导体存储器概述

现代计算机的主存储器都是用半导体存储器集成电路构成的。按照器件的制造工艺，半导体存储器可分为双极型和 MOS 型两大类。按照电路能否读/写，半导体存储器可分为只读存储器（Read-Only Memory，ROM）和随机读/写存储器（Random-Access Memory，RAM）两大类。按照数据输入输出方式可分为并行存储器和串行存储器。

半导体存储器由大量的存储单元组成。由于存储单元数量巨大，存储器芯片的外部引脚数极其有限，不可能像寄存器那样使每个存储单元都有单独的数据输入输出引线，存储器的数据输入输出引脚是全部存储单元公用的。要对一个存储单元进行读/写操作，首先必须找到这个单元。为此，给每个存储单元赋予一个唯一识别该单元的编号，称为存储单元的地址。只有按照所给定的地址选中的存储单元才能与存储器的数据输入输出引线连接。要访问包含 2^K 个存储单元的存储器需要 K 位地址，或者说有 K 条地址线。存储器的地址是无符号的二进制数，从 0 开始顺序递增，$1,2,3,\cdots,2^K-1$。用 K 位地址寻找存储单元的过程称为"地址译码"，如图 7.1 所示。

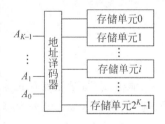

图 7.1　存储单元和地址译码示意图

存储器的容量越大，地址线的条数就越多，地址译码器的电路越复杂，而且译码器的输出线太多，技术上难以实现。因此，实际的半导体存储器集成电路是把存储单元排列成 i 行×j 列的矩阵，并把存储器的地址分成行地址和列地址两部分，分别用行地址译码器和列地址译码器进行译码。行地址译码器的一条输出线有效和列地址译码器的一条输出线有效共同选中一个存储单元，然后就可以对被选中的单元进行读/写操作。图 7.2 是一个有 16 个存储单元的存储矩阵和地址译码电路结构示意图。一条行线和一条列线相交处是一个可寻址存储单元,每个可寻址存储单元可以保存 N 个二进制位的信息。实际的存储器 IC,存储单元的位数 N 一般为 1,4 或 8。存储器的容量通常表示为 M 字$\times N$ 位,其中 $M=2^K$。

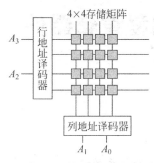

图 7.2　存储矩阵和地址译码电路结构示意图

半导体存储器集成电路芯片内部由存储矩阵、地址译码器、读/写控制电路和三态输出门等部分组成。

为了控制半导体存储器芯片的工作,每个芯片都有一个芯片选择输入端 $\overline{CS}$(Chip Select)。当 $\overline{CS}$ 有效时存储器芯片工作,对地址输入线上的地址译码并执行读/写控制命令。否则存储器芯片不工作。

对存储器的读(Read)就是从存储器的某个存储单元中取出(Retrieve)所保存的信息。对存储器的写(Write)就是把一个信息字存入(Store)存储器的某个存储单元中。对存储器的一次“读”或“写”称为对存储器的一次“访问(Access)”。

在正常工作状态下,只读存储器只能读出其内部保存的信息而不能将新的信息写入。只读存储器包括掩膜 ROM、可编程的只读存储器(PROM)、可擦除的可编程只读存储器(EPROM)、电可擦除的可编程只读存储器(E^2PROM)和快闪存储器(Flash Memory)等类型。各种可编程的只读存储器芯片在出厂时并没有保存任何信息,在出厂后可以按照用户的需要写入程序或数据,这就叫做对芯片“编程”。所有的可编程只读存储器在正常工作状态下只能读出,不能写入。可编程只读存储器在编程时需要用特殊的方法实现数据的写入。

图 7.3 是半导体只读存储器的一般结构框图。其中,控制信号 $\overline{OE}$(Output Enable)的作用是打开/关闭数据输出的三态门。

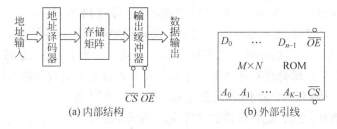

(a) 内部结构　　　　　　　　　(b) 外部引线

图 7.3　半导体 ROM 的电路结构框图

随机读/写存储器在正常工作状态下可以读出数据也可以写入数据。按照保存信息的原理,半导体 RAM 可分为静态 RAM 和动态 RAM。静态 RAM 是用静态触发器保存信息的。在静态 RAM 存储单元中,每个触发器保存一个二进制位的信息。在每个 N 位的存储单元中都包含 N 个触发器电路。动态 RAM 是利用 MOS 管的栅极电容上充的电荷保存信息的。

由于每次只能对被选中的一个 RAM 单元做读出或者写入操作中的一种,不能同时既读又写,因此大部分 RAM 芯片只用一个控制端控制存储器的读/写,一般为 $R/\overline{W}$。当 $R/\overline{W}$ 为高电平时是读命令,$R/\overline{W}$ 为低电平时是写命令。读出时打开三态门,数据出现在外部的数据输入输出引脚。半导体静态 RAM 芯片的一般结构如图 7.4 所示。

半导体只读存储器和半导体随机读/写存储器都属于随机访问(Random Access)的存储器。所谓“随机”访问方式指的是在任何时刻访问任意两个存储单元所花的时间是相同的,无论存储单元的物理位置在哪里,无论读/写的数据与上次访问的数据有无关系。访问存储器的时间包括地址译码的时间和读/写操作的时间。

在断电后,半导体 RAM 中保存的信息全部丢失,属于易失性(Volatile)存储器。

只读存储器中保存的信息不会因断电而丢失,属于非易失性(Non-Volatile)存储器。

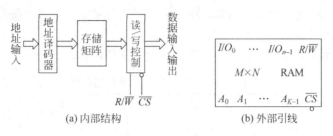

图 7.4 半导体静态 RAM 的电路结构框图

7.2 只读存储器

7.2.1 掩膜 ROM

掩膜 ROM(Mask ROM)是在工厂中用掩膜工艺制造出来的。掩膜版是按照用户的要求(需要保存的数据或程序)专门制作的,芯片出厂后不能修改其内容。在掩膜 ROM 的存储单元中,每个保存"1"的位置都有一个晶体管(半导体二极管或双极型三极管或 MOS 管),在保存"0"的位置没有晶体管。图 7.5 所示是一个 4 字×4 位的二极管 ROM 电路。

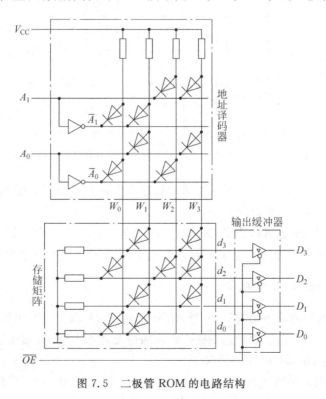

图 7.5 二极管 ROM 的电路结构

图 7.5 中,上半部分是由二极管与门组成的地址译码器,下半部分是由二极管或门组成的存储单元,每个存储单元可保存一个 4 位的字。ROM 内部的地址译码器是一个与逻辑阵列,存储矩阵是一个或逻辑阵列。地址译码器的输出线 W_0、W_1、W_2、W_3 称为"字线"。对应输入的每个地址代码,一定有一条字线是高电平,并将所选择的存储单元中存的数据字通过位线 d_0、d_1、d_2、d_3 送往数据输出端。由三态门组成的输出缓冲器电路能提高存储器的带负载能力并便于其与数据总线的连接。

表 7.1 所示是图 7.5 的只读存储器中各单元存储的内容。

表 7.1 图 7.5 的 ROM 中存储的数据

地 址		数 据			
A_1	A_0	D_3	D_2	D_1	D_0
0	0	0	1	0	1
0	1	1	0	1	1
1	0	0	1	0	0
1	1	1	1	1	0

图 7.6 是用 MOS 管实现的只读存储器的存储矩阵电路结构。当某一字线为高电平时,与该字线连接的 MOS 管导通,使与该 MOS 管的漏极连接的位线为低电平,经输出缓冲器反相后输出高电平。

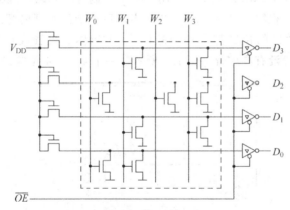

图 7.6 由 MOS 管构成的只读存储器的存储矩阵电路结构

图 7.6 中的 N 沟道增强型 MOS 管采用的是简化画法,由于器件数量很多,在画大规模集成电路图时通常采用一些简化画法。

从图 7.5 和图 7.6 还可以看出,只读存储器的电路结构简单,每存储一个二进制位的信息只需要一个晶体管,因而可以达到很高的集成度,大批量生产时成本很低。

7.2.2 可编程只读存储器

由于制作掩膜版的成本比较高,掩膜 ROM 只是在大批量生产时价格才是低廉的,这对于小批量的数字产品只需要少量的 ROM 芯片的情况就不方便了,因此又开发出可编程的只读存储器(Programmable ROM,PROM)。

PROM 器件的总体结构与掩膜 ROM 相似,但在 PROM 器件的存储单元中,每个位都有一个晶体三极管。在每个晶体管的发射极都串了一个快速熔丝,如图7.7所示。这相当于芯片在出厂时,每个存储单元的每个位都保存的是"1"。在编程时,只要把每个需要保存"0"的位置的熔丝——烧断即可。熔丝被烧断后是不可恢复的,所以PROM器件只能编程一次。

PROM器件的编程必须用专门的编程器。编程器与微型计算机连接,接收编程数据,并提供20V的编程电压。编程是逐字进行的,当一个存储字中有需要写"0"的位时,用该字的地址选中该存储单元,并给其字线和 V_{CC} 加编程要求的高电平。在需要写"0"的位所对应的三极管的位线加一个约十几微秒的编程脉冲,产生比较大的电流将熔丝烧断。

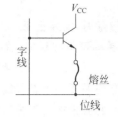

图7.7 熔丝型PROM存储单元的原理图

7.2.3 可擦除的可编程只读存储器

PROM器件只能编程一次,这对于在实验研究阶段需要反复修改程序、数据的情况仍然不方便,因此又开发出可擦除的可编程只读存储器(Erasable PROM,EPROM)。EPROM器件的总体结构与PROM相似。按照擦除方式的不同,EPROM器件可分为紫外线擦除的UVEPROM和电擦除的EEPROM(或写作 E^2 PROM)。

1. 紫外线擦除可编程只读存储器

紫外线擦除的EPROM的存储单元采用的是叠栅注入MOS管(Stacked-Gate Injection MOS,SIMOS)。与普通的N沟道增强型MOS管的不同之处是SIMOS管有两个重叠的栅极,如图7.8所示。在图7.8中,位于上面的控制栅极 G_C 用于控制读出和写入,其下方的浮置栅极 G_f 用于存储电荷。

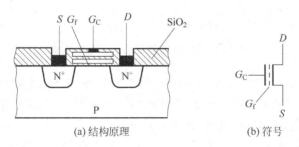

(a) 结构原理   (b) 符号

图7.8 SIMOS管的结构原理图和符号

浮置栅完全被 SiO_2 绝缘层所包围,在通常情况下电子不能流入浮置栅。如果在浮置栅上有电子,通常也不能自由流出。

若浮置栅上没有存储电荷,在控制栅上加正常的高电平能够使漏极-源极之间产生导电沟道,SIMOS管导通,这与普通的NMOS管是一样的。但是,在浮置栅上注入电子后,在控制栅上加正常的高电平产生的正电场基本上被浮置栅上的电子产生的负电场抵消,不能形成导电沟道,只有在控制栅上加更高的电平才能使SIMOS管导通。

EPROM器件的编程也必须用专门的编程器。编程是逐字进行的,编程时,在按地址选中的SIMOS管的漏极-源极之间加比较高的电压(约+25V),使漏极-源极之间发生雪崩击穿现象。同时,在控制栅上加约+25V、50ms的脉冲。由于栅极电场的作用,雪崩击穿产生

的一部分电子穿过 SiO_2 层进入浮置栅并"陷"在浮置栅中。在 SIMOS 管的浮置栅注入电荷相当于写入"1",未注入电荷相当于保存的"0"。在完全遮光和常温环境下,写入浮置栅的电荷可保持 10 年以上。

擦除时,需要把 EPROM 器件放入 EPROM 擦除器中,用擦除器中的紫外线灯照射约 20 分钟即可将芯片中保存的信息全部擦除。紫外线照射 SIMOS 管的栅极,可在 SiO_2 层中产生电子-空穴对,为浮置栅上的电子提供泄放通路。为便于擦除,在 EPROM 集成电路封装上专门做了一个石英窗口。由于在环境中存在散射的紫外线,因此在编程后必须用黑色不透明的胶带将石英窗口封住,以免信息丢失。

EPROM 器件的读出方法和读出速度与普通的 ROM、RAM 一样。

2. 电可擦除可编程只读存储器

虽然 EPROM 器件可以反复擦除和编程,但是每次都必须把 EPROM 芯片从电路板上拔下来,用 EPROM 擦除器擦除,然后再插到编程器上进行编程,操作过程比较麻烦。因此,又开发出可以直接用电擦除的可编程序只读存储器(Electrically Erasable PROM,E^2PROM)。E^2PROM 器件可以在电路板上在线编程。

E^2PROM 的存储单元采用的是浮栅隧道氧化层 MOS 管(Floating gate Tunnel Oxide,Flotox 管),其结构如图 7.9 所示。

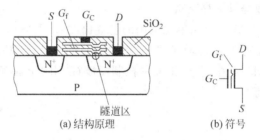

(a) 结构原理　　　　(b) 符号

图 7.9　Flotox 管的结构原理图和符号

Flotox 管与 SIMOS 管相似,但在 Flotox 管的浮置栅与漏区之间有一个氧化层极薄的区域,称为隧道区。当隧道区的电场强度大于 $10^7 V/cm$ 时,在漏区与浮置栅之间就会出现电子可以通过的导电隧道,形成电流,此现象称为隧道效应。

E^2PROM 的存储单元中,每个位需要一个保存信息的 Flotox 管(图 7.10 中的 T_1)以及一个普通的 NMOS 管(图 7.10 中的 T_2)作为该位单元的选通管。在读出时,控制栅上加 $+3V$ 电压,字线 W_i 给出 $+5V$ 的正常高电平,选通管 T_2 导通,如图 7.10(a) 所示。此时,若浮置栅上没有注入电荷,则 Flotox 管导通,在位线 B_j 上是低电平,即读出的是 0;若浮置栅上注入了电荷,则 T_1 截止,B_j 上是高电平,即读出的是 1。

E^2PROM 不像 EPROM 那样把整个芯片擦除,而是每次按地址擦除一个字。E^2PROM 的擦除其实是给所选存储单元的每个位都写 1。擦除时,在 Flotox 管的控制栅和字线 W_i 上加 $+20V$ 左右、宽度约 10ms 的电压脉冲,位线 B_j 上是 0 电平,如图 7.10(b) 所示。此时,在强电场作用下,漏区的电子经 Flotox 管的隧道区进入浮置栅,形成存储电荷。浮置栅上注入电荷后,Flotox 管的开启电压提高到 $+7V$。擦除后,在控制栅上加正常高电平($+3V$),Flotox 管是不能导通的。

E^2PROM 的写入其实是把所选存储单元需要写 0 的位对应的 Flotox 管的浮置栅上的

电荷放电。写 0 时,在 Flotox 管的控制栅上加 0 电平,在字线 W_i 和位线 B_j 上加幅度 +20V 左右、宽度约 10ms 的电压脉冲,如图 7.10(c)所示。此时,浮置栅上存储的电荷将通过隧道区放电。

E²PROM 芯片内部一般包含产生编程电压的电路,所以 E²PROM 的编程既不需要专门的编程器,也不需要外部提供+20V 电压,可以直接在电路板上进行编程,比 EPROM 要方便得多。但是,由于 E²PROM 的擦除和写入需要数十毫秒的时间,需要执行专门的程序才能完成擦写,因此在正常情况下只能读出,不能写入。

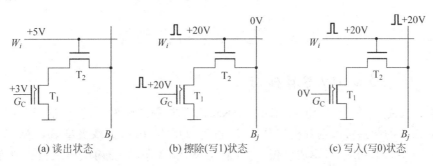

(a) 读出状态 (b) 擦除(写1)状态 (c) 写入(写0)状态

图 7.10 E²PROM 存储单元的三种工作状态

7.2.4 快闪存储器

快闪存储器(Flash Memory)也是一类电可擦除的可编程只读存储器。快闪存储器采用一种叠栅 MOS 管,其结构类似于 EPROM 中的 SIMOS 管,如图 7.11 所示。但与 SIMOS 管的不同之处在于,快闪存储器的叠栅 MOS 管的浮置栅与衬底之间的厚度更薄,在靠近源极的地方有一个隧道区。其存储一个二进制位的信息只用一个叠栅 MOS 管,所以集成度比 E²PROM 高。

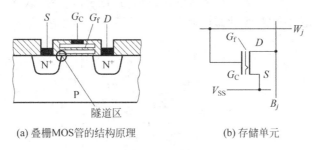

(a) 叠栅MOS管的结构原理 (b) 存储单元

图 7.11 快闪存储器的结构原理图

快闪存储器的写入方法与 EPROM 相同,也是利用雪崩注入。写入时,位线 B_j 上加约 +6V 的电压,V_{ss} 接 0 电平,同时在控制栅上加一个幅度+12V 左右、宽度约 10μs 的电压脉冲。此时,D-S 之间将发生雪崩击穿,一部分速度高的电子穿过 SiO₂ 层进入并留在浮置栅中。

快闪存储器的擦除和 E²PROM 一样是利用的隧道效应。擦除时,控制栅上加 0 电平,V_{ss} 加幅度+12V 左右、宽度约 100ms 的电压脉冲。浮置栅与源极之间的隧道区产生隧道效应,使浮置栅上存储的电荷通过隧道区放电。由于快闪存储器芯片内所有的叠栅 MOS

半导体存储器和可编程逻辑器件

管的源极是连接在一起的,因此芯片内所有的存储单元同时被擦除(整片擦除),这是 E^2PROM 与快闪存储器的又一不同点。由于其具有极高的擦除速度,因而被称为 Flash。大容量的快闪存储器芯片内包含多个存储矩阵,所以擦除时可以是"分区擦除",一次擦除一个分区的全部内容。

快闪存储器芯片具有容量大、价格低、非易失性等优点,因而得到广泛的应用。例如,几乎所有数码产品的内部存储器都采用快闪存储器。用快闪存储器构成的 U 盘作为新型大容量移动存储设备已经取代了软磁盘,目前有进一步取代硬磁盘的发展趋势。

7.3 随机读/写存储器

7.3.1 静态随机读/写存储器

静态随机读/写存储器(Static RAM,SRAM)是在静态触发器的基础上附加门控管构成的。SRAM 的制造可以用双极型晶体管,也可以用 MOS 管。双极型 SRAM 的读/写速度高(小于 5ns),但功耗大,集成度低,芯片容量小,价格高,主要用于要求极高速度的一些领域。MOS 型 SRAM 的读/写速度不如双极型的高,但功耗和芯片价格比较低,应用更为广泛。特别是采用 CMOS 工艺的 SRAM 芯片不仅正常工作时功耗很低,而且还能在降低电源电压的状态下保存数据。NVRAM(Non-Volatile RAM)就是利用这一特性,给 CMOS 的 SRAM 芯片配上电池构成的。在微型计算机主板上的"CMOS 存储器"就是 NVRAM 的一个典型应用,它在计算机关机后仍然能够保存许多在启动时需要的参数设置。

图 7.12 所示是用 N 沟道增强型 MOS 管构成的 6 管静态存储单元。其中,$T_1 \sim T_4$ 组成基本 RS 锁存器,T_5 和 T_6 是门控管。当行线 X_i 为高电平时,T_5 和 T_6 导通,使基本 RS 锁存器与位线 B_j 和 $\overline{B}_j$ 接通。当 X_i 为低电平时,T_5 和 T_6 截止,基本 RS 锁存器与位线之间的连接被断开。T_7 和 T_8 是一列存储单元公用的门控管。当列线 Y_j 为高电平时,T_7 和 T_8 导通,使存储单元与读/写缓冲器接通。

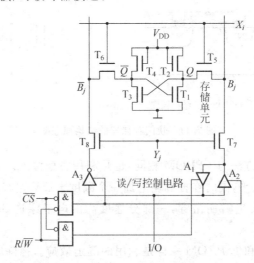

图 7.12　6 管 NMOS 静态存储单元

当一个存储单元被选中时，X_i 和 Y_j 同时为高电平，门控管 T_5、T_6、T_7、T_8 导通，使基本 RS 锁存器的 Q 和 $\overline{Q}$ 分别与 B_j 和 $\overline{B}_j$ 接通。若此时的 $\overline{CS}=0$、$R/\overline{W}=1$，则读/写缓冲器 A_1 接通，A_2 和 A_3 截止，基本 RS 锁存器 Q 端的状态通过 T_5、T_7 和 A_1 送到数据输入输出端 I/O，实现存储数据的读出。若此时的 $\overline{CS}=0$、$R/\overline{W}=0$，则读/写缓冲器 A_1 截止，A_2 和 A_3 导通，从 I/O 端输入的数据通过 A_2、T_7 和 T_5 加到 Q 端，同时被 A_3 反相后通过 T_8 和 T_6 加到 $\overline{Q}$ 端，将数据写入存储单元中。

7.3.2 动态随机读/写存储器

动态随机读/写存储器(Dynamic RAM，DRAM)是利用 MOS 管栅极电容可以存储电荷的原理工作的。早期的 DRAM 芯片采用 4 管动态存储单元或 3 管动态存储单元电路，现在的 DRAM 芯片采用单管动态存储单元电路。

图 7.13 所示是单管动态存储单元的电路结构，存储一个二进制位的信息只需要一个 NMOS 管和一个电容。图 7.13 中用虚线画的电容 C_B 表示的是位线上的分布电容。

写入时，字线为高电平，使 MOS 管 T 导通，位线上的数据电平经过 T 写入电容 C_S。

读出时，字线为高电平，使 T 导通。电容 C_S 上的电荷经过 T 流向位线，给位线上的分布电容 C_B 充电。电荷重新分布后，位线电平为

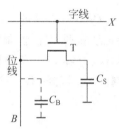

图 7.13 单管动态存储单元

$$V_B = \frac{C_S}{C_S + C_B} V_{C_S}$$

由于位线比较长，分布电容 C_B 远大于 C_S，因此读出的电平 V_B 远小于 V_{C_S}。如果原来在 C_S 上存储的是高电平，则读操作使其变成低电平。因此，单管动态存储单元的读出是破坏性读出，不仅读出的电压信号 V_B 很微弱，而且读出后原来存储的高电平也变成低电平。DRAM 芯片内还设置有高灵敏恢复/读出放大器，把读出的微弱电压信号放大后输出，同时又把放大后的电压信号重新写入存储单元。尽管单管动态存储单元电路有上述缺点，但由于其具有集成度高、功耗低、有利于制造更大容量的 DRAM 芯片和降低芯片成本等优点而取代了 4 管和 3 管动态存储单元电路。

由于 MOS 管的栅极电容容量很小，又不是理想电容器，故存储在 MOS 管栅极电容上的电荷将随时间慢慢泄漏，因此必须在存储的高电平还没有降低到其最小值之前将其恢复。这个过程称为 DRAM 存储单元的刷新(Refresh)。刷新是按行进行的，当刷新控制信号有效时，按照所给的行地址刷新一行，将该行所有存储单元的内容同时读出和放大后写回原单元。刷新操作在 DRAM 芯片内部进行，刷新过程中输出的三态门为高阻态，数据不出现在数据总线上。刷新周期一般为 2ms。

集成电路的成本有相当大的一部分是封装成本。集成电路的引脚数越多，成本就越高。为了进一步降低 DRAM 芯片的价格，就要设法减少其引脚数，常用的方法有"地址线复用"和"多字一位"。采用地址线复用技术的存储器芯片，若存储器有 N 位地址，芯片的地址线只有 $N/2$ 条。把存储器的 N 位地址分成行地址和列地址两部分，在芯片的 $N/2$ 条地址线

上分两次输入。在 DRAM 芯片内部增加了行地址锁存器和列地址锁存器。在进行读/写操作时,首先送行地址,并发出行地址锁存控制信号 $\overline{RAS}$。用 $\overline{RAS}$ 的下降沿把行地址送入行地址锁存器,然后再发出列地址锁存控制信号 $\overline{CAS}$,用 $\overline{CAS}$ 的下降沿把列地址送入列地址锁存器。DRAM 芯片的 $\overline{RAS}$ 具有 SRAM 芯片的 $\overline{CS}$ 的功能。

多字一位技术是使每个存储单元只有一位,这样可以进一步减少芯片的数据线数。

图 7.14 所示是 DRAM 芯片的外部功能引脚图。

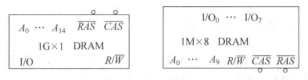

图 7.14　DRAM 芯片的外部功能引脚

DRAM 芯片的读/写速度一般为 50~100ns,比 SRAM 低。DRAM 的访问需要分时送行地址和列地址,控制电路比较复杂,而且需要不断地刷新。尽管存在这些缺点,但 DRAM 芯片具有容量大、价格低、功耗低、体积小等优点,使得 DRAM 芯片成为构成现代计算机主存储器的主要器件。

7.4　存储器容量的扩展

单个存储器芯片的容量往往不能满足计算机系统对存储器容量的要求,因此需要用存储器容量的扩展技术实现所要求容量的存储器。基本的存储器容量的扩展技术是位扩展方式和字扩展方式。

7.4.1　位扩展方式

当存储器芯片的字数满足要求而存储单元的位数不满足要求时,应采用位扩展方式。

例 7-1　用 16K×4 位的 SRAM 芯片构成 16K×8 位的存储器。

解:　根据题意,存储器芯片的字数与要构成的存储器的字数相同,存储器芯片是 4 位,而要构成的存储器是 8 位,芯片的位数小于要构成的存储器的位数,所以是位扩展问题。一个 8 位的字将存储在地址相同的两个 4 位的芯片中,其中一个芯片中存的是低 4 位,另一个存的是高 4 位。访问时,用同一个地址同时访问两个芯片,读/写一个 8 位的字,故两个芯片的片选线必须连接在一起。首先计算需要的芯片数:

$$芯片数 = \frac{存储器的字数 \times 位数}{芯片的字数 \times 位数}$$

$$= \frac{16K \times 8}{16K \times 4} = 2$$

位扩展方式连接时,将存储器芯片的地址线、片选线、读/写控制线并联,数据线分别引出,如图 7.15 所示。16K 字的存储器有 14 条地址线。

如果画图时采用有向线,需注意数据线是双向的,地址线是单向的。

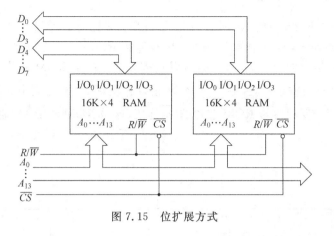

图 7.15　位扩展方式

7.4.2　字扩展方式

当存储器芯片的位数满足要求而字数不满足要求时,应采用字扩展方式。

例 7-2　用 $1M \times 4$ 位的 SRAM 芯片构成 $8M \times 4$ 位的存储器。

解：芯片是 4 位的,要构成的存储器也是 4 位的,但芯片的字数小于存储器的字数,所以是字扩展问题。首先计算需要的芯片数：

$$芯片数 = \frac{存储器的字数 \times 位数}{芯片的字数 \times 位数} = \frac{8M \times 4}{1M \times 4} = 8$$

$1M$ 字的芯片有 20 条地址线,$8M$ 字的存储器有 23 条地址线。二者之差为 $23-20=3$。需要用一个译码器对多出的 3 条地址线(23 位地址的最高 3 位)进行译码产生片选信号,按照所给的地址从 8 个存储器芯片中选择一个。可选用 3 线-8 线译码器 74HC138。

字扩展方式连接时,将各个存储器芯片的地址线、数据线、读/写控制线并联,由片选线区分每个芯片的地址范围,如图 7.16 所示。

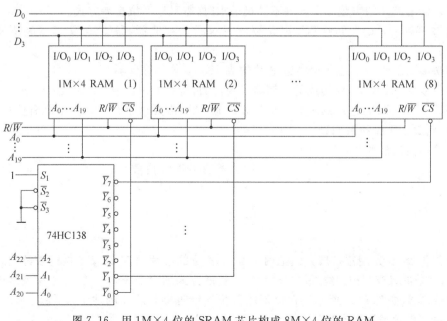

图 7.16　用 $1M \times 4$ 位的 SRAM 芯片构成 $8M \times 4$ 位的 RAM

半导体存储器和可编程逻辑器件

例 7-3 用 128K×8 位的 ROM 芯片构成 512K×8 位的 ROM。

解: 计算机的读/写控制信号 $R/\overline{W}=1$ 是读命令,$R/\overline{W}=0$ 是写命令,这与大部分 RAM 芯片的读/写控制信号的规定是一样的,可以直接连接。但是 ROM 芯片是只能读出的,其控制信号 $\overline{OE}$ 与计算机的读/写控制信号 $R/\overline{W}$ 正好相反,$\overline{OE}=0$ 是读出。因此,必须把计算机的读/写控制信号反相后与 ROM 芯片的 $\overline{OE}$ 连接,这是 ROM 和 RAM 芯片的连接方法上主要的不同点,如图 7.17 所示。

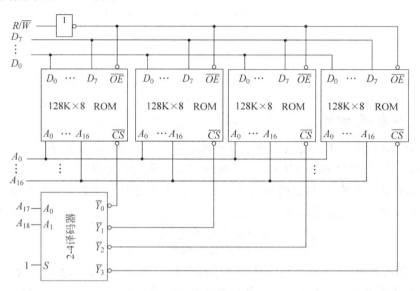

图 7.17 用 128K×8 位的 ROM 芯片构成 512K×8 位的 ROM

7.4.3 字位扩展

当存储器芯片的字数和位数都不满足要求时,需采用字位扩展方式。

用 L 字×K 位的存储器芯片构成 M 字×N 位的存储器,需要 $(M/L)×(N/K)$ 个存储器芯片。

例 7-4 用 2K×4 位的 SRAM 芯片构成 4K×8 位的存储器。

解: 芯片是 4 位的,要构成的存储器是 8 位的,需要做位扩展。芯片是 2K 字的,要构成的存储器是 4K 字的,芯片的字数小于存储器的字数,需要做字扩展。如果既有位扩展又有字扩展,则属于字位扩展问题。

计算需要的芯片数:

$$\text{芯片数} = \frac{\text{存储器的字数} \times \text{位数}}{\text{芯片的字数} \times \text{位数}}$$
$$= \frac{4K \times 8}{2K \times 4}$$
$$= 4$$

字位扩展,首先用位扩展方式把两个 2K×4 位的芯片组成 2K×8 位的芯片组,芯片的地址线、片选线、读/写控制线并联。然后用字扩展方式把两个 2K×8 位的芯片组组成 4K×8 位的存储器,如图 7.18 所示。存储器的低位地址直接与芯片的地址线连接,芯片组的片选信号由高位地址译码产生。

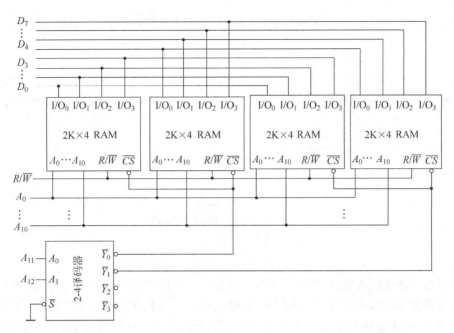

图 7.18 用 2K×4 位的 SRAM 芯片构成 4K×8 位的存储器

7.5 用存储器设计组合逻辑电路

在 7.2.1 节讲到,只读存储器中包含一个由与逻辑阵列构成的译码器电路和一个由或逻辑阵列构成的存储矩阵电路。与逻辑阵列中包含全部的最小项,或逻辑阵列则是由存储的数据决定的。在存储矩阵中存储不同的数据,就可以构成不同的或逻辑。我们知道,任何一个组合逻辑函数都可以表示成一个与或表达式,因此用存储器可以实现任何形式的组合逻辑函数。

例 7-5 某存储器中存储的数据如表 7.2 所示,试分析该存储器可实现什么组合逻辑函数。

表 7.2 一个存储器的数据表

地 址		数 据			
A_1	A_0	D_3	D_2	D_1	D_0
0	0	0	1	0	1
0	1	1	0	1	1
1	0	0	1	1	0
1	1	1	1	0	0

解:如果把表 7.2 中存储器的地址输入看作输入逻辑变量,存储器的数据输出看作输出的逻辑函数,则表 7.2 可变成表 7.3 的形式。不难看出,表 7.3 是一个 2 输入 4 输出逻辑函数的真值表。

表 7.3　与表 7.2 形式相同的逻辑真值表

输入变量		输出逻辑函数			
A_1	A_0	Y_3	Y_2	Y_1	Y_0
0	0	0	1	0	1
0	1	1	0	1	1
1	0	0	1	1	0
1	1	1	1	0	0

根据表 7.3 可写出其逻辑函数表达式:

$$Y_3 = \overline{A}_1 A_0 + A_1 A_0$$
$$Y_2 = \overline{A}_1 \overline{A}_0 + A_1 \overline{A}_0 + A_1 A_0$$
$$Y_1 = \overline{A}_1 A_0 + A_1 \overline{A}_0$$
$$Y_0 = \overline{A}_1 \cdot \overline{A}_0 + \overline{A}_1 A_0$$

通过这个例子可总结出,用有 N 位地址输入和 M 位数据输出的 $2^N \times M$ 位的存储器,可以实现任何形式的不超过 N 个输入变量和不超过 M 个输出的组合逻辑函数。

例 7-6　试用存储器实现一个代码转换电路,要求把余 3 码转换成 2421 BCD 码。

解:首先列出余 3 码和 2421 BCD 码的对照表,如表 7.4 所示。

表 7.4　余 3 码和 2421 BCD 码的对照表

余 3 码				2421 码			
A_3	A_2	A_1	A_0	D_3	D_2	D_1	D_0
0	0	1	1	0	0	0	0
0	1	0	0	0	0	0	1
0	1	0	1	0	0	1	0
0	1	1	0	0	0	1	1
0	1	1	1	0	1	0	0
1	0	0	0	1	0	1	1
1	0	0	1	1	1	0	0
1	0	1	0	1	1	0	1
1	0	1	1	1	1	1	0
1	1	0	0	1	1	1	1

用一片有 4 位地址,每个存储单元是 4 位的存储器(PROM、EPROM)芯片(16 字×4 位)即可满足题目要求。把余 3 码作为地址,在相应的存储单元中写入表 7.4 右边的数据字,就可实现所要求的代码转换电路。

例 7-7　试用存储器产生如下的一组多输出逻辑函数:

$$Y_1 = ABC\overline{D} + \overline{A}B + \overline{A}C$$
$$Y_2 = \overline{A}BC + \overline{A}B\overline{C}D + A\overline{B}C + A\overline{B} \cdot \overline{C}$$
$$Y_3 = \overline{A} \cdot \overline{B} + ACD$$
$$Y_4 = ABCD + \overline{A} \cdot \overline{B} \cdot \overline{C}$$

解:题目所给是一组 4 输入变量的逻辑函数,可用 1 片 16×4 的存储器(PROM、EPROM)芯片实现。首先把函数变换成最小项之和的形式:

$$Y_1 = ABC\overline{D} + \overline{A}B + \overline{A}C$$
$$= ABC\overline{D} + \overline{A}BCD + \overline{A}BC\overline{D} + \overline{A}B\overline{C}D + \overline{A}B\overline{C} \cdot \overline{D} + \overline{A} \cdot \overline{B}CD + \overline{A} \cdot \overline{B}C\overline{D}$$

$$Y_2 = \overline{A}BC + \overline{A}\overline{B}\overline{C}D + A\overline{B}C + A\overline{B} \cdot \overline{C}$$
$$= \overline{A}BCD + \overline{A}BC\overline{D} + \overline{A}\overline{B}\overline{C}D + A\overline{B}CD + A\overline{B}C\overline{D} + A\overline{B} \cdot \overline{C}D + A\overline{B} \cdot \overline{C} \cdot \overline{D}$$

$$Y_3 = \overline{A} \cdot \overline{B} + ACD$$
$$= ABCD + A\overline{B}CD + \overline{A} \cdot \overline{B}CD + \overline{A} \cdot \overline{B}C\overline{D} + \overline{A} \cdot \overline{B} \cdot \overline{C}D + \overline{A} \cdot \overline{B} \cdot \overline{C} \cdot \overline{D}$$

$$Y_4 = ABCD + \overline{A} \cdot \overline{B} \cdot \overline{C} = ABCD + \overline{A} \cdot \overline{B} \cdot \overline{C}D + \overline{A} \cdot \overline{B} \cdot \overline{C} \cdot \overline{D}$$

令 $A_3 = A, A_2 = B, A_1 = C, A_0 = D, D_3 = Y_4, D_2 = Y_3, D_1 = Y_2, D_0 = Y_1$，然后列出真值表(存储器的数据表)，如表 7.5 所示。

表 7.5　例 7-7 的数据表

A_3	A_2	A_1	A_0	D_3	D_2	D_1	D_0
0	0	0	0	1	1	0	0
0	0	0	1	1	1	0	0
0	0	1	0	0	1	0	1
0	0	1	1	0	1	0	1
0	1	0	0	0	0	0	1
0	1	0	1	0	0	1	1
0	1	1	0	0	0	1	1
0	1	1	1	0	0	1	1
1	0	0	0	0	0	1	0
1	0	0	1	0	0	1	0
1	0	1	0	0	0	1	0
1	0	1	1	0	1	1	0
1	1	0	0	0	0	0	0
1	1	0	1	0	0	0	0
1	1	1	0	0	0	0	0
1	1	1	1	1	1	0	0

最后将表 7.5 右边的数据字写入相应的存储单元中,这个存储器芯片就是满足题目要求的代码转换电路。

7.6　可编程逻辑器件简介

7.6.1　概述

数字集成电路从功能上可分为通用型和专用型两大类。前面讲的 74 系列和 4000 系列中小规模集成电路都属于通用型,其中包括各种门电路和常用的单元逻辑电路。通用型集成电路有确定的功能,适合大批量生产,价格比较低。所谓专用集成电路(Application Specific Integrated Circuit,ASIC)是按照用户的要求生产的、具有专门用途的器件,批量一般比较小,价格比较高。

可编程逻辑器件(Programmable Logic Device,PLD)是按通用型器件来生产,但在出厂时没有确定的功能,必须由用户通过对器件编程来设定逻辑功能的逻辑器件。PLD 也适合大批量生产,并且可以做成大规模集成电路,因而价格较低。

20 世纪 70 年代末 AMD 公司推出了可编程阵列逻辑(Programmable Array Logic, PAL)器件。20 世纪 80 年代初期,Lattice 公司推出了通用阵列逻辑(Generic Array Logic, GAL)器件。20 世纪 80 年代中期,Xilinx 公司首先推出了现场可编程门阵列 FPGA(Field Programable Gate Array)器件。20 世纪 90 年代初,Lattice 公司又推出了在系统可编程的 ISP-PLD。用可编程逻辑器件,不仅能够取代 74 系列和 4000 系列中小规模集成电路来构成各种数字系统,还能够减少系统的体积、功耗和成本,提高可靠性。

可编程逻辑器件的原理是基于任何一个逻辑函数式都可以变换成与或表达式,因而都能用一级与逻辑电路和一级或逻辑电路来实现。所以,PLD 器件的基本结构包含一级与逻辑阵列和一级或逻辑阵列。为了能够实现时序逻辑电路,又发展出包含触发器的(寄存器结构)PLD 器件。

一般认为,可编程只读存储器也属于可编程逻辑器件。但是 PROM 是由固定的与逻辑阵列和可编程的或逻辑阵列组成,其中与逻辑阵列包含全部的最小项,而可编程逻辑器件的与逻辑阵列能产生的乘积项没有 PROM 多。

7.6.2 PLD 的分类

按照器件的集成度,PLD 可分为低密度 PLD 和高密度 PLD。低密度 PLD 一般指每个芯片集成的逻辑门数在 1000 门以下,如早期的 PROM、PLA、PAL、GAL 和 ispGAL 都属于低密度 PLD。高密度 PLD(如 EPLD、CPLD 和 FPGA 等)的集成度可达数万门以上。

按照器件的结构复杂度的不同,PLD 可分为简单可编程逻辑器件(Simply Programmable Logic Device, SPLD)、复杂可编程逻辑器件(Complex Programmable Logic Device, CPLD)和现场可编程门阵列(Field Programmable Gate Array, FPGA)。

简单可编程逻辑器件包括现场可编程阵列逻辑(FPLA)、可编程阵列逻辑(PAL)和通用阵列逻辑(GAL)。FPLA 由可编程的与逻辑阵列和可编程的或逻辑阵列以及输出缓冲器组成。PAL 由可编程的与逻辑阵列、固定的或逻辑阵列和输出电路组成。GAL 的特点在于可灵活编程的输出逻辑宏单元。

最先推出的复杂可编程逻辑器件是 ATMEL 公司的可擦除的可编程逻辑器件 EPLD。EPLD 采用 CMOS 和 UVEPROM 工艺制作,不仅集成度和与-或逻辑阵列中乘积项的利用率比 GAL 更高,而且输出逻辑宏单元的功能也更强。

在 EPLD 的基础上进一步发展的 CPLD 不仅增加了宏单元的数量和输入乘积项的位数,还增加了可编程的内部连线资源。CPLD 在结构上主要包括三部分:可编程逻辑宏单元、可编程输入输出单元和可编程内部连线。CPLD 内部互连结构由固定长度的连线资源组成,布线的延迟固定。CPLD 的典型器件有 Xilinx 公司的 XC9500 系列,Altera 公司的 MAX7000 系列,Lattice 公司的 ispLSI3000 系列等。目前最常用的 CPLD 多为在系统可编程的器件。

7.6.3 可编程逻辑器件的逻辑表示

由于 PLD 中包含大量的逻辑电路,如果用传统的方法画逻辑图很不方便,因此采用一些简化的画法。图 7.19 所示是逻辑阵列中交叉点连接的几种情况,图 7.19(a)表示不可编程的实体连接;图 7.19(b)表示可编程连接;采用熔丝工艺的 PLD 器件,如果在编程后熔丝烧断,处于不连接状态,如图 7.19(c)所示。

(a) 实体连接 (b) 可编程连接 (c) 未连接/编程后熔丝烧断

图 7.19 阵列交叉点的表示法

PLD 电路中门电路的惯用画法如图 7.20 所示。其中,图 7.20(a)和图 7.20(b)表示多输入端与门,图 7.20(c)表示多输入端或门,图 7.20(e)是输入端数很多的或门。

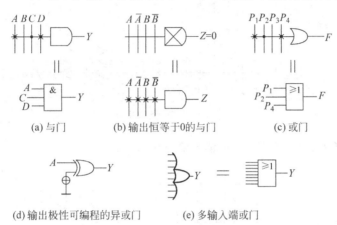

(a) 与门 (b) 输出恒等于0的与门 (c) 或门

(d) 输出极性可编程的异或门 (e) 多输入端或门

图 7.20 PLD 电路中门电路的画法

图 7.20(d)是输出极性可编程的异或门。若编程后熔丝烧断,$Y=A\oplus 1=\overline{A}$;若编程后熔丝保留,$Y=A\oplus 0=A$。

PLD 电路中缓冲器的画法如图 7.21 所示。图 7.21(a)是互补输出的输入缓冲器;图 7.21(b)是三态输出的缓冲器。

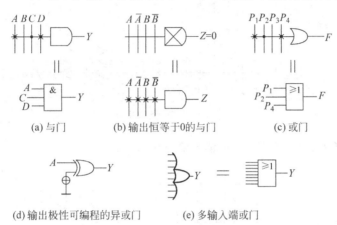

(a) 互补输出的输入缓冲器 (b) 三态输出的缓冲器

图 7.21 PLD 电路中缓冲器的画法

下面通过几个例子来进一步熟悉 PLD 电路的画法。

例 7-8 写出图 7.22 所示电路的输出逻辑函数式。

解:图 7.22 是一个由可编程的与逻辑阵列和可编程的或逻辑阵列以及输出缓冲器组成的电路,图中的与逻辑阵列最多可以产生 8 个可编程的乘积项,或逻辑阵列最多可以产生 4 个组合逻辑函数。当 $\overline{OE}=0$ 时,各输出逻辑函数为:

$$Y_3 = ABCD + \overline{A} \cdot \overline{B} \cdot \overline{C} \cdot \overline{D}$$

$$Y_2 = AC + BD$$

$$Y_1 = A \oplus B$$
$$Y_0 = \overline{C \oplus D}$$

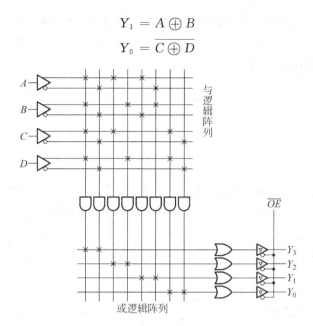

图 7.22 例 7-8 的电路

例 7-9 分析图 7.23 所示电路的输入输出状态。

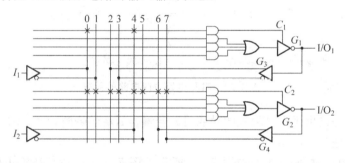

图 7.23 例 7-9 的电路

解：图 7.23 所示电路中 I_1、I_2 是输入端，I/O_1、I/O_2 是可编程的输入输出端。图 7.23 所示电路的每个输出端是一个具有可编程控制端的三态缓冲器，控制信号来自与逻辑阵列的一个乘积项。同时，输出端又经过一个互补输出的输入缓冲器反馈到与逻辑阵列的输入端。所以，图 7.23 所示电路是 PLD 电路中的可编程输入输出结构。

在图 7.23 所示的编程情况下，当 $I_1 = I_2 = 1$ 时，缓冲器 G_1 的控制端 $C_1 = 1$，I/O_1 处于输出工作状态。缓冲器 G_2 的控制端 C_2 恒等于 0，G_2 处于高阻态，因此 I/O_2 可作为变量输入端使用。加到 I/O_2 上的输入信号经 G_4 接到与逻辑阵列的输入端(图中第 6、7 列)。

例 7-10 写出图 7.24 所示电路的输出逻辑函数式。

解：首先写出 $P_0 \sim P_3$ 的逻辑函数：

$$P_0 = A + B \quad P_1 = A + \overline{B} \quad P_2 = \overline{A} + B \quad P_3 = \overline{A} + \overline{B}$$

然后再写 $Y_0 \sim Y_{15}$ 的逻辑函数：

$$Y_0 = 1 \quad Y_1 = \overline{A} + \overline{B} \quad Y_2 = \overline{A} \quad Y_3 = \overline{A} + B$$

$$Y_4 = B \quad Y_5 = \overline{A} \cdot B \quad Y_6 = A \oplus B \quad Y_7 = A + B$$
$$Y_8 = A \quad Y_9 = A \cdot \overline{B} \quad Y_{10} = 0 \quad Y_{11} = A \cdot B$$
$$Y_{12} = \overline{A \oplus B} \quad Y_{13} = \overline{A} \cdot \overline{B} \quad Y_{14} = \overline{B} \quad Y_{15} = A + \overline{B}$$

可见,通过对与逻辑阵列的编程,图 7.24 的电路能够产生 A 和 B 的 16 种算术运算和逻辑运算的结果。

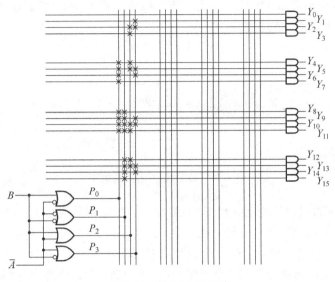

图 7.24　例 7-10 的电路

例 7-11　分析图 7.25 所示电路的逻辑功能。

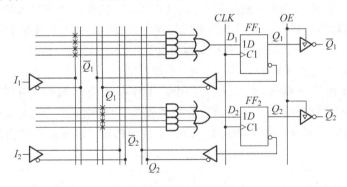

图 7.25　例 7-11 的电路

解：图 7.25 所示电路在输出三态缓冲器和与-或逻辑阵列的输出之间串进了由 D 触发器组成的寄存器,是一种寄存器输出结构。这种输出结构不仅可以存储与-或逻辑阵列输出的状态,而且可以很方便地组成各种时序逻辑电路。

在图 7.25 中,触发器 FF_1 的状态又经过互补输出的缓冲器反馈到与逻辑阵列的输入端,作为触发器 FF_2 的输入。

在图 7.25 所示的编程情况下,$D_1 = I_1$,$D_2 = Q_1$,所以图 7.25 所示电路中由两个 D 触发器组成的是一个两位的移位寄存器,I_1 是数据串行输入端。

半导体存储器和可编程逻辑器件

7.6.4 通用阵列逻辑

1. GAL(通用阵列逻辑)的电路结构

GAL 采用电可擦除的 CMOS(E^2CMOS)制造,可以用电信号擦除并可重新编程。GAL 器件由可编程的与逻辑阵列、固定的或逻辑阵列和可编程的输出逻辑宏单元 OLMC(Output Logic Macro Cell,OLMC)组成。通过编程可将 OLMC 设置成不同的工作状态。图 7.26 是 GAL 的一般结构框图。

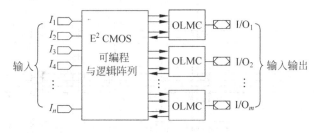

图 7.26　GAL 的一般结构框图

现以常见的 GAL16V8 为例介绍 GAL 器件的一般结构形式和工作原理。

图 7.27 是 GAL16V8 的电路结构图。GAL16V8 有 20 个引脚,其中 8 个是输入引脚,8 个是可编程的输入输出引脚;它有一个 32×64 位的可编程与逻辑阵列,8 个 OLMC,8 个输入缓冲器,8 个三态输出缓冲器和 8 个反馈/输入缓冲器;与逻辑阵列的每个交叉点上设置有 E^2CMOS 编程单元。

2. 输出逻辑宏单元

图 7.28 是输出逻辑宏单元的结构框图。OLMC 中包含一个 8 输入端或门、一个 D 触发器和由 4 个数据选择器及一些门电路组成的控制电路(时钟控制、使能控制等)。图 7.28 中的 SYN、$AC0$、$AC1(n)$、$XOR(n)$ 都是结构控制字中的一位数据,通过对结构控制字编程,就可设定 OLMC 的工作模式。

OLMC 有 5 种工作模式,列于表 7.6 中。工作模式由结构控制字中的 SYN、$AC0$、$AC1(n)$、$XOR(n)$ 的状态指定。输出函数的极性受异或门控制,当 $XOR(n)=0$ 时,异或门的输出和或门的输出同相;当 $XOR(n)=1$ 时,异或门的输出和或门的输出反相。

表 7.6　OLMC 的 5 种工作模式

SYN	$AC0$	$AC1(n)$	$XOR(n)$	工作模式	输出极性
1	0	1	/	专用输入	/
1	0	0	0	专用组合输出	低电平有效
			1		高电平有效
1	1	1	0	反馈组合输出	低电平有效
			1		高电平有效
0	1	1	0	时序电路中的组合输出	低电平有效
			1		高电平有效
0	1	0	0	寄存器输出	低电平有效
			1		高电平有效

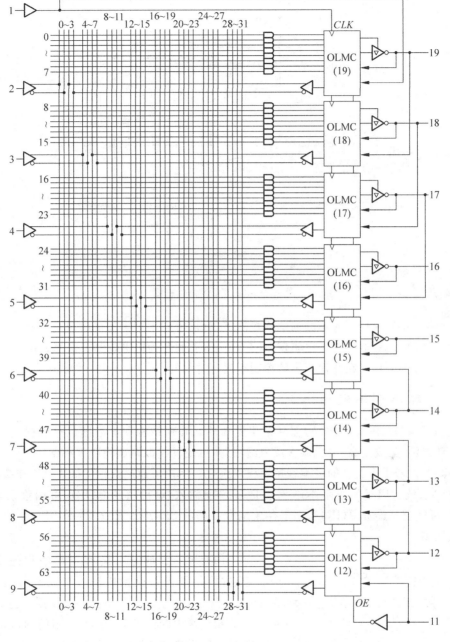

图 7.27　GAL16V8 的电路结构

　　输出电路结构的形式受 4 个数据选择器控制,输出数据选择器 OMUX 根据 $AC0$ 和 $AC1(n)$ 的状态决定 OLMC 是工作在组合输出模式还是寄存器输出模式,乘积项数据选择器 PTMUX 根据 $AC0$ 和 $AC1(n)$ 的状态决定来自与逻辑阵列的第一乘积项是否作为或门的一个输入,三态数据选择器 TSMUX 根据 $AC0$ 和 $AC1(n)$ 的状态产生输出端三态缓冲器的控制信号,反馈数据选择器 FMUX 根据 $AC0$、$AC1(n)$ 和 $AC1(m)$ 的状态选择一个反馈信号送到与逻辑阵列的输入。

半导体存储器和可编程逻辑器件

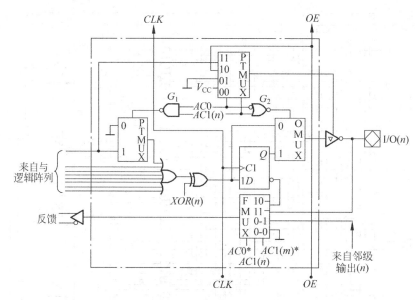

图 7.28　OLMC 的结构框图

只要给 GAL 器件写入不同的结构控制字,就可得到不同类型的输出电路结构。因此,用一种型号的 GAL 器件就可以实现 PAL 器件所有的各种输出电路工作模式。

对 GAL 的编程是在开发系统的控制下逐行进行的。

7.6.5　现场可编程门阵列

现场可编程门阵列(FPGA)器件采用逻辑单元阵列结构和静态随机存取存储器工艺,具有设计灵活、集成度高、可无限次反复编程,并可现场模拟调试验证等特点。

FPGA 由若干个独立的可编程逻辑模块组成。用户可通过编程将这些模块连接成所需要的数字系统。FPGA 的基本结构包括可编程输入/输出模块(IOB)、可编程逻辑模块(CLB)、可编程互连资源(IR)和用于存放编程数据的 SRAM。图 7.29 是 FPGA 的基本结构形式框图。

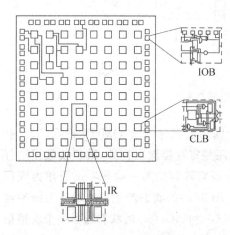

图 7.29　FPGA 的结构框图

FPGA 的大部分引脚都与可编程的 IOB 相连,并可根据需要设置成输入端或输出端。每个 CLB 中都包含组合逻辑电路和触发器。在 CLB 之间的布线区内配备了丰富的长度不同的连线资源,包括不同类型的金属线、可编程的开关矩阵和可编程的连接点。将若干个 CLB 组合起来可构成复杂的数字系统。

FPGA 采用 SRAM 进行功能配置,可无限次重复编程,但系统掉电后,SRAM 中的数据丢失。因此,需在 FPGA 外配备大容量的 EPROM,将配置数据写入其中,系统每次上电自动将数据引入 SRAM 中。

高密度可编程逻辑器件 HDPLD 的功耗一般在 0.5～2.5W 之间,而 FPGA 芯片功耗在 0.25～5mW 之间,静态时几乎没有功耗,所以被称为零功耗器件。

FPGA 的典型器件有 Xilinx 公司的 XC4000 系列,Altera 公司的 Flex10K 和 Flex20K 系列,Lattice 公司的 XFPGA 系列等。

7.6.6　PLD 的编程

PLD 的编程需要在开发系统的支持下进行。开发系统的硬件包括计算机和编程器。开发系统的软件包括硬件描述语言(如 ABEL、VHDL 等)和 PLD 设计软件。各大 PLD 生产厂商都有自己的 PLD 设计软件,比较著名的有 Altera 公司的 MAX＋PLUS Ⅱ 和 Quartus Ⅱ,Xilinx 公司的 Foundation 和 ISE。例如,Quartus Ⅱ 开发平台支持文本输入和电路图输入,支持 VHDL、Verilog HDL 等硬件描述语言,能够进行时序仿真和功能仿真。

此外,在系统可编程逻辑器件(In-System Programmable Device,ISP)PLD 的编程不需要编程器,可以直接在系统电路板上进行。

PLD 的编程工作一般需按以下步骤进行。

(1) 逻辑抽象。把需要实现的逻辑功能表示为逻辑函数的形式,如逻辑方程、真值表或状态转换图等。

(2) 选择 PLD 器件的类型和型号。选择时应该考虑到有关的各个方面。例如,是组合逻辑还是时序逻辑,是否需要擦除重写,电路的规模大小,有多少输入端和输出端,与-或逻辑的乘积项的最大数目,是否需要加密,功耗和速度等。

(3) 编程。用合适的硬件描述语言编写源程序。

(4) 设计输入。用文本方式或原理图方式把源程序输入到开发系统中,在编译过程中消除语法错误。

(5) 仿真。经过时序仿真和功能仿真验证设计的正确性,发现并消除逻辑错误。

(6) 下载。把最后的设计文件下载到 PLD 器件中或烧制芯片,可进行物理仿真和测试。

本 章 小 结

半导体存储器是能存储大量信息的器件,采用按地址存放数据的方法,只有按照所给的地址码选中的存储单元才能与存储器的数据输入输出引线连接,可进行读/写操作。半导体存储器芯片内部由存储矩阵、地址译码器、读/写控制电路和三态输出门等部分组成。

半导体存储器可分为只读存储器(ROM)和随机读/写存储器(RAM)两大类。ROM 又分为掩膜 ROM、可编程的只读存储器(PROM)、可擦除的可编程只读存储器(EPROM)、电可擦除的可编程只读存储器(E^2PROM)和快闪存储器(Flash Memory)等类型。RAM 又分为静态 RAM 和动态 RAM。学习半导体存储器的结构和工作原理的目的是为了在设计计算机系统时正确合理地选用器件,重点应掌握存储器芯片的使用和外部连接。

在构成计算机系统时往往需要用存储器容量的扩展技术实现所要求容量的存储器,基本的存储器容量的扩展技术是位扩展方式和字扩展方式。位扩展方式的连接,应将存储器芯片的地址线、片选线、读/写控制线并联,数据线分别引出。字扩展方式的连接,应将各个存储器芯片的地址线、数据线、读/写控制线并联，由片选线区分每个芯片的地址范围。片选信号通常由高位地址译码产生。

可编程逻辑器件是 20 世纪 80 年代以来迅速发展起来的一种新型数字集成电路。PLD 包括现场可编程阵列逻辑（FPLA）、可编程阵列逻辑（PAL）、通用阵列逻辑（GAL）、复杂可编程逻辑器件（CPLD）和现场可编程门阵列（FPGA）等。目前，实现规模不大的系统主要用 GAL，复杂的系统可用 CPLD 和 FPGA。PLD 的编程需要在开发系统的支持下进行。

习　题　7

1. 存储器和寄存器在电路结构和工作原理上有什么不同？

2. 动态存储器和静态存储器在电路结构和读/写操作上有什么不同？

3. 某计算机的主存储器有 32 条地址线、32 条数据线，试计算其最大存储容量。

4. 下列存储器各有多少条地址线？多少条数据线？每个存储器可以存储多少字节？

(1) 256×8 位　　(2) 2048×4 位　　(3) 8K×16 位

(4) 2M×1 位　　(5) 256K×16 位　　(6) 4G×32 位

5. 试用 512M×1 位的 RAM 芯片构成 512M×4 位的 RAM 存储器。

6. 试用 8K×8 位的 ROM 芯片构成 32K×8 位的 ROM 存储器。

7. 试用 32K×4 位的 ROM 芯片和 32K×8 位的 RAM 芯片构成包括 32K×8 位的 ROM 和 96K×8 位的 RAM 存储器。

8. 已知 ROM 的数据表如表 7.7 所示，若将地址输入 A_3、A_2、A_1、A_0 作为 4 个输入逻辑变量，将数据输出 D_3、D_2、D_1、D_0 作为函数输出，试写出输出与输入之间的逻辑函数式，并化简为最简与 或形式。

表 7.7　习题 8 的数据表

A_3	A_2	A_1	A_0	D_3	D_2	D_1	D_0
0	0	0	0	0	0	0	1
0	0	0	1	0	0	1	0
0	0	1	0	0	0	1	0
0	0	1	1	0	1	0	0
0	1	0	0	0	0	1	0
0	1	0	1	0	1	0	0
0	1	1	0	0	1	0	0
0	1	1	1	1	0	0	0
1	0	0	0	0	0	1	0
1	0	0	1	0	1	0	0
1	0	1	0	0	1	0	0
1	0	1	1	1	0	0	0
1	1	0	0	0	1	0	0
1	1	0	1	1	0	0	0
1	1	1	0	1	0	0	0
1	1	1	1	0	0	0	1

9. 用 16×4 位的存储器设计一个将两个 2 位二进制数相乘的乘法器电路,列出 ROM 的数据表。

10. 用存储器设计一个组合逻辑电路,用来产生下列一组逻辑函数:

$$\begin{cases} Y_1 = \overline{A}\cdot\overline{B}\cdot\overline{C}\cdot\overline{D} + \overline{A}B\cdot CD + A\overline{B}C\overline{D} + ABCD \\ Y_2 = \overline{A}\cdot\overline{B}C\overline{D} + \overline{A}BCD + A\overline{B}\cdot\overline{C}\cdot\overline{D} + AB\overline{C}\overline{D} \\ Y_3 = \overline{A}BD + \overline{B}C\overline{D} \\ Y_4 = BD + \overline{B}\cdot\overline{D} \end{cases}$$

11. 用两片 $1K\times8$ 位的 EPROM 芯片连接成一个数码转换器,将 10 位二进制数转换成等值的 4 位十进制数的 BCD 码。

(1) 画出电路图,标出输入、输出;

(2) 当地址输入 $A_9 \sim A_0$ 分别为 0000000000、1000000000、1111111111 时,两片 EPROM 中对应地址的单元中的数据各是什么?

12. 图 7.30 是用 16×4 位 ROM 和同步 4 位二进制加法计数器 74HC161 组成的脉冲分频电路,ROM 的数据表如表 7.8 所示。试画出在 CP 信号连续作用下 Z_3、Z_2、Z_1、Z_0 输出的电压波形,并说明它们与 CP 信号频率之比。

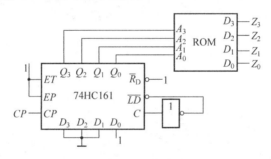

图 7.30 电路

表 7.8 数据表

地 址 输 入				数 据 输 出			
A_3	A_2	A_1	A_0	D_3	D_2	D_1	D_0
0	0	0	0	0	0	0	1
0	0	0	1	1	0	1	0
0	0	1	0	0	0	1	0
0	0	1	1	0	1	1	1
0	1	0	0	1	1	1	0
0	1	0	1	0	1	1	0
0	1	1	0	0	0	1	0
0	1	1	1	1	0	1	0
1	0	0	0	0	1	0	1
1	0	0	1	0	1	0	0
1	0	1	0	1	1	0	0
1	0	1	1	0	0	0	0
1	1	0	0	0	0	0	0
1	1	0	1	0	1	0	1
1	1	1	0	0	1	0	0
1	1	1	1	0	1	0	0

13. 可编程逻辑器件有哪些类型？有什么共同特点？

14. 试说明在下列应用场合下选用什么类型的 PLD 最为合适。

(1) 小批量定型产品中的中规模集成电路。

(2) 产品研制过程中需要不断修改的中、小规模集成电路。

(3) 少量的定型产品中需要的规模较大的逻辑电路。

(4) 需要经常改变其逻辑功能的规模较大的逻辑电路。

(5) 要求能以遥控方式改变其逻辑功能的逻辑电路。

15. 试用 GAL 器件设计一个数值判别电路,要求判断 4 位二进制数 DCBA 的大小属于 0～4、5～9、10～15 这三个区间的哪一个？

16. 试用 GAL 器件设计一个 4 位循环码计数器,要求有置 0 和对输出进行三态控制的功能。

17. 试用 4K×8 位的 ROM 芯片和 2K×8 位的 RAM 芯片构成存储器,要设计的存储器包括 8K×8 位的 ROM 和 4K×8 位的 RAM。

第8章　脉冲波形的产生与整形

内容提要：本章首先介绍产生矩形波脉冲的多谐振荡器的基本原理，然后介绍能产生单脉冲的单稳态触发器和实现脉冲波形整形的施密特触发器的基本原理和应用。

8.1　多谐振荡器

时序逻辑电路的工作需要连续的、频率高度稳定的时钟脉冲，产生这些时钟脉冲的电路就是多谐振荡器。多谐振荡器（Multivibrator）是一种能够产生矩形波的自激振荡器，在接通电源后，不需要外加触发信号，就能自动地连续产生矩形脉冲。多谐振荡器没有稳定状态，也叫做无稳态多谐振荡器（Astable Multivibrator）。由于矩形波含有丰富的谐波分量，因此把能够产生矩形脉冲的电路称为多谐振荡器。

8.1.1　环形振荡器

1. 最简单的环形振荡器

环形振荡器是利用门电路的传输延迟时间，将奇数个反相器首尾相接构成的。图 8.1 所示电路是一个由三个反相器首尾相接构成的最简单的环形振荡器。

下面分析图 8.1 所示电路的工作原理。假设由于某种原因 v_{I1} 产生了微小的正跳变，经过 G_1 的传输延迟时间 t_{pd} 后 v_{I2} 产生一个幅度更大的负跳变，再经过 G_2 的传输延迟时间 t_{pd} 后使 v_{I3} 输出更大的正跳变。然后又经过 G_3 的传输延迟时间 t_{pd} 后在输出端 v_O 产生一个幅度更大的负跳变，并反馈到 G_1 的输入端。这样，经过 $3t_{pd}$ 的时间后，v_{I1} 又自动跳变为低电平。显然，这个过程将继续重复下去，每经过 $3t_{pd}$ 的时间 $v_O（v_{I1}）$ 都将发生一次跳变，产生了自激振荡。图 8.1 所示电路的工作波形如图 8.2 所示。由图 8.2 可见，振荡周期 $T=6t_{pd}$。

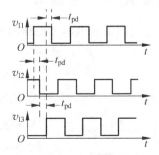

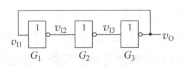

图 8.1　最简单的环形振荡器　　　　图 8.2　图 8.1 所示电路的工作波形

根据上述原理,将任何大于等于 3 的奇数个反相器首尾相接成环形电路,都能产生自激振荡。若电路中串联的反相器个数为 n,则环形振荡器的振荡周期为:

$$T = 2nt_{pd}$$

2. 带 RC 延迟电路的环形振荡器

用上述方法构成振荡器虽然很简单,但并不实用。因为门电路的传输延迟时间极短,仅数十纳秒,只能得到频率很高的振荡器,而且振荡频率主要取决于 t_{pd},不能调节。为了获得频率比较低而且可以随意调节的矩形波振荡器,可在图 8.1 所示电路的基础上增加 RC 延迟环节,组成带 RC 延迟电路的环形振荡器,如图 8.3(a)所示。

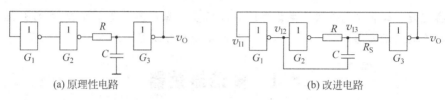

(a) 原理性电路   (b) 改进电路

图 8.3 带 RC 延迟电路的环形振荡器

接入 RC 电路后增加了门 G_2 的传输延迟时间 t_{pd2},改变 R 和 C 的数值可以获得比较低并且可调节的振荡频率。图 8.3(b)所示的电路是对图 8.3(a)电路的改进,可进一步加大传输延迟时间。当 v_{I2} 发生负跳变时,由于电容 C 两端的电压不能跳变,使 v_{I3} 也跳变到一个负电平,然后再从这个负电平开始对电容 C 充电。这样就使 v_{I3} 从开始充电到上升至 V_{TH} 的时间加长;等于增大了 v_{I2} 到 v_{I3} 的传输延迟时间。

RC 延迟电路的时间常数通常远大于门电路的传输延迟时间,所以在计算电路的振荡周期时可以忽略门电路的传输延迟时间 t_{pd} 而只考虑 RC 电路的作用。

为了限制 G_3 的输入端保护二极管在 v_{I3} 为负值时的电流不要过大,在图 8.3(b)所示电路中增加了电阻 R_S。图 8.4 所示为电路中各点电压的波形。

若图 8.3(b)所示电路中的各反相器都是 TTL 门电路,则振荡周期 $T \approx 2.2RC$。

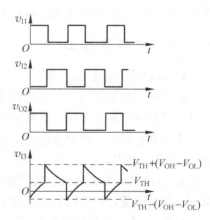

图 8.4 图 8.3(b)所示电路的工作波形

8.1.2 对称式多谐振荡器

对称式多谐振荡器是由两个反相器经耦合电容 C_1、C_2 连接起来的正反馈电路,其典型电路如图 8.5 所示。G_1 和 G_2 都是 TTL 反相器。

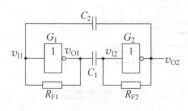

图 8.5 对称式多谐振荡器电路

为了能产生自激振荡,电路不能有稳定状态,即在静态(未振荡)时应是不稳定的。因此,应设法使 G_1、G_2 工作在电压传输特性的转折区或线性区。这样,只要 G_1、G_2 的输入电压有微小的扰动,就会被正反馈回路放大而产生振荡。

要使静态时反相器工作在放大状态,必须给 G_1、G_2

设置适当的偏置电压。偏置电压的值应该介于高、低电平之间。在反相器的输出端与输入端之间的反馈电阻 R_{F1}、R_{F2} 的作用就是提供这个偏置电压。

如果由于某种原因(电源波动或外界干扰)扰动使 v_{I1} 有微小的正跳变,则必然会引起如下的正反馈过程:

$$v_{I1}\uparrow \longrightarrow v_{O1}\downarrow \longrightarrow v_{I2}\downarrow \longrightarrow v_{O2}\uparrow$$

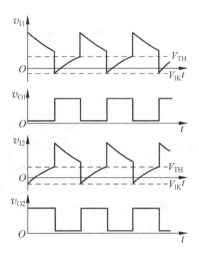

使 v_{O1} 迅速变为低电平,v_{O2} 迅速变为高电平,电路进入第一个暂稳态。同时,电容 C_1 开始充电而 C_2 开始放电。随着 C_1 的充电,v_{I2} 逐渐增大。当 v_{I2} 上升到 G_2 的阈值电压 V_{TH},将引起如下的正反馈过程:

$$v_{I2}\uparrow \longrightarrow v_{O2}\downarrow \longrightarrow v_{I1}\downarrow \longrightarrow v_{O1}\uparrow$$

从而使 v_{O2} 迅速变为低电平,v_{O1} 迅速变为高电平,电路进入第二个暂稳态。同时,电容 C_2 开始充电而 C_1 开始放电。由于电路的对称性,这一过程与前述的 C_1 充电 C_2 放电的过程完全对应,当 v_{I1} 上升到 V_{TH} 时电路又将返回第一个暂稳态,v_{O1} 为低电平而 v_{O2} 为高电平。因此,电路将不停地在两个暂稳态之间往复振荡,输出连续的矩形脉冲。图 8.6 所示为电路中各点电压的波形。

图 8.6 图 8.5 所示电路的工作波形

如果 G_1、G_2 为 74LS 系列反相器,则电路的振荡周期 $T\approx 1.3R_FC$。

8.1.3 石英晶体多谐振荡器

有许多应用场合都要求多谐振荡器的振荡频率高度稳定。例如,当多谐振荡器作为数字钟的计数脉冲源时,振荡频率的稳定性直接影响到数字钟的计时准确性;当多谐振荡器作为计算机的时序系统的基准脉冲源(主振电路)时,振荡频率的稳定性直接影响到计算机能否正常稳定的工作。前面讲的几种带 RC 环节的多谐振荡器的振荡频率容易受温度变化、电源电压波动和干扰的影响,频率稳定性不可能很高。目前最好的稳定振荡频率的方法是在振荡器电路中接入石英晶体,组成石英晶体多谐振荡器。

石英晶体是具有压电特性的晶体材料,其谐振频率 f_0 由石英晶体的结晶方向和外形尺寸决定,与外接的电阻、电容无关。石英晶体的电抗频率特性如图 8.7 所示。石英晶体的频率稳定度($\Delta f_0 / f_0$)可达 $10^{-10}\sim 10^{-11}$,足以满足大多数数字系统对频率稳定度的要求。

当外加电压的频率与石英晶体的固有频率 f_0 相同时,石英晶体的阻抗最小。把石英晶体接入多谐振荡器的正反馈回路中,其对频率为 f_0 的信号阻力最小形成正反馈,而对其他频率的信号则阻抗很大形成衰减。因此,振荡器的工作频率必然是 f_0。

把石英晶体与对称式多谐振荡器中的耦合电容串联构成的石英晶体多谐振荡器的电路,如图 8.8 所示。用其他形式的多谐振荡器电路也可构成石英晶体多谐振荡器。

脉冲波形的产生与整形

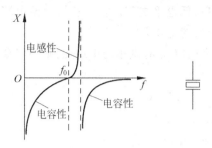

图 8.7 石英晶体的电抗频率和符号

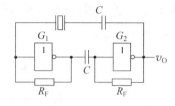

图 8.8 石英晶体多谐振荡器

8.2 单稳态触发器

与产生连续矩形脉冲的多谐振荡器不同,单稳态触发器(Monostable Multivibrator Circuit 或 One Shot)是每触发一次产生一个单脉冲的电路。单稳态触发器具有如下特点:

(1) 有一个稳态和一个暂稳态;

(2) 在外界触发信号作用下,能从稳态翻转到暂稳态,维持一段时间后自动返回稳态;

(3) 暂稳态维持的时间长短取决于电路本身的参数。

理解单稳态触发器的电路原理有利于更好的使用集成单稳态触发器。

8.2.1 积分型单稳态触发器

图 8.9 是用 TTL 门电路和 RC 积分电路组成的积分型单稳态触发器。这个电路用正脉冲触发,并且要求触发脉冲的宽度大于输出脉冲的宽度,否则不能正常工作。

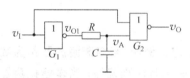

图 8.9 积分型单稳态触发器

稳态时,$v_I = 0$,$v_O = V_{OH}$,$v_{O1} = V_{OH}$,电容 C 已经充电,$v_A = v_{O1} = V_{OH}$。

当 v_I 从 0 变成高电平,v_{O1} 跳变为低电平,电容 C 开始通过电阻 R 放电。由于电容 C 上的电压不能跳变,因此 v_A 在短时间内还高于 V_{TH}。在这段时间里,与非门 G_2 的两个输入端的电压都在 V_{TH} 之上,使 $v_O = V_{OL}$,电路进入暂稳态。为了保证 v_{O1} 为低电平时 v_A 在 V_{TH} 以下,R 的取值不能太大。

随着电容 C 的放电,v_A 不断降低。当 v_A 小于 V_{TH} 后,v_O 跳变为高电平。

当 v_I 从高电平返回低电平后,v_{O1} 重新变成高电平并向电容 C 充电。经过恢复时间 t_{re}(从 v_I 回到低电平的时刻算起)后,v_A 恢复为高电平,电路达到稳态。输出脉冲宽度为:

$$t_W = (R + R_O)C \cdot \ln \frac{V_{OL} - V_{OH}}{V_{OL} - V_{TH}}$$

式中,R_O 是 G_1 输出为低电平时的输出电阻。

输出脉冲幅度为 $V_m = V_{OH} - V_{OL}$。电路中各点电压的波形如图 8.10 所示。

积分型单稳态触发器的缺点是输出波形的边沿比较差,这是由于电路的状态转换过程中没有正反馈作用的缘故。积分型单稳态触发器的集成电路产品有 CC14528 等。

8.2.2　微分型单稳态触发器

图 8.11 是用 CMOS 门电路和 RC 微分电路构成的微分型单稳态触发器。

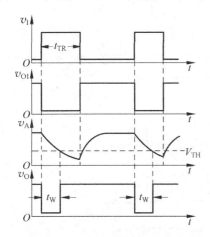

图 8.10　图 8.9 所示电路的电压波形

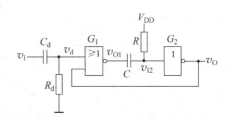

图 8.11　微分型单稳态触发器

分析 CMOS 电路时，可以近似认为 $V_{OH} \approx V_{DD}$，$V_{OL} \approx 0$，$V_{TH} \approx V_{DD}/2$。

在稳态下，$v_I = 0$，$v_d = 0$，$v_{I2} = V_{DD}$，故 $v_O = 0$，$v_{O1} = V_{DD}$，电容 C 和 C_d 上没有电压。

在输入端 v_I 加正的触发脉冲时，R_d 和 C_d 组成的微分电路输出很窄的正、负脉冲 v_d。当 v_d 上升到 V_{TH} 以后，将引起如下的正反馈过程：

$$v_d \uparrow \rightarrow v_{O1} \downarrow \rightarrow v_{I2} \downarrow \rightarrow v_O \uparrow$$

使 v_{O1} 迅速变为低电平。由于电容上的电压不能跳变，因此 v_{I2} 也同时跳变到低电平，电容 C 开始充电，并使 v_O 跳变为高电平，电路进入暂稳态。此时，即使 v_d 回到低电平，v_O 仍将维持高电平。

随着电容 C 的充电，v_{I2} 逐渐升高，当升至 $v_{I2} = V_{TH}$ 后，又将引起另一个正反馈过程：

$$v_{I2} \uparrow \rightarrow v_O \downarrow \rightarrow v_{O1} \uparrow$$

如果这时触发脉冲已消失，$v_I = 0$，$v_d = 0$，则 v_{O1}、v_{I2} 迅速跳变为高电平，电容 C 开始放电，输出 v_O 返回低电平。当电容 C 上的电压为 0，电路恢复到稳态。输出脉冲宽度 $t_W = 0.69RC$。输出脉冲幅度 $V_m \approx V_{DD}$。电路中各点电压的波形如图 8.12 所示。

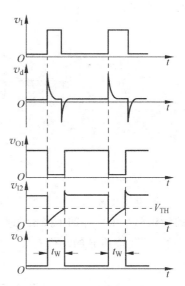

图 8.12　图 8.11 所示电路的电压波形

微分型单稳态触发器可以用窄脉冲触发，但抗干扰能力不如积分型单稳态触发器。

微分型单稳态触发器的集成电路产品有 74121 等。

第 8 章

脉冲波形的产生与整形

8.2.3 单稳态触发器的应用

单稳态触发器主要用于脉冲整形、延时(产生滞后于触发脉冲的输出脉冲)和定时(产生固定时间宽度的脉冲信号)等。

1. 脉冲整形

单稳态触发器输出脉冲的宽度和幅度是确定的,因此可以利用这个特点将宽度和幅度不规则的脉冲串整形成为宽度和幅度一定的脉冲串,如图 8.13 所示。

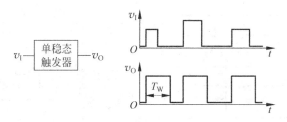

图 8.13　单稳态触发器用于脉冲整形

2. 脉冲定时

利用单稳态触发器产生的固定宽度 T_W 的脉冲,可以控制某个电路在 T_W 时间内动作(或者不动作),起到定时作用。例如,图 8.14 所示电路中,用单稳态触发器产生的正脉冲 v_B 作为控制与门工作的选通信号。当 v_B 为高电平时,与门打开,$v_O = v_A$;当 v_B 为低电平时,与门关闭,$v_O = 0$。

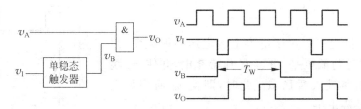

图 8.14　用单稳态触发器产生选通信号

3. 脉冲延时

用单稳电路的输出脉冲去触发其他电路。例如,图 8.15 所示电路中,电路 A 和电路 B 的动作都是由脉冲的下降沿触发的。电路 B 的触发信号 v_B 是单稳态触发器被 v_A 触发后产生的,因而电路 B 的动作有 T_W 的延时。

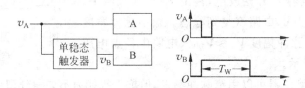

图 8.15　用单稳态触发器产生延时

8.3　施密特触发器

施密特触发器(Schmitt Trigger)是具有滞后特性的数字传输门。它有两个主要特点：

(1) 电路具有两个阈值电压,分别称为正向阈值电压和负向阈值电压,二者的差值称为回差。输出电平的变化滞后于输入,形成回环。

(2) 在电路的状态转换过程中,通过内部的正反馈使输出电压波形的边沿变得很陡,而输入波形的边沿可以不陡。

利用这两个特点不仅能将边沿变化缓慢的输入信号波形整形成为边沿陡峭的矩形波,而且可以将叠加在矩形脉冲高、低电平上的噪声有效地清除。

8.3.1　电路原理

图 8.16 是用 CMOS 门电路构成的施密特触发器。其中,$R_1 < R_2$,$V_{TH} \approx V_{DD}/2$。

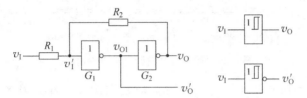

图 8.16　用 CMOS 反相器构成的施密特触发器

当 $v_I = 0$ 时,由于 $R_1 < R_2$,$v_I' < V_{DD}/2$,故 $v_{O1} \approx V_{DD}$,$v_O = V_{OL} \approx 0$。

当 v_I 从 0 开始逐渐升高并达到 $v_I' = V_{TH}$ 时,由于 G_1 进入了电压传输特性的转折区,v_I' 的增加将引起如下的正反馈过程：

$$v_I' \uparrow \to v_{O1} \downarrow \to v_O \uparrow$$

于是电路的状态迅速转换成 $v_O = V_{OH} \approx V_{DD}$,由此可求出 v_I 上升过程中电路状态发生转换时对应的输入电平 V_{T+}。因为这时有：

$$v_I' = V_{TH} \approx \frac{R_2}{R_1 + R_2} V_{T+}$$

所以

$$V_{T+} = \frac{R_1 + R_2}{R_2} V_{TH} = \left(1 + \frac{R_1}{R_2}\right) V_{TH}$$

V_{T+} 称为正向阈值电压。

当 v_I 从高电平 V_{DD} 逐渐下降并达到 $v_I' = V_{TH}$ 时,v_I' 的下降将引起另一个正反馈过程：

$$v_I' \downarrow \to v_{O1} \uparrow \to v_O \downarrow$$

使电路的状态迅速转换为 $v_O = V_{OL} \approx 0$,由此又可求出 v_I 下降过程中电路状态发生转换时对应的输入电平 V_{T-}。由于这时有：

$$v_I' = V_{TH} \approx V_{DD} - (V_{DD} - V_{T-}) \frac{R_2}{R_1 + R_2}$$

所以：

脉冲波形的产生与整形

$$V_{T-} = \frac{R_1 + R_2}{R_2} V_{TH} - \frac{R_1}{R_2} V_{DD}$$

将 $V_{DD} = 2V_{TH}$ 代入上式后得到 $V_{T-} = \left(1 - \frac{R_1}{R_2}\right) V_{TH}$，$V_{T-}$ 称为负向阈值电压。

定义 V_{T+} 与 V_{T-} 之差为回差电压 ΔV_T，即：

$$\Delta V_T = V_{T+} - V_{T-}$$

根据上面的分析，画出施密特触发器的电压传输特性，如图 8.17 所示。因为 v_O 和 v_I 的高、低电平是同相的，所以称为同相输出的施密特触发特性。而 v_O' 和 v_I 的高、低电平是反相的，所以称为反相输出的施密特触发特性。

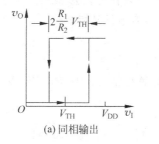 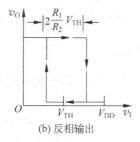

(a) 同相输出　　　　　　　　　(b) 反相输出

图 8.17　施密特触发器的电压传输特性

改变 R_1 和 R_2 的比值可以调节 V_{T+}、V_{T-} 和回差电压的大小。但 R_1 必须小于 R_2，否则电路不能工作。

施密特触发器的集成电路产品有施密特反相器（如 7419、CC40106）、施密特与非门（如 7413、CC4093）等。

8.3.2　施密特触发器的应用

1. 波形变换

利用施密特触发器状态转换过程中的正反馈作用，可以将边沿变化缓慢的周期性信号变换成为边沿很陡的矩形脉冲信号，如图 8.18 所示。只要输入信号的幅度大于 V_{T+}，就可在施密特触发器的输出端得到同频率的边沿很陡的矩形脉冲信号。

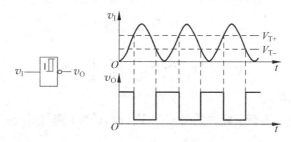

图 8.18　用施密特触发器实现波形变换

2. 脉冲整形

由于传输信号的导线存在分布电感和分布电容，矩形脉冲信号在传输后会发生不同程度的畸变，如图 8.19(a) 和图 8.19(b) 所示；或者受噪声和干扰信号影响，在传输后叠加噪声，如图 8.19(c) 所示。这些情况都可通过用施密特触发器整形而获得比较理想的矩形脉冲波形，所以施密特触发器在数字通信系统和计算机的接口电路中都有广泛的应用。

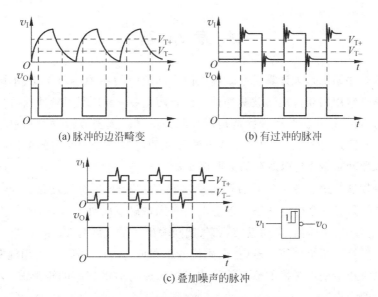

(a) 脉冲的边沿畸变　　　　　　(b) 有过冲的脉冲

(c) 叠加噪声的脉冲

图 8.19　用施密特触发器对脉冲整形

3. 脉冲鉴幅

由图 8.20 可知,若在施密特触发器的输入端加一系列幅度不同的脉冲信号,只有那些幅度大于 V_{T+} 的脉冲才会在输出端产生输出信号。因此,可以用施密特触发器将幅度大于 V_{T+} 的脉冲选出,实现脉冲鉴幅。

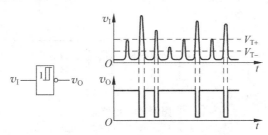

图 8.20　用施密特触发器鉴别脉冲幅度

4. 构成多谐振荡器

由于施密特触发器的电压传输特性存在滞回特性,如果使其输入电压在 V_{T+} 与 V_{T-} 之间不停地往复变化,则在其输出端就可以得到矩形脉冲波,如图 8.21 所示。

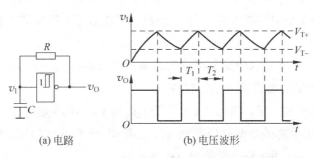

(a) 电路　　　　　　　(b) 电压波形

图 8.21　用施密特触发器构成的多谐振荡器

脉冲波形的产生与整形

本 章 小 结

计算机的时序系统是为计算机系统提供同步和定时的各种不同周期、不同脉宽的矩形波脉冲的电路。常用的获得矩形波脉冲的方法有两类：一类是利用脉冲信号发生电路直接产生，另一类是将非矩形波信号变换成矩形波脉冲信号。施密特触发器和单稳态触发器是最常用的整形电路，多谐振荡器是产生矩形波脉冲的电路。实际使用的多谐振荡器是石英晶体多谐振荡器和带 RC 延迟电路的多谐振荡器。

单稳态触发器与第 5 章中的具有两个稳定状态(Bistable)的触发器(Flip-Flop)和锁存器(Latch)不同，只有一个稳定状态。单稳电路在未被触发时处于稳态，被外部脉冲触发后进入暂稳态，经过 T_W 时间后自动返回稳态，期间输出一个宽度为 T_W 的脉冲。

施密特触发器有两个阈值电压(正向阈值电压和负向阈值电压)。利用施密特触发器的滞回特性可以将边沿变化缓慢的输入信号波形整形成为边沿陡峭的矩形波，可以清除叠加在矩形脉冲上的噪声。

习 题 8

1. 图 8.22 是由 5 个同样的与非门构成的环形振荡器。今测得输出信号的频率为 12MHz，假设各与非门的传输延迟时间相同，且 $t_{PHL} = t_{PLH} = t_{pd}$，试求每个门的平均传输延迟时间 t_{pd}。

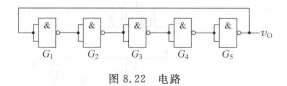

图 8.22　电路

2. 试判断在图 8.5 所示的对称式多谐振荡器电路中，为提高振荡频率所采取的下列措施中，哪些是正确的，哪些是错误的。

(1) 加大电容 C；(2) 减少电阻 R 的阻值；(3) 提高电源电压。

3. 在图 8.3(b)所示的带 RC 延迟电路的环形振荡器电路中，若 $R = 200\Omega$，$R_S = 100\Omega$，$C = 0.01\mu F$，G_1、G_2 和 G_3 为 74 系列 TTL 门电路，试计算电路的振荡频率。

4. 在图 8.5 所示的对称式多谐振荡器电路中，若电容 $C = 1000pF$，电阻 $R_F = 100k\Omega$，试计算电路的振荡频率。

5. 试判断在图 8.11 所示的微分型单稳态触发器电路中，为加大输出脉冲宽度所采取的下列措施中，哪些是正确的，哪些是错误的。

(1) 加大 C；(2) 减少 R；(3) 加大 R_d；(4) 提高 V_{DD}；(5) 增加输入触发脉冲的宽度。

6. 在图 8.11 所示的微分型单稳态触发器电路中，已知 $R = 51k\Omega$，$C = 0.01\mu F$，$V_{DD} = 10V$，试求在触发信号作用下输出脉冲的宽度和幅度。

7. 若反相输出的施密特触发器输入信号波形如图 8.23 所示,试画出输出信号波形。

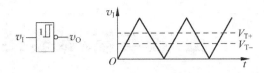

图 8.23　输入信号波形

8. 在图 8.16 所示的用 CMOS 反相器构成的施密特触发器电路中,若 $R_1 = 51\text{k}\Omega$,$R_2 = 100\text{k}\Omega$,$V_{DD} = 10\text{V}$,$V_{TH} = V_{DD}/2$,试求电路的正向阈值电压 V_{T+}、负向阈值电压 V_{T-} 和回差电压 ΔV_T。

脉冲波形的产生与整形

第9章　数/模与模/数转换电路

内容提要：本章首先介绍权电阻网络 D/A 转换器和倒 T 形电阻网络 D/A 转换器的基本原理,然后介绍并联比较型、计数型、逐次渐近型、双积分型和电压-频率变换型 A/D 转换电路的基本原理。

9.1　概　　述

数字电子计算机只能处理数字信息,而自然界中存在的各种物理量(如声音、温度、压力等)往往是模拟量,必须首先转换成数字量,然后才能被数字电子计算机处理。计算机处理后的数字信息可能还要再转换成模拟量输出。实现从模拟量到数字量转换的电路称为模/数转换器(Analog-to-Digital Converter,ADC 或 A/D),实现从数字量到模拟量转换的电路称为数/模转换器(Digital-to-Analog Converter,DAC 或 D/A)。

以 PC 中最常见的设备声卡为例,声卡中包含了两个设备,一个是声音的输入设备,一个是声音的输出设备,如图 9.1 所示。其中,声卡中最核心的部分就是 A/D 转换器和 D/A 转换器。

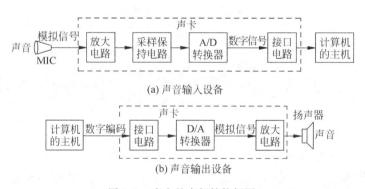

(a) 声音输入设备

(b) 声音输出设备

图 9.1　声卡的内部结构框图

声卡中的声音输入设备是把来自麦克风的微弱电信号放大后,经采样保持电路离散化,再由模/数转换器将电压信号数字化成为某种数字编码,然后通过接口电路送到计算机的主机以某种格式的音频文件形式保存。

声卡中的声音输出设备则通过接口电路逐字接收来自计算机主机的数字音频数据,并送到数/模转换器变成模拟电压信号,再将信号放大后输出到扬声器。

D/A 转换器和 A/D 转换器都需要有足够高的转换精度和足够快的转换速度。

D/A 转换器的转换精度通常用分辨率和转换误差来描述。D/A 转换器的分辨率 (Resolution)表示 D/A 转换器在理论上可以达到的精度，一般用输入二进制数码的位数表示，也可以用 D/A 转换器能够分辨出来的最小电压与最大输出电压之比表示。n 位 DAC 应能输出 $0 \sim 2^n - 1$ 共 2^n 个不同的等级电压，能区分出输入的 $00 \cdots 0$ 到 $11 \cdots 1$，2^n 个不同状态。例如，10 位 DAC 的分辨率可以表示为 $1/(2^{10} - 1) = 1/1023$。

造成 D/A 转换器转换误差的原因有参考电压 V_{REF} 的波动、运算放大器的零点漂移、模拟开关的导通内阻和导通压降、电阻网络中电阻阻值的偏差等。转换误差可以用最低有效位 LSB 的倍数来表示，例如 1 LSB。

A/D 转换器的转换精度也用分辨率和转换误差来描述。A/D 转换器的分辨率用输出二进制或十进制数码的位数表示。A/D 转换器的转换误差通常以输出误差最大值的形式给出，一般表示成最低有效位 LSB 的倍数。

常见的 D/A 转换器有权电阻网络 D/A 转换器、倒 T 形电阻网络 D/A 转换器、权电流型 D/A 转换器、权电容网络 D/A 转换器和开关树型 D/A 转换器等。

A/D 转换器可分为直接 A/D 转换器和间接 A/D 转换器两大类。直接 A/D 转换是不需要中间变量就能把输入的模拟电压直接转换成数字量，常用的直接 A/D 转换器电路有并联比较型和反馈比较型两类。间接 A/D 转换器需要先把输入的模拟电压转换成与其成正比的一个中间变量，然后再从中间变量转换成与输入模拟电压成正比的数字量，常用的间接 A/D 转换器有电压-时间变换型 ADC 和电压-频率变换型 ADC 两类。

9.2 数/模转换器

9.2.1 权电阻网络 D/A 转换器

图 9.2 是 4 位权电阻网络 D/A 转换器(Binary-Weighted DAC)的原理图，它由权电阻网络、模拟开关、参考电压 V_{REF} 和求和放大器组成。

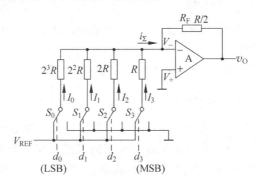

图 9.2 权电阻网络 D/A 转换器

模拟开关 S_3、S_2、S_1 和 S_0 的状态分别受输入的数字代码 d_3、d_2、d_1 和 d_0 取值的控制。当该位代码为 1 时，开关与参考电压 V_{REF} 连接；当该位代码为 0 时，开关接地。故 $d_i = 1$ 时有支路电流 I_i 流向求和放大器，$d_i = 0$ 时支路电流为 0。

求和放大器是一个接成负反馈的运算放大器(Operational Amplifier)。当同相输入端

V_+ 的电位高于反相输入端 V_- 的电位时,输出电压 v_O 为正;当 V_- 高于 V_+ 时,v_O 为负。当接成深度负反馈时,同相输入端 V_+ 和反相输入端 V_- 之间的电位差值近似为 0。因此,当同相输入端 V_+ 接地时,反相输入端 V_- 的电位也近似为 0,称为"虚地"。

如果把图 9.2 中的运算放大器 A 看成是理想的运算放大器,可以简化分析计算。理想的运算放大器的开环放大倍数为无穷大,输入电流为 0(输入电阻为无穷大),输出电阻为 0。

因为运算放大器的输入电流为 0,所以可以得到:

$$v_O = -R_F i_\Sigma = -R_F(I_3 + I_2 + I_1 + I_0)$$

由于 $V_- = 0$,各支路电流分别为:

$$I_3 = \frac{V_{RER}}{2^0 R} d_3$$

$$I_2 = \frac{V_{RER}}{2^1 R} d_2$$

$$I_1 = \frac{V_{RER}}{2^2 R} d_1$$

$$I_0 = \frac{V_{RER}}{2^3 R} d_0$$

数字代码第 i 位的权是 2^i,其对应的电阻支路的电流是 d_0 位的 2^i 倍。

取 $R_F = R/2$,则可得到:

$$v_O = -R_F\left(\frac{V_{REF}}{R} d_3 + \frac{V_{REF}}{2R} d_2 + \frac{V_{REF}}{2^2 R} d_1 + \frac{V_{REF}}{2^3 R} d_0\right)$$

$$= -\frac{V_{REF}}{2^4}(2^3 d_3 + 2^2 d_2 + 2^1 d_1 + 2^0 d_0)$$

由于 A 是反相放大器,因此当 V_{REF} 为正电压时,输出电压 v_O 为负值。要想得到正的输出电压,V_{REF} 应取负值。对于 n 位的权电阻网络 D/A 转换器,当反馈电阻 $R_F = R/2$ 时,输出电压的计算公式为:

$$v_O = -R_F i_\Sigma = -\frac{V_{REF}}{2^n}(d_{n-1} 2^{n-1} + d_{n-2} 2^{n-2} + \cdots + d_1 2^1 + d_0 2^0) = -\frac{V_{REF}}{2^n} D_n$$

其中,d_0 为 n 位数字代码的最低有效位(Least Significant Bit,LSB);d_{n-1} 为最高有效位(Most Significant Bit,MSB)。

上式表明,输出的模拟电压正比于输入的数字量 D_n。当 D_n 的每个位都是 0 时($D_n = 0$),$v_O = 0$;当 D_n 的每个位都是 1 时($D_n = 2^n - 1$),$v_O = -\frac{2^n - 1}{2^n} V_{REF}$。

权电阻网络 D/A 转换器的优点是电路简单。其缺点是各个电阻的阻值相差较大,尤其是在输入的数字量的位数比较多时,在很宽的范围内挑选出阻值精确的按 2 倍关系递增的 n 个精密电阻是很难的,因而难以保证 D/A 转换器的精度。此外,在集成电路中也不宜制作大阻值的电阻。

9.2.2　倒 T 形电阻网络 D/A 转换器

倒 T 形电阻网络是由 R 和 $2R$ 两种阻值的电阻连接成的一种电路,如图 9.3 所示。不难看出,从图中 AA、BB、CC、DD 每个端口向左看过去的等效电阻都是 R。无论这样的倒 T 形电阻网络是由多少节连接起来的,其总电流都是 $I = V_{REF}/R$。由于倒 T 形电阻网络只有

R、$2R$ 两种阻值的电阻,这就为集成电路的设计和制造带来了很大的方便。

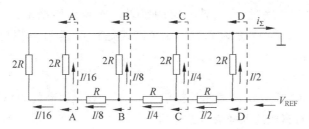

图 9.3　倒 T 形电阻网络

图 9.4 是倒 T 形电阻网络 DAC($R/2R$ Ladder DAC)的电路结构。由于求和放大器的同相输入端 V_+ 接地,反相输入端 V_- 是"虚地"点,电位近似为 0,因此无论模拟开关 S_3、S_2、S_1、S_0 合到哪一边,都相当于接到"地"电位,每个支路的电流(依次为 $I/2$、$I/4$、$I/8$ 和 $I/16$)始终不变。

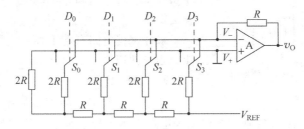

图 9.4　倒 T 形电阻网络 DAC

若令 $d_i = 0$ 时开关 S_i 接地,$d_i = 1$ 时开关 S_i 接放大器的反相输入端 V_-,则电流:

$$i_\Sigma = d_3 \left(\frac{I}{2} \right) + d_2 \left(\frac{I}{4} \right) + d_1 \left(\frac{I}{8} \right) + d_0 \left(\frac{I}{16} \right)$$

可见,电流 i_Σ 与输入的数字量成正比。当反馈电阻 $R_F = R$ 时,输出电压为:

$$v_O = -R \cdot i_\Sigma = -\frac{V_{REF}}{2^4} (d_3 2^3 + d_2 2^2 + d_1 2^1 + d_0 2^0)$$

对于 n 位的倒 T 形电阻网络 D/A 转换器,当反馈电阻 $R_F = R$ 时,输出电压的计算公式为:

$$v_O = -\frac{V_{REF}}{2^n} (d_{n-1} 2^{n-1} + d_{n-2} 2^{n-2} + \cdots + d_1 2^1 + d_0 2^0) = -\frac{V_{REF}}{2^n} D_n$$

倒 T 形电阻网络 D/A 转换器只用两种阻值的电阻就可得到一系列的权电流,不仅克服了权电阻网络 D/A 转换器的电阻阻值相差大的缺点,而且有利于提高 D/A 转换器的转换精度,便于设计和制作集成电路。

9.3　模/数转换器

9.3.1　模/数转换的基本原理

A/D 转换器的输入是连续变化的电压,输出为不连续的数字量。 A/D 转换的过程是首先对输入的模拟电压信号取样（Sampling），接着在一小段时间内保持所取样的信号电压不变并将其量化为数字量，继而按一定的编码形式输出转换的结果。然后再开始下一次取样和转换。取样（或称为采样）的过程就是将连续的模拟电压信号离散化的过程。

1. 采样定理

为了能正确地用取样信号 v_S 表示模拟信号 v_I，必须以足够高的频率进行取样，如图 9.5 所示。A/D 转换是对离散的取样信号进行的。

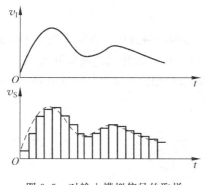

图 9.5　对输入模拟信号的取样

根据采样定理（Nyquist-Shannon Sampling Theorem），采样频率 f_S 与输入模拟信号的最高频率 $f_{I(max)}$ 之间必须满足 $f_S \geqslant 2 f_{I(max)}$。

这就要求 A/D 转换器必须有足够高的转换速度。由于 A/D 转换器的最高转换速度是一定的，采样频率也不可能太高，一般取 $f_S = (3 \sim 5) f_{I(max)}$ 即可满足要求。

采样保持电路有若干种集成电路产品，可以根据性能要求选用。

2. 量化和编码

任何一个数字量的大小只能是某个规定的最小数量单位的整数倍。A/D 转换就是将采样电压表示为最小数量单位的整数倍，这个过程称为量化（Quantizing）。所取的最小数量单位叫做量化单位，用 Δ 表示。数字量的最低有效位（LSB）的 1 所代表的数量大小就等于 Δ，如图 9.6 所示。

将量化的结果用代码（二进制、二-十进制等）表示出来称为编码（Coding）。这些代码就是 A/D 转换器输出的转换结果。

连续的模拟电压不一定能被 Δ 整除，因而量化过程存在误差，称为量化误差。量化误差是不可消除的。通常将模拟电压信号划分为不同的量化等级的方法有两种，其量化误差不同，如图 9.7 所示。其中，采用图 9.7（b）的方法有利于减小量化误差。

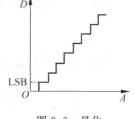

图 9.6　量化

输入信号	二进制代码	代表的模拟电压
1V	111	$7\Delta = 7/8$(V)
7/8V	110	$6\Delta = 6/8$(V)
6/8V	101	$5\Delta = 5/8$(V)
5/8V	100	$4\Delta = 4/8$(V)
4/8V	011	$3\Delta = 3/8$(V)
3/8V	010	$2\Delta = 2/8$(V)
2/8V	001	$1\Delta = 1/8$(V)
1/8V	000	$0\Delta = 0$(V)
0		

(a) 量化误差 1Δ

输入信号	二进代码	代表的模拟电压
1V	111	$7\Delta = 14/15$(V)
13/15V	110	$6\Delta = 12/15$(V)
11/15V	101	$5\Delta = 10/15$(V)
9/15V	100	$4\Delta = 8/15$(V)
7/15V	011	$3\Delta = 6/15$(V)
5/15V	010	$2\Delta = 4/15$(V)
3/15V	001	$1\Delta = 2/15$(V)
1/15V	000	$0\Delta = 0$(V)
0		

(b) 量化误差 $\Delta/2$

图 9.7　划分量化电平的两种方法

9.3.2 直接 A/D 转换器

1. 并联比较型 A/D 转换器

并联比较型 A/D 转换器(Simultaneous ADC)由电压比较器、寄存器和代码转换电路三部分组成,如图 9.8 所示。输入为 $0\sim V_{\mathrm{REF}}$ 间的模拟电压,输出为 3 位二进制数码 $d_2 d_1 d_0$。

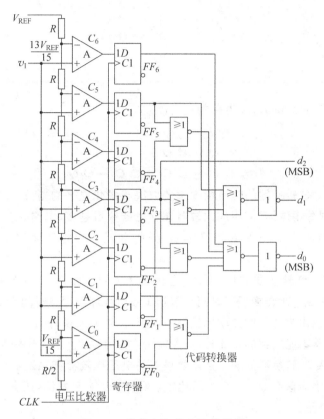

图 9.8 并联比较型 A/D 转换器

量化电平的划分采用图 9.7(b)所示的方法。在电压比较器中,用电阻链把参考电压 V_{REF} 分压,得到 $V_{\mathrm{REF}}/15\sim(13/15)V_{\mathrm{REF}}$ 之间的 7 个比较电平。把这 7 个比较电平分别接到 7 个电压比较器 $C_0\sim C_6$ 的输入端,作为比较基准。输入的模拟电压接到电压比较器 $C_0\sim C_6$ 的另一个输入端,与这 7 个比较基准进行比较。

若输入 $v_{\mathrm{I}}<V_{\mathrm{REF}}/15$,则所有的比较器输出都为低电平,$CLK$ 上升沿到来后,寄存器中的各个触发器($FF_0\sim FF_6$)都被置成 0 状态。

若 $V_{\mathrm{REF}}/15\leqslant v_{\mathrm{I}}<(3/15)V_{\mathrm{REF}}$,则只有比较器 C_0 输出为高电平,其余的比较器输出都为低电平,CLK 上升沿到来后,FF_0 被置成 1 状态,其余的触发器都被置 0。

依此类推,就可列出 v_{I} 为不同电压时寄存器的状态,如表 9.1 所示。但寄存器的状态有 7 位,还不是要求的 3 位二进制数,因此还需进行代码转换。

表 9.1　图 9.8 所示电路的寄存器状态和输出代码

输入模拟电压 v_I	寄存器状态							数字量输出		
	Q_6	Q_5	Q_4	Q_3	Q_2	Q_1	Q_0	d_2	d_1	d_0
$(0\sim1/15)V_{REF}$	0	0	0	0	0	0	0	0	0	0
$(1/15\sim3/15)V_{REF}$	0	0	0	0	0	0	1	0	0	1
$(3/15\sim5/15)V_{REF}$	0	0	0	0	0	1	1	0	1	0
$(5/15\sim7/15)V_{REF}$	0	0	0	0	1	1	1	0	1	1
$(7/15\sim9/15)V_{REF}$	0	0	0	1	1	1	1	1	0	0
$(9/15\sim11/15)V_{REF}$	0	0	1	1	1	1	1	1	0	1
$(11/15\sim13/15)V_{REF}$	0	1	1	1	1	1	1	1	1	0
$(13/15\sim1\ )V_{REF}$	1	1	1	1	1	1	1	1	1	1

根据表 9.1 可写出代码转换电路的逻辑函数式：

$$\begin{cases} d_2 = Q_3 \\ d_1 = Q_5 + \bar{Q}_3 Q_1 \\ d_0 = Q_6 + \bar{Q}_5 Q_4 + \bar{Q}_3 Q_2 + \bar{Q}_2 Q_1 \end{cases}$$

并联比较型 A/D 转换器的转换精度主要取决于量化电平的划分,Δ 取的越小,精度越高。但量化电平划分得越细,使用的比较器和触发器数目越多、电路越复杂。另外,影响转换精度的因素还有参考电压 V_{REF} 的稳定度、分压电阻的相对精度和电压比较器的灵敏度等。

并联比较型 A/D 转换器的最大优点是转换速度快。如果从 CLK 脉冲上升沿算起,图 9.8 所示电路完成一次转换所需时间只包括 1 级触发器的翻转时间和 3 级门电路的传输延迟时间。目前,输出为 8 位的并联比较型 A/D 转换器的转换时间可达 50ns 以下,这是其他类型 A/D 转换器不能达到的。此外,这个电路内部有存储元件,不用外加采样保持电路。

并联比较型 A/D 转换器的缺点是需要很多的电压比较器和触发器。当输出为 n 位二进制代码时,电路中应该有 $2^n - 1$ 个电压比较器和 $2^n - 1$ 个触发器,还有一个由众多门电路组成的代码转换电路。

2. 反馈比较型 A/D 转换器

反馈比较型 A/D 转换器的原理是取一个数字量加到 D/A 转换器上,得到一个对应的输出模拟电压。将该模拟电压与输入的模拟电压信号比较,如果两者不相等,则调整所加数字量的大小,直到两个模拟电压相等为止,最后所加的数字量即为所求的转换结果。

按照产生和调整数字量的方案的不同,反馈比较型 A/D 转换器可分为计数型和逐次渐近型两种类型。

(1) 计数型 A/D 转换器。

图 9.9 是计数型 A/D 转换器(Stairstep-Ramp ADC)的原理性框图。转换电路由 D/A 转换器、比较器 C、计数器、脉冲源、控制门 G 和输出寄存器等部分组成。

转换开始前,转换控制信号 $v_L = 0$,门 G 被封锁,计数器不工作。先用复位信号将计数器清零,加到 D/A 转换器的数字量是全 0 的信号,所以 D/A 转换器输出的模拟电压 $v_O = 0$。如果输入 v_I 为正电压信号,则 $v_I > v_O$,比较器的输出电压 $v_B = 1$。

当 v_L 变成高电平时开始转换,脉冲源发出的连续矩形波脉冲通过控制门 G 加到计数器的时钟信号输入端 CLK，计数器开始作加法计数。随着计数值的增加，D/A 转换器输出的模拟电压 v_O 也不断增加。当 v_O 增至 $v_O = v_I$ 时，比较器的输出电压变成 $v_B = 0$，将门 G 封锁，计数器停止计数。此时计数器中的数字就是 A/D 转换的结果。

在转换过程中间，计数器不断变化的计数值并不向外输出。当转换结束时，用转换控制信号 v_L 的下降沿将计数器输出的数字量写入输出寄存器，作为 A/D 转换的最终结果输出。

这个方案的优点是电路简单，缺点是转换时间太长。当输出为 n 位二进制数时，转换时间长达 $2^n - 1$ 倍的时钟信号周期。

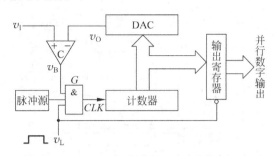

图 9.9　计数型 A/D 转换器的原理性框图

（2）逐次渐近型 A/D 转换器。

逐次渐近型 A/D 转换器（Successive-Approximation ADC）的原理如图 9.10 所示。

转换开始前先将寄存器清零，此时加到 D/A 转换器的数字量是全 0。当转换控制信号 v_L 变成高电平时开始转换。第一步，时钟信号将寄存器的最高位置成 1，此时寄存器输出给 D/A 转换器的数字量为 $100\cdots00$。D/A 转换器将该数字量转换成相应的模拟电压 v_O，比较器将 v_O 与输入信号 v_I 进行比较。如果 $v_O > v_I$，说明数字量过大，则这个 1 应去掉；如果 $v_O < v_I$，说明数字量还不够大，这个 1 应保留。第二步，再按同样的方法将寄存器的次高位置成 1，并比较 v_O 与 v_I 的大小以决定这一位的 1 是否应当保留。这样从最高位

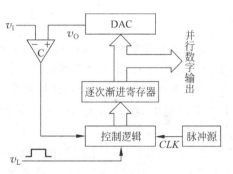

图 9.10　逐次渐近型 A/D 转换器的
原理性框图

到最低位逐位比较下去，经过 n 步即可完成寄存器每个位的比较。此时寄存器中的数就是 A/D 转换的结果。

例 9-1　3 位二进制逐次渐近型 A/D 转换器。

图 9.11 是一个输出为 3 位二进制数码的逐次渐近型 A/D 转换器的电路原理图。图中触发器 FF_A、FF_B、FF_C 组成 3 位数码寄存器，触发器 $FF_1 \sim FF_5$ 和门电路 $G_1 \sim G_9$ 组成控制逻辑电路。当转换控制信号 v_L 为低电平时，CLK 脉冲被封锁，停止转换。在 v_L 为高电平期间，门 G_9 打开，触发器有 CLK 脉冲，可以进行转换。数字量的输出受 Q_5 控制，当 $Q_5 = 1$ 时打开门 G_6、G_7、G_8 将转换结果输出。

转换开始前先将触发器 FF_A、FF_B、FF_C 清零，同时将触发器 $FF_1 \sim FF_5$ 组成的环形移位寄存器置成 $Q_1 Q_2 Q_3 Q_4 Q_5 = 10000$ 状态。

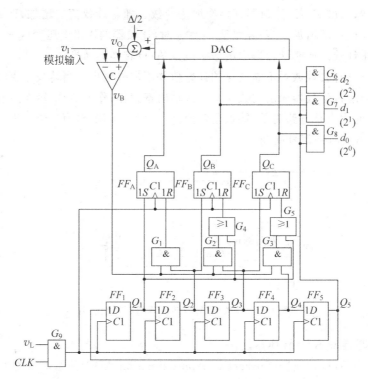

图 9.11　3 位二进制逐次渐近型 A/D 转换器的电路原理图

当转换控制信号 v_L 变成高电平时开始转换。第一个 CLK 脉冲到达后,FF_A 被置 1 而 FF_B、FF_C 被置 0。此时寄存器输出给 D/A 转换器的数字量为 100。D/A 转换器将该数字量转换成相应的模拟电压 v_O,比较器将 v_O 与输入信号 v_I 进行比较。若 $v_I \geqslant v_O$,比较器的输出电压 $v_B = 0$;若 $v_I < v_O$,$v_B = 1$。同时,移位寄存器右移 1 位,使 $Q_1 Q_2 Q_3 Q_4 Q_5$ 的状态为 01000。

第二个 CLK 脉冲到达后,FF_B 被置 1。若原来的 $v_B = 1$,则 FF_A 被置 0;若原来的 $v_B = 0$,则 FF_A 的 1 状态保留。同时,移位寄存器右移 1 位,变成 00100 状态。

第三个 CLK 脉冲到达后,FF_C 被置 1。若原来的 $v_B = 1$,则 FF_B 被置 0;若原来的 $v_B = 0$,则 FF_B 的 1 状态保留。同时,移位寄存器右移 1 位,变成 00010 状态。

第四个 CLK 脉冲到达后,同样根据 v_B 的状态决定 FF_C 的 1 状态是否应予保留。同时,移位寄存器右移 1 位,变成 00001 状态。此时 $Q_5 = 1$,在 FF_A、FF_B、FF_C 中的转换结果通过门 G_6、G_7、G_8 输出。

第五个 CLK 脉冲到达后,移位寄存器右移 1 位,回到初始状态 10000。$Q_5 = 0$,数字量停止输出。当转换控制信号 v_L 变为低电平,转换结束。

从例 9-1 可以看出,输出为 3 位二进制数码的逐次渐近型 A/D 转换器完成一次转换需要 5 个时钟信号周期的时间。所以,输出为 n 位二进制数码的逐次渐近型 A/D 转换器完成一次转换需要 $n+2$ 个时钟信号周期的时间。虽然其转换速度比并联比较型 A/D 转换器低,但比计数型 A/D 转换器($2^n - 1$ 个时钟信号周期)要快得多。

9.3.3 间接 A/D 转换器

1. 双积分型 A/D 转换器

在电压-时间变换型 A/D 转换器(Voltage-to-Time Converter A/D,V-T A/D)中最常用的是双积分型 A/D 转换器(Dual-Slope ADC)。其原理是首先把输入的模拟电压信号转换成与之成正比的时间宽度信号,然后在这个时间宽度内对固定频率的时钟脉冲计数,所得到的计数结果就是与输入模拟电压成正比的数字量。

图 9.12 是双积分型 A/D 转换器的原理性框图。转换电路由积分器、比较器、计数器、时钟脉冲源和控制逻辑等部分组成。当转换控制信号 v_L 为低电平时,停止转换。在 v_L 为高电平期间可以进行转换。双积分型 A/D 转换器的电压波形如图 9.13 所示。

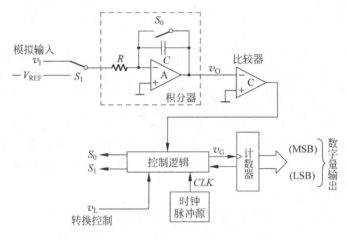

图 9.12 双积分型 A/D 转换器的原理性框图

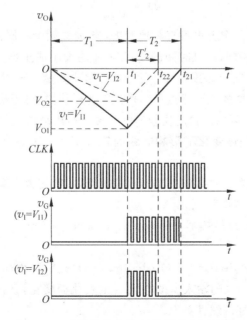

图 9.13 双积分型 A/D 转换器的电压波形

转换开始前(转换控制信号 $v_L = 0$)先将计数器清零,并将开关 S_0 闭合,使积分电容 C 完全放电。

当 $v_L = 1$ 时开始转换。转换过程分两个阶段进行。

第一阶段,令开关 S_1 接输入的模拟电压信号 v_I,开关 S_0 分开,v_I 为正电压;积分器对 v_I 进行固定时间 T_1 的积分。积分结束时,积分器的输出电压为:

$$v_O = \frac{1}{C} \int_0^{T_1} -\frac{v_I}{R} dt = -\frac{T_1}{RC} v_I$$

上式说明,在 T_1 固定的条件下积分器的输出电压 v_O 与输入电压 v_I 成正比。

第二阶段,令开关 S_1 转接至参考电压 $-V_{REF}$,积分器向相反方向积分直至输出电压 $v_O = 0$。如果第二次积分所经历的时间为 T_2,则:

$$v_O = \frac{1}{C} \int_0^{T_2} \frac{V_{REF}}{R} dt - \frac{v_I}{RC} T_1 = 0$$

$$\frac{V_{REF}}{RC} T_2 = \frac{v_I}{RC} T_1$$

故可得:

$$T_2 = \frac{T_1}{V_{REF}} v_I$$

可见,反向积分至 $v_O = 0$ 的这段时间 T_2 与输入电压信号 v_I 成正比。令计数器在 T_2 这段时间内对固定频率为 $f_C (f_C = 1/T_C)$ 的时钟脉冲计数,则计数结果的数字量 D 也一定与输入电压 v_I 成正比,即:

$$D = T_2 f_C = \frac{T_2}{T_C} = \frac{T_1}{T_C V_{REF}} v_I$$

若取 T_1 为 T_C 的整数倍,即 $T_1 = N T_C$,则上式为:

$$D = \frac{N}{V_{REF}} v_I$$

从图 9.13 的电压波形图上也可直观地看出,当 v_I 为两个不同数值的 V_{I1} 和 V_{I2} 时,反向积分时间 T_2 和 T_2' 也不相同,而且时间的长短与 v_I 的大小成正比。由于 CLK 是频率固定的脉冲,因此在 T_2 和 T_2' 期间计数器所计的脉冲数目也必然与 v_I 成正比。

双积分型 A/D 转换器的主要优点是工作性能比较稳定、抗干扰能力比较强。转换结果与电路中 R、C 参数无关,可以用精度比较低的元件制造出高精度的双积分型 A/D 转换器。R、C 参数和时钟周期的缓慢变化不影响电路的转换精度。积分电路对平均值为 0 的各种噪声有很强的抑制能力。

双积分型 A/D 转换器的主要缺点是转换速度低,一般需数十毫秒。

2. V-F 变换型 A/D 转换器

电压-频率变换型 A/D 转换器(Voltage-to-Frequency Converter A/D,V-F A/D)的电路结构如图 9.14 所示。

压控振荡器(Voltage Controlled Oscillator,VCO)是一种由输入电压控制振荡频率的电路,其输出脉冲的频率 f_{out} 随输入模拟电压 v_I 的变化而变化,且在一定的变化范围内 f_{out} 与 v_I 的大小之间保持较好的线性关系。

转换过程由固定宽度 T_G 的闸门信号 v_G 控制。在 v_G 为高电平期间,闸门 G 打开,计数器对压控振荡器输出的脉冲信号计数。在 T_G 时间里通过闸门的脉冲数与 f_{out} 成正比,因而也就与 v_I 成正比。所以,每个周期结束时计数器中的数字就是 A/D 转换的结果。转换结束时,用 v_G 的下降沿将计数器中的数字置入寄存器中。

电压-频率变换型 ADC 的优点是有较强的抗干扰能力。由于调频信号易于远距离传输,可以把计数器放在远离现场的地方,因此 V-F 变换型 A/D 转换器非常适用于遥测、遥控系统中。

V-F 变换型 A/D 转换器的主要缺点是转换速度低,这是因为转换过程需要比较长的计数时间。V-F 变换型 A/D 转换器的转换精度在很大程度上取决于压控振荡器的精度,其次还受计数器计数容量的影响。增大计数器容量可减小转换误差。

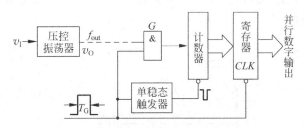

图 9.14　V-F 变换型 A/D 转换器的原理性框图

本 章 小 结

现代的 PC 都是多媒体计算机,能处理数字化的声音、图像和视频信息。计算机控制和检测系统以及各种数字化仪器仪表所检测的物理量和被控制的对象往往是模拟信号。因此,在上述系统的输入输出接口电路中,数/模转换和模/数转换电路是必需的和基本的配置。掌握数/模转换和模/数转换电路的基本原理对于相关的接口电路设计是很有帮助的。

D/A 转换器和 A/D 转换器的转换精度通常用分辨率和转换误差来描述。

权电阻网络 D/A 转换器电路简单,但各个电阻的阻值相差较大,难于保证转换精度。

倒 T 形电阻网络 D/A 转换器只用 R、$2R$ 两种阻值的电阻就可得到一系列的权电流,有利于提高转换精度,便于设计和制作集成电路。

并联比较型 A/D 转换器具有最高的转换速度,但电路复杂,使用的电压比较器、触发器和门电路数量很多。

计数型 A/D 转换器电路简单,但转换时间太长,输出为 n 位二进制数码需要 $2^n - 1$ 倍的时钟信号周期的转换时间。

逐次渐近型 A/D 转换器的电路简单,若输出为 n 位二进制数码,转换时间仅为 $n+2$ 个时钟信号周期的时间。

双积分型 A/D 转换器的转换精度比较高、抗干扰能力比较强,主要缺点是转换速度低。

电压-频率变换型 A/D 转换器有较强的抗干扰能力,主要缺点是转换速度低。

习 题 9

1. 在图 9.2 所示的权电阻网络 D/A 转换器中,若取 $V_{REF} = 5V$,试求当输入的数字代码 $d_3d_2d_1d_0 = 1001$ 时输出电压的大小。

2. 在图 9.4 所示的倒 T 形电阻网络 DAC 中,已知 $V_{REF} = -8V$,试计算当 d_3、d_2、d_1、d_0 每一位分别为 1 时在输出端所产生的模拟电压值。

3. 若输入模拟电压信号的最高变化频率为 100kHz,试分析取样频率的下限是多少,完成一次 A/D 转换所需时间的上限是多少。

4. 若时钟信号的频率为 100kHz,试计算 10 位计数型 A/D 转换器和 10 位逐次渐近型 A/D 转换器的转换时间分别是多少。

5. 图 9.15 所示电路是由 10 位集成 D/A 转换器 AD7520 和同步十六进制计数器 74HC163 组成的波形发生器电路。其中,AD7520 是倒 T 形电阻网络 DAC,内部没有运算放大器,需外加运算放大器才能工作。已知 $V_{REF} = -8V$,试画出输出电压 v_O 的波形,并标出波形图各点电压的幅值。

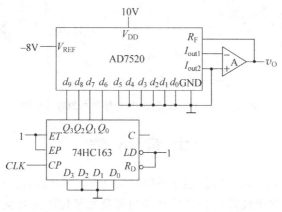

图 9.15　电路

6. 试分析图 9.16 所示电路的工作原理,RAM 中的数据列于表 9.2 中,74HC160 是同步十进制计数器。试画出输出电压 v_O 的波形图。

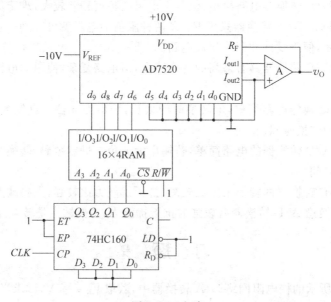

图 9.16　电路

表 9.2　数据表

A_3	A_2	A_1	A_0	D_3	D_2	D_1	D_0
0	0	0	0	0	0	0	0
0	0	0	1	0	0	0	1
0	0	1	0	0	0	1	1
0	0	1	1	0	1	1	1
0	1	0	0	1	1	1	1
0	1	0	1	1	1	1	1
0	1	1	0	0	1	1	1
0	1	1	1	0	0	1	1
1	0	0	0	0	0	0	1
1	0	0	1	0	0	0	0
1	0	1	0	0	0	0	1
1	0	1	1	0	0	1	1
1	1	0	0	0	0	0	1
1	1	0	1	0	1	1	1
1	1	1	0	1	0	1	1
1	1	1	1	1	0	0	1

7. 若用图 9.16 的电路产生图 9.17 的输出电压波形,应如何修改 RAM 中的数据? 请列出修改后的 RAM 数据表,并计算时钟信号 CLK 的频率。

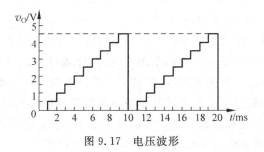

图 9.17　电压波形

数/模与模/数转换电路

第 10 章 数字逻辑实验

内容提要：本章包括两方面内容：一是基于 VLSI 的"数字逻辑"实验技术；二是"数字逻辑"实验课题。基于 VLSI 的"数字逻辑"实验技术用硬件描述语言进行逻辑设计，用软件仿真来检验逻辑设计是否正确。

10.1 基于 VLSI 的"数字逻辑"实验技术

"数字逻辑"和"数字电子技术"都属于工程基础课程，有知识点多、难度大和实践性强等特点，需要通过实验来培养相应的技术能力和加深对理论知识的理解。作为先修课，"数字逻辑"应该为后继的"计算机组成原理"准备所需要的逻辑电路分析、设计知识和设计技术。

计算机专业的"数字逻辑"课程教学的重心是"逻辑"而非"电子"，与"数字电子技术"相比，教学内容减少了对于各种逻辑电路的电子学分析讨论部分和各种单元电路（逻辑门电路、A/D 和 D/A 转换电路、触发器、单稳电路等）的内部电路的分析等。"数字逻辑"课程的教学应该使学生掌握设计组合逻辑电路和时序逻辑电路的基本知识和技能。"数字逻辑"课程的实验教学应该训练学生掌握各种典型逻辑电路（译码器、加法器、计数器、寄存器、状态机等）的设计和实现方法。"数字逻辑"课程的实验应该以设计性实验为主。

"数字电子技术"课程的实验教学是基于中小规模集成电路的，要求学生熟悉常用 SSI、MSI 的型号、外部引脚和连接方法。这些知识对于电子、电气类专业的教学是必需的，但是对于计算机专业和"计算机组成原理"课程的学习却不是必需的。计算机专业的任务是设计计算机的体系结构和逻辑结构。现代计算机逻辑结构的设计方法是基于大规模、超大规模集成电路的，而非中小规模集成电路的。所以，学生应该掌握基于 LSI、VLSI 的计算机逻辑结构（主要是 CPU）的设计技术。因此，"数字逻辑"课程的实验教学必须改革，采用先进的基于 VLSI 的 EDA 技术。"数字逻辑"实验技术的改革是计算机专业硬件基础课程实验教学体系建设的第一步，是实现"计算机组成原理"课程实验教学改革的重要基础和关键环节。

基于 VLSI 的 EDA 技术是用硬件描述语言而不是传统的逻辑电路设计方法进行逻辑设计，用软件仿真来检验逻辑设计是否正确，最后下载到 FPGA 等大规模 PLD 芯片成为数字系统。

基于 VLSI 的 EDA 实验技术，放弃传统的在实验箱上插接集成电路芯片和连接线的方式，"数字逻辑"课程的全部实验不需要任何实验箱，都通过 VHDL 文本编辑、编译和软件仿真在普通 PC 上实现。教学实验平台用 Altera 公司的 Quartus Ⅱ 或者 Xilinx 公司的 ISE 都可以。做设计性实验，要求学生在进入实验室之前先进行逻辑设计，然后用 VHDL 编程和仿真。学生一人一组。

采用基于 VLSI 的 EDA 实验技术,"数字逻辑"设计性实验的实验步骤为:逻辑设计→VHDL 编程→启动 Quartus Ⅱ 系统建立设计工程→输入程序文本→编译和消除语法错误→设计仿真输入波形→仿真(前仿真)→分析仿真波形消除逻辑错误→记录结果写实验报告。

用 VHDL 设计组合逻辑电路和时序逻辑电路的方法与传统的用逻辑代数和逻辑图设计的方法有很大不同。不可以根据问题直接用 VHDL 编程,必须先完成逻辑设计,得到真值表/状态转换表/状态转换图、逻辑函数或者逻辑图。然后根据情况采用行为描述、数据流描述或者结构描述方法写 VHDL 程序。

组合逻辑设计是首先根据问题抽象出真值表。如果采用行为描述,在 VHDL 设计实体的结构体中描述真值表就可以了。如果采用数据流描述,逻辑设计还需要做出逻辑函数,然后在 VHDL 设计实体的结构体中描述逻辑函数。如果采用结构描述,则逻辑设计需要做出逻辑图,然后在 VHDL 设计实体的结构体中描述逻辑图中各个低层元件的连接。

时序逻辑设计是首先根据问题抽象出状态转换图和状态转换表。如果采用行为描述,可在 VHDL 设计实体的结构体中描述状态转换图。复杂的时序逻辑系统需要采用结构描述,在 VHDL 设计实体的结构体中描述逻辑图中各个底层元件的连接。

设计性实验比验证性实验的难度有明显提高,学生也要花更多的时间做预习、设计和写实验报告。一般提前一星期布置实验课题。

基于 VLSI 的"数字逻辑"实验技术放弃了传统的实验箱,改为用计算机软件平台;放弃了在实验箱上用插线把集成电路和其他元件连接成实验电路,用示波器、万用表等仪器进行观察的传统方法,改为根据逻辑设计(真值表、逻辑函数或逻辑图)用硬件设计语言编程,用文本形式输入计算机,编译后在专门的软件平台上进行逻辑仿真,根据仿真结果分析逻辑设计的正确性。学生不仅要做逻辑设计,还要做仿真输入波形设计。这种新的实验技术既能够实现验证性实验,也能够实现设计性实验,能够看到在传统实验方法难以看到的完整的输入/输出波形图和竞争冒险现象。新的实验技术比在面包板上插接、连线、调试要方便容易,避免了接触不良造成的故障和连线错误损坏器件等问题,实验成功率高、消耗低,实现了硬件设计和实验的软件化以及从验证性实验到设计性实验的转变。

10.2　实　验　课　题

实验课题的设计是开展设计性实验教学必须妥善处理的关键问题之一,需要考虑各方面的问题。实验课题应该有合适的难度,使得大部分学生在现有基础上通过自己的分析和努力能够做出设计(不一定是完全正确的设计)。实验课题应该在本课程教学的重要知识点范围内,通过实验可以使学生更好地掌握相关知识点,实现理论教学与实验教学相辅相成。实验课题应该在书本或网络等其他信息源上没有现成的解答,学生必须自己进行分析设计才能得到解答。实验课题的设计还应该考虑到与后继课的实验课题的衔接。实验课题是开放的,可以做出不同的设计。

在设计实验课题时,不仅要考虑"数字逻辑"教学的需要,也要考虑到与后继课程的衔接。需要对课题的难易程度、系统的复杂性、工作量的大小、知识点在课程中的重要程度等进行综合评价,筛选出合适的实验课题。

作为计算机组成原理的先修课,"数字逻辑"课程的实验教学应该训练学生掌握各种典型组合逻辑电路和时序逻辑电路(译码器、加法器、计数器、寄存器、状态机等)的设计和实现方法。同时,也要有针对性地设计一些"数字逻辑"实验课题以支持"计算机组成原理"课程的实验课题。例如,"多功能加法器设计"实验就是为"计算机组成原理"的"ALU 设计"实验做准备的;"寄存器设计"实验就是为"计算机组成原理"的"通用寄存器组设计"实验做准备的。"用 N 进制计数器芯片构成 M 进制计数器"的设计实验是为"计算机组成原理"课程设计复杂的计算机部件(运算器、控制器等)准备"层次结构设计"方法的。

下面给出的实验课题都是在教学中实际应用过的,教师可根据课程学时选做其中 6~8 个实验。一般可做 2、3 个组合逻辑设计实验,3~5 个时序逻辑设计实验。

实验课题 1 熟悉 Quartus 系统

实验目的:学习掌握 Quartus Ⅱ系统的基本使用方法。熟悉用 VHDL 结构描述进行逻辑设计的方法。

实验内容:

(1)用 VHDL 结构描述方法设计一个半加器。列出真值表、逻辑函数,画出逻辑图。用 VHDL 编程。

(2)启动 Quartus Ⅱ系统,建立一个 Project,编辑 VHDL 源程序。对该 VHDL 程序进行编译,修改错误。

(3)建立一个波形文件。对该 VHDL 程序进行功能仿真和时序仿真 Simulation。

注:该课题的目的是在熟悉 Quartus Ⅱ系统的使用方法的同时,使学生初步掌握层次结构设计方法。

实验课题 2 代码转换逻辑电路设计

实验目的:通过实验进一步熟悉 ASCII 码,掌握 7 段字符显示代码的设计方法,熟悉 VHDL 行为描述方法,提高 VHDL 组合逻辑电路设计能力。

实验内容:

(1)用 VHDL 设计一个代码转换逻辑电路,把 7 位的 ASCII 码转换成 7 段字符显示代码。

(2)能与 7 段字符显示器配合显示字母 A,b,C,d,E,F,H,L,o,P,U,Γ 和一些符号(-,_,=,⊣,⊢,⊓,⊔)等。

(3)列出功能表,用 VHDL 编程并仿真。

实验课题 3 多功能运算器设计

实验目的:强化加法器、全加器、算术运算、进位和逻辑运算等知识点,熟悉 VHDL 数据流描述方法,以及与后继课程"计算机组成原理"的 ALU 等知识点教学的衔接。进一步提高用 VHDL 设计组合逻辑电路能力。

实验内容:

(1)设计一个多功能的运算器,有控制信号 M、S_2、S_1、S_0。当 $M=1$,做算术运算;$M=0$,做逻辑运算。

(2)在 S_2、S_1、S_0 的控制下能完成两个一位二进制数 A、B 的以下算术运算:A 加 B,A 加 1,A 加 B 和低位来的进位,B 加 1,A 加 $\bar{B}$,A 加 0,A 加 A,A 加 $\bar{B}$ 加 1。

(3)在 S_2、S_1、S_0 的控制下能完成两个一位二进制数 A、B 的以下逻辑运算:$A+B$,

$A \cdot B, A \oplus B, A + \overline{B}, \overline{A}, \overline{B}, A \cdot \overline{B}, \overline{A \oplus B}$ 等。

(4) 求出逻辑函数,列出功能表。在完成以上逻辑设计和仿真设计后,用 VHDL 编程并仿真。

实验课题 4 状态机设计

实验目的:强化状态机和 Mealy 型时序逻辑电路设计等知识点。提高 VHDL 时序逻辑电路设计能力。

实验内容:

(1) 设计一个自动售饮料机的控制逻辑电路。该机器有一个投币口,每次只能投入 1 枚 1 元或 5 角的硬币。当投入了 1 元 5 角的硬币,机器自动给出 1 杯饮料。当投入了 2 元的硬币,机器在自动给出 1 杯饮料时,还找回 1 枚 5 角的硬币。

(2) 确定输入/输出变量、电路的状态并化简,做出状态转换图、状态转换表。

(3) 在完成逻辑设计和仿真设计后,用 VHDL 编程并仿真。

实验课题 5 计数器设计

实验目的:强化计数器、用 N 进制集成计数器实现任意进制计数器和 Moore 型时序逻辑电路设计等知识点,以及掌握用 VHDL 结构描述的设计方法。提高 VHDL 时序逻辑电路设计能力。

实验内容:

(1) 用 VHDL 结构描述方法设计 M 进制计数器(利用十六进制计数器芯片 74161 或 74163)。

(2) 画出逻辑图。在完成逻辑设计和仿真设计后用 VHDL 编程并仿真。

注:每轮教学可更换不同的 M(M 可在 17～25 范围内选取),可改变计数器芯片(74161 或 74163)。

实验课题 6 余 3 码计数器设计

实验目的:强化计数器、用 N 进制集成计数器实现任意进制计数器和时序逻辑电路设计、余 3 码等知识点,以及掌握用 VHDL 结构描述的设计方法。提高 VHDL 时序逻辑电路设计能力。

实验内容:

(1) 用 VHDL 结构描述方法设计一个余 3 码计数器(利用十六进制计数器芯片 74161 或 74163)。

(2) 画出逻辑图。在完成逻辑设计和仿真设计后用 VHDL 编程并仿真。

注:每轮教学可改变计数器芯片(74161 或 74163)。

实验课题 7 寄存器设计

实验目的:强化寄存器、三态门等知识点。提高 VHDL 时序逻辑电路设计能力。

实验内容:

(1) 用 VHDL 设计一个三态输出的 16 位寄存器;要求有并行置数、异步复位、三态输出等功能。

(2) 列出功能表。在完成逻辑设计和仿真设计后用 VHDL 编程并仿真。

实验课题 8 脉冲波形产生电路设计

实验目的:强化时序脉冲波形产生、顺序脉冲发生器等知识点,以及与后继课程"计算机组成原理"的三级时序信号产生电路等知识点教学的衔接。提高 VHDL 时序逻辑电路设计能力。

实验内容：

（1）用 VHDL 设计一个时序脉冲波形产生电路（顺序脉冲发生器）。

（2）画出逻辑图。在完成逻辑设计和仿真设计后用 VHDL 编程并仿真。

实验课题 9　可控计数器设计

实验目的：强化计数器、可控计数器等知识点。提高 VHDL 时序逻辑电路设计能力。

实验内容：

（1）用 VHDL 设计一个可控计数器。当控制信号 $S=0$ 时，是 M_1 进制计数器；当控制信号 $S=1$ 时，是 M_2 进制计数器。设计出逻辑图。

（2）分别用两种不同的方法设计（行为描述，结构描述），在完成逻辑设计和仿真设计后用 VHDL 编程并仿真。结构描述利用十六进制计数器芯片 74161 或 74163。

注：每轮教学可更换不同的 M_1 和 M_2（M 可在 2～15 范围内选取），可改变计数器芯片（74161 或 74163）。

实验课题 10　数字钟电路设计

实验目的：强化计数器、用 N 进制集成计数器实现任意进制计数器等知识点。提高用 VHDL 设计复杂的时序逻辑电路能力。

实验内容：

（1）用 VHDL 设计一个数字钟电路。要求能与七段数码管配合显示从 0 时 0 分 0 秒到 23 时 59 分 59 秒之间的所有时间。

（2）做出逻辑图。在完成逻辑设计和仿真设计后用 VHDL 编程并仿真。

附录 A   晶体管和液晶显示器基础

A1   PN 结

常用的半导体(Semiconductor)材料有硅、锗、硒等。在半导体中有两种载流子：带负电的自由电子和带正电的空穴。纯净的半导体称为本征半导体。常温下本征半导体中载流子的浓度很低，几乎没有导电能力。在本征半导体中少量掺入某种特定的杂质就成为杂质半导体。根据所掺杂质的不同，杂质半导体分为 N 型(Negative)半导体和 P 型(Positive)半导体。N 型半导体的多数载流子是电子，少数载流子是空穴。P 型半导体的多数载流子是空穴，少数载流子是电子。杂质半导体的导电能力大幅度提高。

将 N 型半导体与 P 型半导体结合在一起，在两者交界处就形成一个 PN 结。由于在 P 区和 N 区交界面两侧的半导体中电子和空穴的浓度不同，P 区的多数载流子(空穴)要向 N 区扩散，同时 N 区的多数载流子(电子)也要向 P 区扩散。在 PN 结中存在两种载流子的运动：多数载流子的扩散运动和少数载流子的漂移运动。当电子和空穴相遇时发生复合而消失，在交界面两侧只剩下不能参加导电的正负离子，形成空间电荷区，称为耗尽层或者 PN 结，如图 A.1 所示。在交界面两侧的正负离子形成电势壁垒，称为内电场。内电场的方向从 N 区指向 P 区。

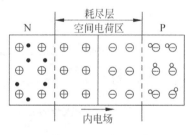

图 A.1   PN 结的形成

如果在 PN 结两端外加上正向电压，即外电源的正极接 P 区，负极接 N 区，如图 A.2(a)所示，PN 结的这种接法称为正向偏置。此时，外电场的方向与内电场的方向相反，使空间电荷区变窄、电势壁垒减弱。如果外电场大于内电场就会形成比较大的正向电流。PN 结在正向偏置时能够导电。能够使 PN 结导通的正向电压是一个很小的值，与半导体材料有关。例如，硅材料的 PN 结，正向导通电压约为 $0.5\sim0.7\text{V}$。由于很小的正向电压就能形成比较大的正向电流，因此需要在电路中串一个电阻 R 来限制电流，避免过大的电流将 PN 结烧毁。

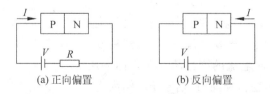

(a) 正向偏置　　　　　　　(b) 反向偏置

图 A.2   PN 结的单向导电性

如果在 PN 结两端加上反向电压,即外电源的正极接 N 区,负极接 P 区,如图 A.2(b)所示,PN 结的这种接法称为反向偏置。此时,外电场的方向与内电场的方向相同,空间电荷区变宽,由少数载流子的漂移形成极小的反向电流。在一定温度下,反向电流的大小几乎不随反向电压变化,故称为反向饱和电流。PN 结在反向偏置时处于截止状态,不能导电。

A2　晶体二极管

晶体二极管(Diode)是有一个 PN 结的半导体器件。二极管的伏安特性曲线是非线性的,图 A.3 所示为硅二极管的伏安特性曲线。

利用 PN 结的单向导电性和非线性,二极管在模拟电路中常用作整流、检波、稳压元件,在数字电路中则作为开关元件。当外加足够大的正向电压时,二极管导通,相当于开关闭合;当外加反向电压时,二极管截止,相当于开关断开。与理想开关不同的是,二极管导通后有一个正向导通压降 V_{ON}(例如,硅二极管约为 0.5~0.7V),二极管截止时仍然有一个极小的反向饱和电流 I_S。此外,反向电压过高将导致 PN 结击穿而损坏。因此,在数字电路中可以用下面的近似模型表示二极管开关,如图 A.4 所示。

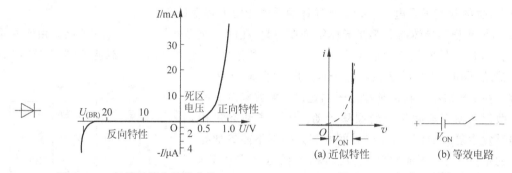

图 A.3　二极管的伏安特性曲线　　　　图 A.4　二极管开关模型

在这个模型中忽略了二极管的内阻和反向饱和电流,用一个电压源代表二极管的正向压降 V_{ON},用一个理想开关代表 PN 结的单向导电特性,用折线代替了二极管的伏安特性曲线。当加到二极管两端的电压小于 V_{ON} 时,二极管截止,流过二极管的电流近似看为 0;当外加电压大于 V_{ON} 后,二极管导通,流过二极管的电流基本不随电压变化。由于数字电路的工作电压一般只有几伏,因此二极管的正向压降 V_{ON} 不能忽略。分析时,硅二极管的 V_{ON} 一般取 0.7V。

在动态情况下,当加到二极管两端的电压突然反向时,二极管的电流与电压的关系如图 A.5 所示。

由于反向偏置时空间电荷区没有载流子,突然变成正向偏置后,流入的载流子先要克服内电场,然后才能形成扩散电流,因此正向电流的产生滞后于正向电压。当外加电压由正向突然变为反向时,由于 PN 结内尚有许多载流子,因此在瞬间仍有较大的反向电流流过,这个现象也叫做 PN 结的电容效应,它影响到二极管的最

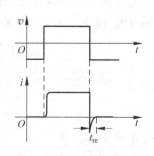

图 A.5　二极管的动态电流波形

高工作频率。反向电流持续的时间用反向恢复时间 t_{re} 来描述,一般在几纳秒以内。

A3 MOS 管

MOS 管是绝缘栅场效应管的简称。MOS 管是在硅半导体衬底(Substrate)上做两个电极,分别为源极(Source)和漏极(Drain),在衬底的表面上做一极薄(小于 $0.1\mu m$)的氧化层(SiO₂),在氧化层的上面再镀一层金属形成栅极(Gate)构成的,所以又被称为金属-氧化物-半导体场效应管(Metal-Oxide-Semiconductor Field-Effect Transistor,MOS)。图 A.6 是 N 沟道 MOS 管的结构示意图。

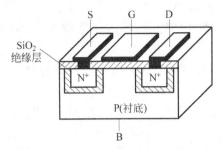

图 A.6 N 沟道 MOS 管的结构示意图

下面以 N 沟道增强型 MOS 管为例介绍 MOS 管的工作原理。如果在漏极和源极之间加电压 V_{DS},栅极与源极之间加电压 V_{GS},如图 A.7(a)所示。

如果 $V_{GS}=0$,则因漏极和源极之间相当于两个反向串联的 PN 结,所以 D-S 间不导通,$i_D=0$,如图 A.7(b)所示。

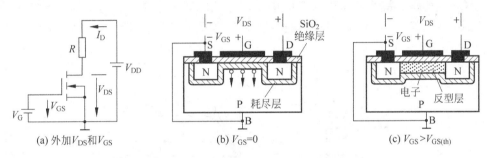

图 A.7 N 沟道增强型 MOS 管工作原理

MOS 管的栅极-SiO₂ 绝缘层-衬底的结构类似于电容器。因此,增大 V_{GS} 将使衬底中的少数载流子(电子)受栅极正电场的吸引聚集到栅极(绝缘层)下面的衬底表面。当 v_{GS} 大于某个电压值 $V_{GS(th)}$ 时,在衬底表面就会有足够多的电子形成一个 N 型的反型层,如图 A.7(c)所示。这个反型层使漏极和源极连通形成一个导电沟道,在 V_{DS} 作用下形成电流 i_D。$V_{GS(th)}$ 称为增强型 MOS 管的开启电压。当 v_{GS} 大于 $V_{GS(th)}$ 时,增大 v_{GS} 就使导电沟道变宽,i_D 增大;降低 v_{GS} 就使导电沟道变窄,i_D 减小。因此,可用改变 v_{GS} 的方法控制 i_D 的大小。

P 沟道增强型 MOS 管的电压极性与 N 沟道增强型的相反。

为防止电流从漏极直接流入衬底,通常将衬底与源极相连,或将衬底与系统的最低电位连接。MOS 管的结构是对称的,漏极与源极可以互换,关键是看衬底怎么连接。

MOS 管有 4 种类型:N 沟道增强型、P 沟道增强型、N 沟道耗尽型、P 沟道耗尽型。图 A.8 是 4 类 MOS 管的符号。

N 沟道 MOS 管采用 P 型衬底,导电沟道为 N 型,漏极和栅极加正电压,源极电位最低。P 沟道 MOS 管采用 N 型衬底,导电沟道为 P 型,漏极和栅极加负电压,源极电位最高。

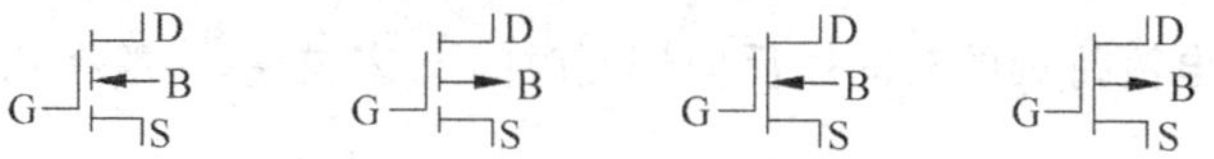

(a)N沟道增强型　(b)P沟道增强型　(c)N沟道耗尽型　(d)P沟道耗尽型

图 A.8　MOS 管的符号

增强型 MOS 管在 $v_{GS}=0$ 时不存在导电沟道,耗尽型 MOS 管在 $v_{GS}=0$ 时已经存在导电沟道。

N 沟道耗尽型 MOS 管,当 v_{GS} 为正时导电沟道变宽,当 v_{GS} 为负时导电沟道变窄。当 v_{GS} 小于某个电压值 $V_{GS(off)}$ 时,导电沟道消失,MOS 管截止。$V_{GS(off)}$ 称为耗尽型 MOS 管的夹断电压。

P 沟道耗尽型 MOS 管,当 v_{GS} 为负时导电沟道变宽,当 v_{GS} 为正时导电沟道变窄。当 v_{GS} 大于夹断电压 $V_{GS(off)}$ 时,导电沟道消失,MOS 管截止。

在数字电路中,MOS 管一般采用共源接法,即以栅极-源极之间的回路为输入回路,以漏极-源极之间的回路为输出回路,如图 A.9(a)所示。

MOS 管的输入特性,由于栅极与源极之间被 SiO_2 绝缘层隔离,因此稳态下栅极是没有电流的,输入电阻可达 $10^7 \Omega$ 以上。但是从输入端看进去有一个输入电容 C_I,该电容的充电/放电对动态有影响。

MOS 管的输出特性是输出回路的电压与电流之间的关系,$i_D=f(V_{DS})$,对应不同的 V_{GS} 得到一族曲线,称为 MOS 管的漏极特性曲线,如图 A.9(b)所示。

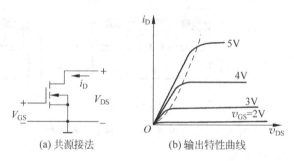

(a) 共源接法　　　　(b) 输出特性曲线

图 A.9　MOS 管共源接法及其输出特性曲线

MOS 管的漏极特性曲线分三个区域:截止区、恒流区、可变电阻区。

(1) 截止区是 $v_{GS}<V_{GS(th)}$ 的区域。漏极与源极之间没有导电沟道,$i_D=0$。D-S 间的内阻 R_{OFF} 可达 $10^9 \Omega$ 以上。

(2) 恒流区是漏极特性曲线上虚线右边的区域。漏极电流 i_D 基本上由 v_{GS} 决定,几乎与 v_{DS} 无关。若 v_{GS} 远大于 $V_{GS(th)}$,则 $i_D \propto v_{GS}^2$。

(3) 可变电阻区是漏极特性曲线上虚线左边的区域,v_{DS} 较低。当 v_{GS} 一定时,i_D 与 v_{DS} 之比近似等于一个常数,具有类似于线性电阻的性质。

A4　双极型三极管

双极型三极管(Bipolar Transistor)是有两个 PN 结的半导体器件,其结构和符号如图 A.10 所示。由于其工作时两种极性的载流子都参与导电,故称为双极型三极管(以下简称为三极管）。三极管分 NPN 型和 PNP 型两种类型，工作时外接电源的极性是相反的。

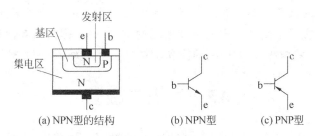

(a) NPN型的结构　　(b) NPN型　　(c) PNP型

图 A.10　双极型三极管的结构和符号

　　三极管的三个电极分别为基极（Base）、发射极（Emitter）、集电极（Collector）。各电极的功能，基极相当于 MOS 管的栅极，发射极相当于源极，集电极相当于漏极。与 MOS 管不同的是，三极管内部的三个区是非对称的：发射区高掺杂，基区很薄且低掺杂，集电区面积最大且低掺杂。如果连接时把三极管的发射极与集电极交换是没有放大作用的。

　　下面以 NPN 型三极管为例讲解三极管的输入输出特性和基本开关电路。

　　三极管的共发射极接法是以三极管的基极和发射极之间的发射结作为输入回路，以集电极和发射极之间的回路作为输出回路。

　　表示三极管的输入电压 v_{BE} 与输入电流 i_B 之间关系的曲线是输入特性曲线，如图 A.11(a) 所示。由于输入回路就是一个 PN 结，因此三极管的输入特性曲线与二极管的伏安特性曲线是一样的，同样可以用图 A.4 所示的折线近似。若 $v_{BE} < V_{ON}$，PN 结不导通，$i_B = 0$；若 $v_{BE} \geq V_{ON}$，PN 结导通，i_B 的大小由外电路电压、电阻决定。硅三极管的开启电压 V_{ON} 为 0.5~0.7V。

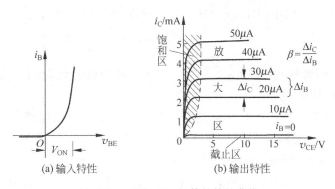

(a) 输入特性　　　　　　(b) 输出特性

图 A.11　双极型三极管的特性曲线

　　三极管的输出特性曲线是集电极电流 i_C 与集电极-发射极间电压 v_{CE} 的关系曲线，对应每个不同的 i_B 可测得一条曲线，如图 A.11(b) 所示。在 $V_{CE} > 0.7V$ 以后，基本为水平直线。输出特性曲线可分成三个区域：放大区、饱和区、截止区。

　　图 A.11(b) 中 $i_B = 0$ 的一条输出特性及其下面的区域是截止区。截止区的特点是 $V_{BE} < V_{ON}$，i_C 几乎等于 0，只有微小的反向穿透电流 I_{CEO} 流过。硅三极管的 I_{CEO} 通常在 $1\mu A$ 以下。

　　输出特性曲线右边水平的部分称为放大区或线性区。放大区的特点是 $V_{CE} > 0.7V$，$i_B > 0$，i_C 随 i_B 成正比的变化，几乎不受 v_{CE} 变化的影响。i_C 和 i_B 的变化量之比称为电流放

大系数 β,即 $\beta=\Delta i_C/\Delta i_B$。

饱和区是特性曲线靠近纵坐标的区域。饱和区的特点是 i_C 不再随 i_B 以 β 倍的比例增加而趋于饱和。三极管刚刚开始进入饱和区时的 $v_{CE}=v_{BE}$,称为临界饱和状态。在深度饱和状态下,$v_{CE}<v_{BE}$,集电极-发射极间的饱和压降 $V_{CE(set)}$ 约为 $0.1\sim0.3V$。

A5　发光二极管

发光二极管(Light Emitting Diode,LED)是用磷化镓、砷化镓、磷砷化镓、铝砷化镓、铝磷化镓、磷铟砷化镓、氮化镓等材料制造的一类半导体器件。当 LED 外加正向电压时,其 PN 结中有大量的电子和空穴在扩散过程中复合。其中有一部分电子从导带跃迁到价带,把多余的能量以光的形式释放出来。不同材料的 LED 发光的波长是不一样的。例如,有能发红、橙、黄、绿、蓝等颜色可见光的 LED,也有能够发出不可见的红外线的 LED。

单个 LED 的工作电流约为 $5\sim20mA$,工作电压为 $1.5\sim3V$。响应时间小于 $100ns$。

单个的发光二极管可以用晶体三极管驱动,也可以用门电路驱动。图 A.12 所示是驱动 LED 的两种基本电路。当输入 A 是高电平时,LED 可发光。适当选择电阻 R 的值使 LED 的工作电流在合适范围内,一般可取 $10mA$ 左右。改变电阻 R 的值可以改变 LED 的电流,从而改变 LED 的发光亮度。

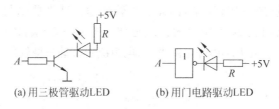

(a) 用三极管驱动LED　　　　(b) 用门电路驱动LED

图 A.12　发光二极管的驱动电路

此外,在数字系统中还用到光电二极管。光电二极管利用半导体材料的内光电特性,把可见光或红外线信号转变成电信号。

除使用单个的发光二极管外,还可把多个 LED 组合成 LED 显示器。常见的有 LED 七段字符显示器和 LED 点阵显示器。LED 点阵显示器将 LED 排列成 $N\times M$ 的矩形,不仅能够显示文字,还能够显示图形、图像。LED 点阵显示器是目前制作 1 平方米以上大屏幕显示器的主要技术手段。LED 显示器具有工作电压低、亮度高、寿命长、体积小、重量轻、抗震性能好和无辐射等优点。

A6　液　　晶

液晶(Liquid Crystal)属于甾类化合物,常温下为液态,但具有晶体的各向异性。液晶显示器(Liquid Crystal Display,LCD)是利用液晶材料的光学特性的显示器,在两片无钠玻璃中间夹着一层液晶。图 A.13 是液晶显示器结构和工作原理的示意图。

在没有外加电场的情况下(如图 A.13 (a)所示),液晶分子按一定取向整齐排列。此时,液晶为透明状态,穿过上面的玻璃盖板和透明电极射入的光线大部分被反射电极反射回来,显示器呈现白色。

在电极加上电压后(如图 A.13(b)所示),液晶分子被电离产生正离子。这些正离子在电场作用下运动并碰撞其他液晶分子,使液晶分子的整齐排列被破坏,液晶呈现浑浊。这时,射入的光线被散射,仅有少量被反射回来,显示器呈现暗灰色,这种现象称为动态散射效应。外加电场消失后,液晶又恢复到整齐排列的状态。

长时间加直流电压可能造成液晶材料的损坏,所以,在液晶显示器的两个电极之间只能加矩形波脉冲。由于液晶材料不导电,液晶显示器在稳态时是没有电流的,属于微功耗(小于 $1\mu\text{w/cm}^2$)器件。液晶本身不发光,其显示是依靠反射外来的光线。为了能够在黑暗的环境下显示,液晶显示器装有背光灯(功耗比较高)。

液晶显示器具有厚度小、重量轻、抗震性能好、寿命长和无辐射等优点,因而广泛应用于各种电子设备,特别是电池供电的和携带式的电子设备中。常见的有 LCD 七段字符显示器和 LCD 点阵显示器。液晶显示器的主要缺点是视角小、灰度变化小。

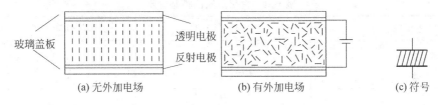

图 A.13 液晶显示器结构和工作原理

晶体管和液晶显示器基础

附录 B　　　逻辑门的符号

　　用图形符号在逻辑电路图中表示逻辑门的方法有若干种,除了中国国家标准《电气简图用图形符号》(第12部分:二进制逻辑元件)(GB/T 4728.12—2008)的规定外,还有在工程软件和国外文献中常用的一类符号,表B.1所示是这两种表示方法的对照表。

表 B.1　常用逻辑门符号对照

逻辑门名称	中国国标符号	工程软件和国外文献符号
与门	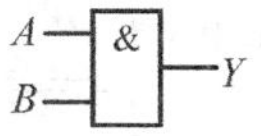	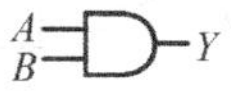
或门	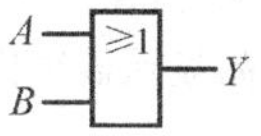	
非门	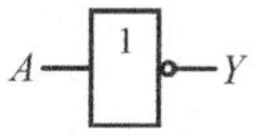	
与非门	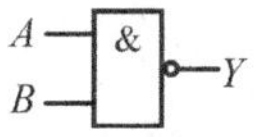	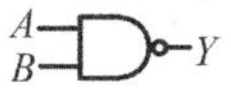
或非门	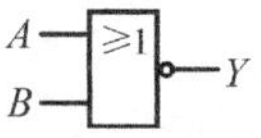	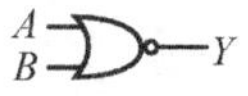
与或非门	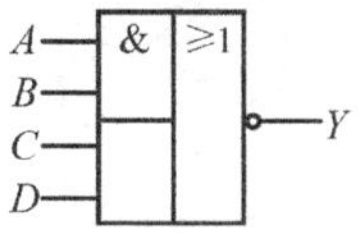	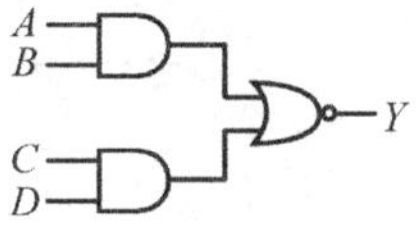
异或门	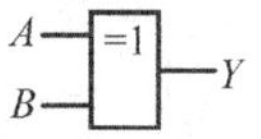	
同或门	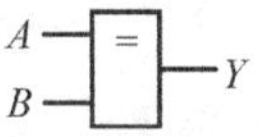	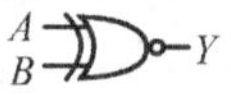

参 考 文 献

［1］ 阎石. 数字电子技术基础［M］. 4 版. 北京：高等教育出版社，1998.

［2］ 汤志忠，杨春武. 开放式实验 CPU 设计［M］. 北京：清华大学出版社，2007.

［3］ 王永军，李景华. 数字逻辑与数字系统设计［M］. 北京：高等教育出版社，2006.

［4］ 付永庆. VHDL 语言及其应用［M］. 北京：高等教育出版社，2005.

［5］ Thomas L Floyd. Digital Fundamentals［M］. 北京：科学出版社，2007.

［6］ 李晶皎，李景宏，曹阳. 逻辑与数字系统设计［M］. 北京：清华大学出版社，2008.

［7］ 蒋立平. 数字逻辑电路与系统设计［M］. 北京：电子工业出版社，2008.

［8］ GB/T 4728.12—2008，中华人民共和国国家标准《电气简图用图形符号（第 12 部分：二进制逻辑元件）》.

［9］ 盛建伦. "数字逻辑"实验教学改革初探［J］. 计算机教育，2010（17）：41-43.